中国水处理行业可持续发展战略研究报告

（膜工业卷Ⅳ）

主　编　郑　祥　魏源送　王志伟　程　荣
副主编　郑利兵　徐慧芳　肖　康　赵长伟
　　　　董春松　齐　飞

中国人民大学出版社
· 北京 ·

总序

陈雨露

当前中国的各类研究报告层出不穷，种类繁多，写法各异，成百舸争流、各领风骚之势。中国人民大学经过精心组织、整合设计，隆重推出由人大学者协同编撰的“研究报告系列”。这一系列主要是应用对策型研究报告，集中推出的本意在于，直面重大社会现实问题，开展动态分析和评估预测，建言献策于咨政与学术。

“学术领先、内容原创、关注时事、咨政助企”是中国人民大学“研究报告系列”的基本定位与功能。研究报告是一种科研成果载体，它承载了人大学者立足创新，致力于建设学术高地和咨询智库的学术责任和社会关怀；研究报告是一种研究模式，它以相关领域指标和统计数据为基础，评估现状，预测未来，推动人文社会科学研究成果的转化应用；研究报告还是一种学术品牌，它持续聚焦经济社会发展中的热点、焦点和重大战略问题，以扎实有力的研究成果服务于党和政府以及企业的计划、决策，服务于专门领域的研究，并以其专题性、周期性和翔实性赢得读者的识别与关注。

中国人民大学推出“研究报告系列”，有自己的学术积淀和学术思考。我校素以人文社会科学见长，注重学术研究咨政育人、服务社会的作用，曾陆续推出若干有影响力的研究报告。譬如自 2002 年始，我们组织跨学科课题组研究编写的《中国经济发展研究报告》《中国社会发展研究报告》《中国人文社会科学发展研究报告》，紧密联系和真实反映我国经济、社会和人文社会科学发展领域的重大现实问题，十年不辍，近年又推出《中国法律发展报告》等，与前三种合称为“四大报告”。此外还有一些散在的不同学科的专题研究报告也连续多年，在学界和社会上形成了一定的影响。这些研究报告都是观察分析、评估预测政治经济、社会文化等领域重大问题的专题研究，其中既有客观数据和事例，又有深度分析和战略预测，兼具实证性、前瞻性和学术性。我们把这些研究报告整合起来，与中国人民大学出版资源相结合，再做新的策划、征集、遴选，形成了这个“研究报告系列”，以期放大规模效应，扩展社会服务功能。这个系列是开放的，未来会依情势有所增减，使其动态成长。

中国人民大学推出“研究报告系列”，还具有关注学科建设、强化育人功能、推进协同创新等多重意义。作为连续性出版物，研究报告可以成为本学科学者展示、交流学术成果的平台。编写一部好的研究报告，通常需要集结力量，精诚携手，合作者随报告之连续而成为稳定团队，亦可增益学科实力。研究报告立足于丰厚素材，常常动员学生参与，可使他们在系统研究中得到学术训练，增长才干。此外，面向社会实践的研究报告必然要与政府、企业保持密切联系，关注社会的状况与需要，从而带动高校与行业企业、政府、学界以及国外科研机构之间的深度合作，收“协同创新”之效。

为适应信息化、数字化、网络化的发展趋势，中国人民大学的“研究报告系列”在出版纸质版本的同时将开发相应的文献数据库，形成丰富的数字资源，借助知识管理工具实现信息关联和知识挖掘，方便网络查询和跨专题检索，为广大读者提供方便适用的增值服务。

中国人民大学的“研究报告系列”是我们在整合科研力量，促进成果转化方面的新探索，我们将紧扣时代脉搏，敏锐捕捉经济社会发展的重点、热点、焦点问题，力争使每一种研究报告和整个系列都成为精品，都适应读者需要，从而铸造高质量的学术品牌、形成核心学术价值，更好地担当学术服务社会的职责。

主编简介

郑祥，中国人民大学化学与生命资源学院教授，博士生导师。九三学社北京市人口资源环境委员会副主任委员，教育部膜与水处理技术工程研究中心技术委员会委员，全国膜分离标准化技术委员会委员，中国膜工业协会专家委员会委员，CSTM 化工领域膜材料技术委员会委员，国际水协膜技术专家委员会中国分委会委员。中文核心期刊《膜科学与技术》《环境生态学》《水处理技术》编委。2012 年入选教育部“新世纪优秀人才支持计划”，2016 年入选环境保护部（现生态环境部）“青年拔尖人才”，2020 年获“中国膜行业杰出青年科技工作者”称号。

长期致力于膜分离技术与环境公共卫生安全领域的研究。已在国内外核心期刊发表论文 180 多篇（其中 SCI 论文 90 余篇）。2013 年至今主持编写 7 部《中国水处理行业可持续发展战略研究报告》与 4 部《中国膜产业发展报告》系列研究报告。2014 年《中国水处理行业可持续发展战略研究报告（膜工业卷）》荣获中国膜工业协会科学技术奖二等奖；2018 年“中国膜产业可持续发展战略研究”获中国膜工业协会科学技术奖（著作）一等奖；2022 年“新冠疫情下医疗废水膜法处理集成化技术与装备开发”获中国膜工业协会科学技术奖二等奖；2023 年“污水再生高压分离膜的发展关键路径研究与应用”获中国环境科学学会科学技术奖二等奖。

魏源送，中国科学院大学岗位教授，博士生导师，现任中国科学院生态环境研究中心水污染控制实验室主任。中国科学院-发展中国家科学院水与环境卓越中心副主任。十四届全国政协委员、人口资源环境委员会委员。北京生态修复学会理事长。农工党中央美丽中国建设工作委员会副主任，农工党北京市委生态环境与人口资源工作委员会主任。入选全球前 2%顶尖科学家榜单。

研究方向为区域流域水污染控制，已在国内外核心刊物发表学术论文 450 余篇（其中 SCI 论文 180 余篇），Google Scholar H-指数 52，7 篇中文论文入选《领跑者

F5000—中国精品科技期刊顶尖学术论文》，出版专著4部，分别荣获国家科技进步奖二等奖、环境保护科学技术奖二等奖、北京市科学技术奖三等奖、江西省科技进步奖三等奖各1项。近年来，以斯里兰卡不明原因慢性肾病（CKDu）追因和安全供水为目标，致力于促进中国-斯里兰卡科技合作，其中“中斯水技术研究和示范联合中心”两次列入两国政府联合声明（2016、2023），合作协议签署得到两国元首见证。指导培养斯里兰卡籍研究生12名，1篇中斯合作论文荣获2023年斯里兰卡总统科学奖。

王志伟，同济大学教授，博士生导师，国家杰出青年基金获得者，国际水协会会士。现任环境科学与工程学院院长。主要从事污水处理与资源化研究工作，近年来主持了国家重点研发项目、国家杰出青年基金、国家自然科学基金重点项目等，深入开展了膜法污水处理与资源化理论探索、技术创新与工程应用，构建了膜法污水处理与资源化能源化的方法、材料、反应器及工艺技术，所研发技术在多座污水处理工程中获得成功应用。在 *Science Advances*，*Nature Water*，*Environmental Science & Technology*，*Water Research* 等期刊发表SCI收录论文200余篇，入选环境科学领域中国高被引学者榜单，授权国家发明专利50余项，以第一完成人获教育部科技进步一等奖、华夏建设科学奖一等奖等奖励。兼任中国环境科学学会常务理事、中国土木工程学会水工业分会常务理事、中国环境科学学会水处理与循环利用专委会副主任等学术兼职，担任《环境工程》《给水排水》《中国给水排水》《土木与环境工程学报》等中文期刊编委及国际期刊 *Desalination* 等编委。

程荣，中国人民大学化学与生命资源学院副教授、博士生导师，《工业水处理》编委，《*Chinese Chemical Letters*》《给水排水》《环境生态学》青年编委，中国化工学会工业水处理专业委员会专家，中国环境科学学会水处理与回用专业委员会、湿地环境生态保育与功能开发专业委员会委员，国际水协会中国青年委员会（IWA China-YWP）委员。长期从事公共卫生安全、水污染控制、环境功能材料等领域的研究工作，目前已出版学术专著1部，主编参编行业报告5部，主译参译教材2部，参编教材3部、百科全书1部；在国内外学术期刊上发表科研论文100余篇，其中SCI收录60余篇；已授权发明专利12项、实用新型4项。先后获得环境保护科学技术奖二等奖（2023）、中国膜工业协会科学技术奖二等奖（2022）、北京水利学会科学技术奖二等奖（2021）、“中国膜工业协会科学技术奖（著作奖）”一等奖（2018）、全国优秀中文论文奖（多次）等。

序

自20世纪50年代，随着大规模的膜生产和膜分离器取得突破，膜分离技术在各行业逐步得到应用。尽管膜分离技术及膜产业进入中国市场较晚，但近年来的发展十分迅速，特别是在中国水处理行业的市场占有量不断扩大。以中国人民大学郑祥博士与我国环境领域知名高校与科研机构的中青年学者为主体的编写团队，围绕中国膜工业主题分别在2013年、2016年、2019年与2024年完成了四部《中国水处理行业可持续发展战略研究报告—膜工业卷》，从国家政策管理导向、产业发展特征、行业需求等多个视角，全面介绍了膜产业和膜分离技术在中国的发展与应用情况。与前三部报告不同，本报告以行业应用为主线，对不同类型膜的应用情况、发展趋势、市场竞争主体等方面进行了总结与分析，可使读者快速了解不同类型膜的特点、应用市场以及相关优势企业。

郑祥博士早在1998年进入中国科学院生态环境研究中心读研究生时就开展了膜法处理废水研究，毕业后也一直保持膜研究方向。长耕不辍使他对这个行业有了全面和深入的了解，也取得了丰硕成果。除主持编写《中国水处理行业可持续发展战略研究报告—膜工业卷》外，2017年以来，郑祥博士还受中国膜工业协会委托主持编写每两年一部的《中国膜产业发展报告》。2013年出版的《中国水处理行业可持续发展战略研究报告——膜工业卷》在2014年荣获第五届中国膜工业协会科学技术奖二等奖；“中国膜产业可持续发展战略研究”于2018年荣获第七届“中国膜工业协会科学技术奖（著作奖）”一等奖；“污水再生高压分离膜的发展关键路径研究与应用”获2023年度“中国环境科学学会科学技术奖”二等奖。随着该系列研究工作影响力的扩大，郑祥博士于2020年获“中国膜行业杰出青年科技工作者”称号。

相信本报告的出版有助于读者更好地了解本行业市场现状和趋势，为相关企业规划企业战略、投资者进行投资决策、管理部门制定科学有效的政策措施提供依据。

刘俊新

2024年4月22日于北京

前言

膜工业是一个“魔”力十足的产业，这一产业的发展在一定程度上见证了我国节能环保事业从“冷门”到“热门”的蜕变历程，也体现了我国科技从“被动跟从”到“主动探索”的发展过程。历经艰难起步到快速发展，2012 年我国膜产业迎来一个关键转折点，如何在既往高速发展的基础上实现产业的高质量发展，成为整个膜产业发展亟待思考的战略性问题。膜产业的高质量发展需要探索如何健全膜产业市场机制，为我国膜产业持续发展提供良好的发展环境；需要破解核心材料与产品依赖进口所导致的产业创新链与价值链长期处于全球价值链中低端环节的不利局面；需要思考如何培育提升中国膜企业的核心竞争力。

2011 年底，中国人民大学科研处启动了科学研究基金项目“研究报告系列”资助计划。针对膜领域缺少结合国家政策管理导向、产业发展特征、行业需求等视角，融合经济、管理、技术等因素多维度勾勒产业发展特质的研究成果，我们团队以《中国水处理行业可持续发展战略研究报告》为选题积极申请该项目，并在 2012 年以后的 10 年间获得连续资助。在此，对中国人民大学科研处的长期支持表示诚挚的感谢！

相对于传统的膜材料研发与膜工程技术的研究，从事膜产业宏观战略这样一个多学科交叉的研究既可能被看作前沿和挑战，又可能会被认为不务正业之举。虽然该类型研究可能承担着开辟新研究领域、融合多学科理论与方法、构建新学科范式的重任，但在长期形成的学科壁垒与评价方式往往会自然而然地对我们产生影响。在 12 年的研究、编写过程中，我们经历了种种挣扎、犹豫和彷徨。正是前辈与同行的大力支持与鼓励，我们以中国膜产业为主题分别在 2013 年、2016 年、2019 年与 2024 年完成了四部《中国水处理行业可持续发展战略研究报告—膜工业卷》。该系列报告针对长期以来我国膜领域原材料依赖进口、核心技术缺失、产业链与供应链安全性低等难题，系统评估中国膜产业的竞争力，开展产业发展关键路径研究与技术自主创新研发应用，形成经过实践检验的产业高质量发展的路线图，为宏观经济管理和企业经营管理提供扎实的决策依据。

令人欣慰的是，我们的努力逐渐得到了同行专家的认可和行业企业的接受。基于系列报告，研究成果于2014、2018与2022年三次荣获“中国膜工业协会科学技术奖”“国际水协中国青年委员会-首创水星奖”管理创新奖（2017）、环境保护科学技术奖二等奖（2023）等，并成为团队主持《中国MBR产业发展白皮书》《中关村膜产业发展研究报告》《中国膜工业“十三五”规划》和《中国膜产业发展报告》（2017—2018，2019—2020，2021—2022，2023—2024）等研究工作的主要支撑。系列研究成果为中国膜行业“十三五”“十四五”规划的制定提供重要依据，推动了我国分离膜产业政策设计、新型膜材料开发、规模化应用等领域的进步，在“政产学研用”全链条上为政府和产业提供科技支撑，带动相关产业快速发展。在全行业同人数十年如一日坚苦卓绝的努力下，中国膜产业逐渐扭转了长期以来核心材料与产品依赖进口的被动局面，改变了膜产业创新链与价值链长期处于全球价值链中低端环节的不利局面。在水资源开发与利用、环境污染治理、节能减排、医疗健康和传统产业升级改造等涉及国计民生的重要领域获得了广泛应用，显示出强大的活力，已成为众多重要行业发展的支撑性产业。

在12年的系列报告撰写过程中，我们得到李圭白院士、高从堦院士、彭永臻院士、侯立安院士、曲久辉院士、郭立玮教授、马中教授、樊耀波研究员、刘俊新研究员、黄霞教授、胡洪营教授等前辈学者的悉心指导与教诲！中国膜工业协会理事长郑根江先生，秘书长王继文先生，首席顾问尤金德先生，分离膜原材料分会秘书长徐平博士，中国脱盐协会秘书长郭有智先生，北京碧水源科技股份有限公司总工俞开昌博士，贵阳沃顿科技股份有限公司总经理金焱博士，上海世浦泰新型膜材料股份有限公司总工程师白海龙先生，中信环境技术有限公司综合管理部总经理柴荆女士，河南大河水处理有限公司董事长苗伟先生，湖南澳维科技股份有限公司副总经理路宏伟博士，海南立昇净水科技实业有限公司副总经理陈清先生，天邦膜技术国家工程研究中心有限责任公司总经理徐徜徉博士，北京坎普尔环保技术有限公司总经理孟广祯博士，浙江开创环保科技股份有限公司董事长包进锋先生，北京特里高膜技术有限公司董事长张保成博士，金科环境股份有限公司首席科学家王同春先生，江苏诺莱智慧水务装备有限公司董事长陈杰博士、上海一鸣过滤技术有限公司总经理吴昌飞先生，浙江净源膜科技股份有限公司执行董事陈昊先生等业内同行给予大力支持与帮助，限于篇幅不能一一列举致谢，敬请谅解！中国人民大学出版社的编辑们为本项目的策划、执行与报告的出版给予了大力帮助与支持，他们以一贯的敬业精神对报告进行严格把关，在此一并表示衷心的感谢！

敬畏同行的期望，我们在报告撰写过程中尽心竭力，不敢懈怠。但由于水平所限，难以尽如人意，敬请读者和同人多多批评指正，共同促进中国膜产业的健康发展。

目 录

第一章　中国膜产业

第一节　中国膜产值

中国的膜产业主要由膜材料、膜设备、膜系统集成、膜专用配套设备和膜系统使用企业所构成。1999 年，中国膜产业总产值约为 28 亿元人民币，仅占全球总产值的 1.7%，2000 年以来，中国膜产业处于高速增长时期。2014 年首次突破千亿元，2023 年产值已超过 4 300 亿元人民币，占全球总产值 35%以上。“十四五”以来，中国膜行业产值年均增长速度保持在 10%～12%，（大致增长状况见图 1－1），预计到 2030 年我国膜产业总产值有望达到 8 000～10 000 亿元人民币。

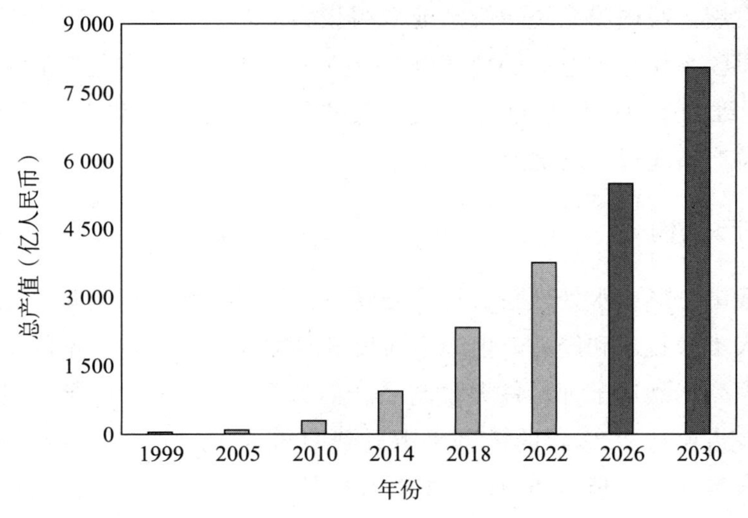

图 1－1　中国膜产业总产值增长状况

膜产业总产值通常是指膜与膜材料/组件、膜装备及相关工程的总值，其中膜与膜材料/组件是整个膜产业的核心。2023 年，我国膜市场超过 4 300 亿元人民币的总产值，其中膜与膜材料/组件的产值 1 127 亿元人民币，占据行业总产值的 25.7%；膜设备、膜工程贸易与运维的产值分别占行业总产值的 21.7%、20.5%与 14.5%，见图 1－2。

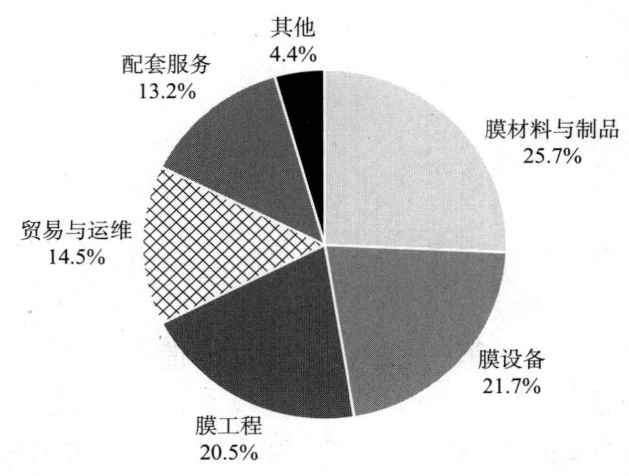

图 1－2　2023 年中国膜产值构成

膜系统运行维护在膜产业发展中处于特殊又重要的地位，处于膜产业链的终端，既是膜技术广泛应用于各领域的接口，也是膜产品成功走向市场的关键环节。膜系统运维能力直接影响膜技术的应用水平，也影响膜产业的高质量发展。经过多年的培育与发展，我国膜系统运维产业取得较大的进展。据不完全统计，2023 年，我国专业从事膜系统运维业务的规模以上企业（包含从事运维业务的工程公司）近 300 家，膜运维工业总产值超过 300 亿元人民币，专用药剂生产及服务企业 1 000 多家，工业总产值超过 400 亿元人民币。

一、膜制品产值构成

目前，我国已形成水处理膜、气体分离膜、新能源膜、医用膜、光学膜和特种功能膜等六大类膜技术和产品，生产不同技术门类、不同材料、不同结构和不同应用场景的膜系列产品达千种，各类膜制品产值如图 1－3 所示。能源用膜市场快速增长，销售额占比从 2022 年的 27.7%上升到 2023 年的 44.4%，接近中国膜材料/组件市场的半壁江山。超/微滤膜、纳滤/反渗透膜和膜生物反应器的总销售额占比从 2022 年的 46.9%下降到 2023 年的 33.2%。医用膜的市场销售额占整体市场的

8.8%；而无机膜、气体分离与电驱动膜的销售额均不到36亿人民币，市场份额仅为2.2%、3.2%和2.3%。

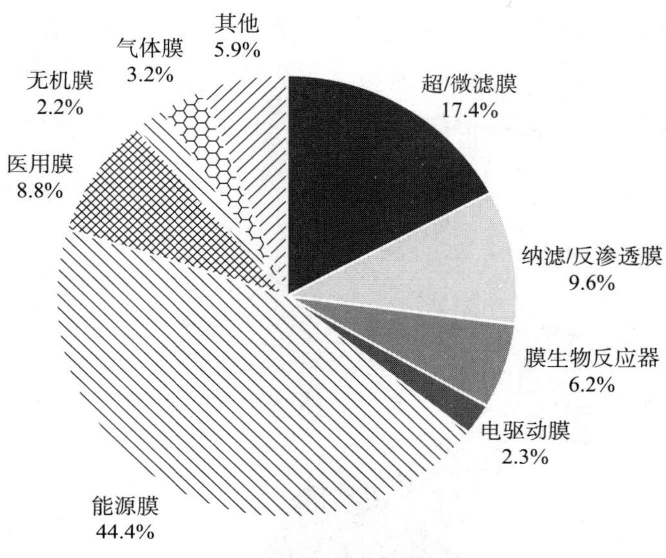

图1-3　2023年中国膜制品产值构成

二、膜设备产值构成

2023年中国膜设备产值约952亿元人民币，比2022年增长7.6%。各类膜设备产值构成如图1-4所示。与2022年相比，净水设备的市场销售额占比基本维持不变。医用膜设备的市场销售额从2020年的18%上升到18.9%。

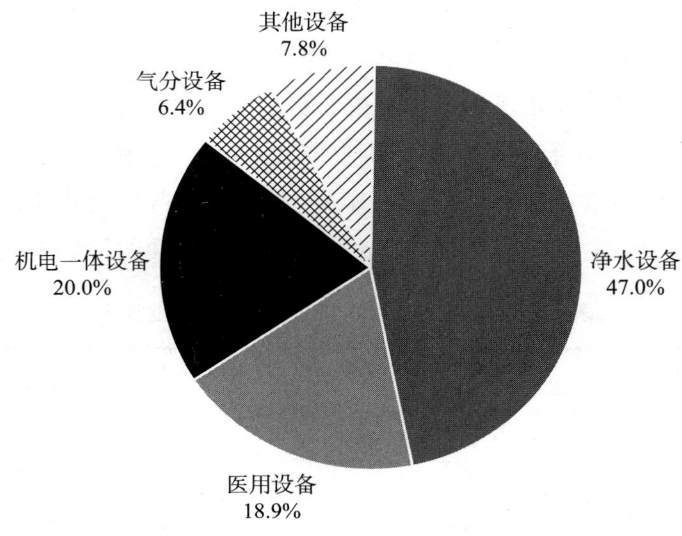

图1-4　2023年中国膜设备产值构成

三、膜工程产值构成

2023 年中国膜工程产值约 898 亿元人民币，比 2022 年增长 3.0%，各类膜工程产值构成如图 1－5 所示。其中工业废水工程的产值达到整个膜工程市场 25.1%；其次为市政污水工程，占市场份额的 22.3%；工业用水和市政给水工程分别占市场的 16.7%和 13.6%。

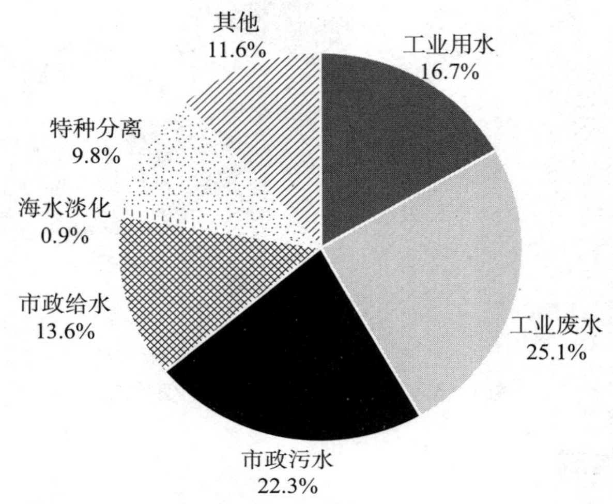

图 1－5　2023 年中国膜工程产值构成

据不完全统计，全国 14 家膜领域上市公司 2022 年营业总收入达到 363.54 亿元人民币，2023 年上半年营业总收入达到 174.7 亿元人民币。见表 1－1。中国膜领域上市公司大多与环保水务业务相结合，或是专业从事膜研究。而国外膜行业巨头多隶属于化学材料公司（如东丽、旭化成、杜邦等），或是混业经营的大型产业集团（如西门子、LG、日东电工等），只有法国苏伊士、美国滨特尔的业务构成与中国膜上市公司较为类似。近年来，中化国际、万华化学等传统化工企业开始进军反渗透膜等领域，希望凭借它们在原料、资金和规模等方面的优势进入高端膜市场。

表 1－1　部分上市公司 2022—2023 年营业情况

大型上市公司	员工数量（人）	营业收入（亿元人民币）			业务范围
		2022 年报	2023 中报	2023 年报	
碧水源	5 036	86.9	32.99	89.53	市政污水和工业废水处理、自来水处理、海水淡化、民用净水、湿地保护与重建、河流综合治理

续表

大型上市公司	员工数量（人）	营业收入（亿元人民币）			业务范围
		2022 年报	2023 中报	2023 年报	
德蓝	224	1.08	0.6	/	给水、循环水、废水处理、废水处理回用、零排放，以及废水处理过程中的废气治理与污泥治理等
华自科技（北京坎普尔）	2 229	17.4	14.44	23.69	水处理膜材料和膜组件的研发、制造和销售
津膜科技	409	2.5	0.93	2.21	超、微滤膜及膜组件的研发、生产和销售，提供专业膜法水资源化整体解决方案
金达莱	608	7.9	2.25	5.12	污水处理新工艺、新技术的研发与应用等
金科环境	360	6.7	2.54	5.52	市政饮用水深度处理、市政污水和工业废水的深度处理及资源化等
嘉戎	757	7.6	2.73	5.55	垃圾渗滤液处理、工业废水处理及回用、工业过程分离等领域
久吾高科	516	7.4	3.38	7.57	陶瓷膜等膜材料和膜分离技术的研发与应用，提供系统化的膜集成技术整体解决方案
三达膜	1 259	12.59	5.1	14.51	包括工业料液分离、膜法水处理、环境工程、膜备件及民用净水机等在内的膜技术应用业务和水务投资运营业务
天壕环境（北京赛诺）	1 408	38.42	20.56	45.22	天然气供应及管输运营的燃气板块、膜产品研发生产销售及水处理工程服务的水务板块和余热发电合同能源管理的节能环保板块
沃顿科技	1 356	14.6	6.86	17.05	反渗透、纳滤、超滤膜片及膜元件的研发、制造和服务
维尔利	2 406	20.85	11.39	22.12	垃圾渗滤液处理、湿垃圾处理、沼气及生物天然气业务、工业节能及VOCs治理业务等
威高集团	11 476	136.2	68.98	132.29	医疗器械和医药，同时发展建工、金融等产业
招金膜天	501	3.4	1.95	3.94	各种分离膜、膜组件、膜分离设备的研发与生产销售及提供各类水处理工程整体解决方案

第二节　中国膜企业

膜企业作为产业的核心，不仅推动了膜技术在中国的发展，还为整个产业链带来了丰富的商机和良好的发展机遇。根据中国膜工业协会注册会员名单，并综合北京膜展（第1～23届中国国际膜与水处理技术及装备展览会）、上海膜展（2008—2021年AQUATECH CHINA上海国际水展）、广东膜展（广东国际水处理技术与设备展览会与广州国际水展，2018合并为GDWater广东水展）的参展商名录以及相关数据库。据不完全统计，截至2022年底，国内有5 035家规模以上的企业从事与膜材料/组件、膜装备与膜工程相关的业务。这些企业主要分布在中国的经济重要地区，集中在京津冀、长江三角洲和珠江三角洲地区。其中，江苏省以19%的占比占据首位，广东和山东分别以11%的占比紧随其后，浙江与上海分别有9%与6%的份额，北京占5%。这六个地区的膜企业总数合计占据了整个膜行业的60%以上份额，如图1-6所示。

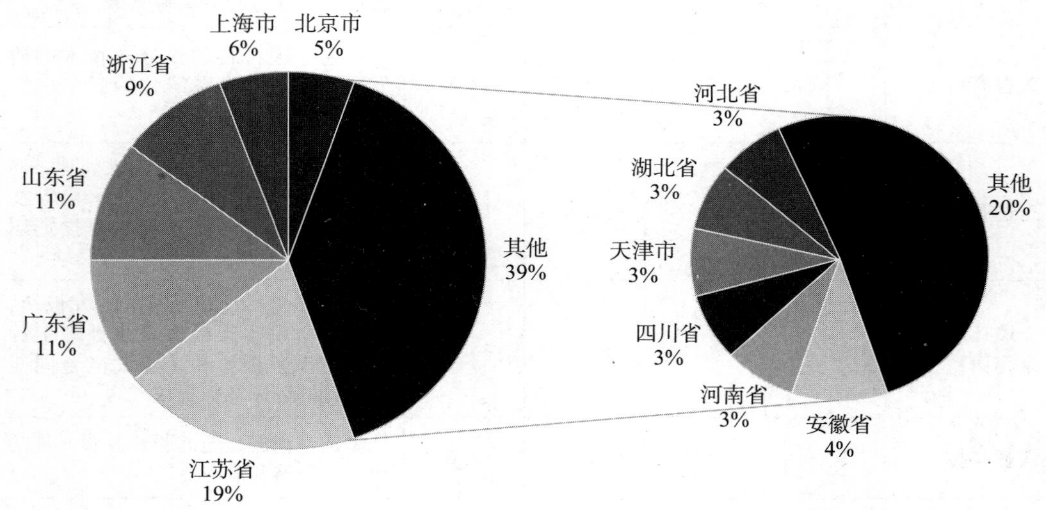

图1-6　中国膜企业数量的地域分布

图1-6揭示了中国膜企业数量的地域分布情况，江苏省、广东省、浙江省和山东省等地区膜企业数量排名靠前，这些地区也是全国工业制造业较为发达的省份。

值得注意的是，膜产业在中国的发展与工业的发展密切相关。通常，工业发达地区对膜法水处理的需求量较大，因为工业生产和城市人口的增加导致水资源的日益紧缺。膜技术作为一种高效、节能的水处理方法，受到了广泛关注和应用。因此，工业经济发达的地区往往也是膜产业较为发达的地区。

膜企业的分布不仅与地区经济状况相关，还与当地的科研力量、创新环境以及产业政策等因素密切相关。例如，拥有丰富科研资源和良好创新环境的北京和上海，为膜企业的成长提供了优越的条件，这也促进了膜产业在这两个地区的发展。

根据产业链的分类，我国膜企业主营业务可分为三大类：（1）膜生产环节的膜材料与膜组件、膜设备；（2）膜应用环节的膜工程与应用；（3）膜运营维护环节与配套服务等。根据不完全统计数据，从事膜材料与膜组件生产、销售业务的膜企业占比高达37%。这说明我国的膜产业已经建立了膜材料的开发与供应链，以及膜组件生产加工和销售链，为膜技术的应用提供了重要保障。其次，从事膜设备（27%）、膜工程与应用（13%）相关业务的企业数量紧随其后，说明我国膜产业的应用领域也在不断扩大。从事膜运营维护与膜配套设备业务的企业占比也达到12%和11%（见图1-7）。这些数据反映我国膜产业的发展已经形成了完整的产业链，形成了水处理用膜、特种分离膜、气体分离膜、能源用膜、医用膜和特种功能膜等多种膜产品并重的发展趋势，涵盖了膜材料的研发与生产、膜组件的加工与销售、膜设备的制造与应用，以及膜工程与工程的设计与施工。同时，配套的运营维护服务也日益受到重视，这为膜技术的长期稳定运行提供了保障。

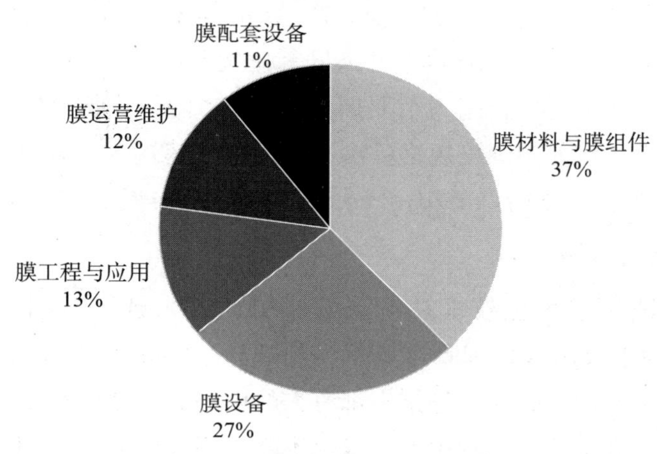

图1-7　中国膜企业数量的主营业务分布

图1-7揭示了中国膜企业数量的主营业务分布情况。膜材料与膜组件生产、销售业务占据了主要比例，说明我国的膜产业重视膜材料和组件的研发与应用。膜设备、膜工程与工程相关业务紧随其后，这反映我国膜技术在工业和市政领域的广

泛应用。同时，膜配套与运营维护业务也占有一定比重，说明我国膜产业已经逐渐从产品供应向全生命周期服务转变，为用户提供了更加全面和优质的解决方案。

综上所述，中国膜产业的发展正呈现出蓬勃的态势。经过多年的发展，我国膜企业数量逐渐增加，规模不断壮大。膜产业在我国水处理、特种分离、能源利用、医疗健康等领域的应用持续扩大，为推动我国高质量发展、实现绿色可持续发展做出了积极贡献。未来，随着膜技术的不断创新和应用领域的不断拓展，我国膜产业有望迎来更加广阔的发展前景。政府部门和企业应当进一步加强合作，加大科研投入，优化创新环境，推动膜技术的突破与创新，为我国经济转型升级和绿色发展提供更多支持和动力。同时，还需要加强对膜产业的监管和规范，保障产业健康有序发展，促进膜技术的健康、稳定、可持续发展。通过多方努力，中国膜产业必将为我国的科技进步和经济发展注入新的活力，成为引领全球膜技术发展的重要力量。

第三节　中国膜应用

一、膜法水处理应用现状

（一）工业用水与污水再生利用

21 世纪以来的前二十年，中国工业生产总值增长近 8 倍，但工业耗水量只增加不到 10%。工业生产总值相比耗水量并未同等比例快速增长的原因中，以反渗透膜技术为核心的膜技术大规模应用为重要原因之一。图 1－8 所示为 8 英寸反渗透膜使用量和应用规模，目前中国该规格反渗透膜保有量超过 500 万只，工业用水与污水再生利用规模超过 9 500 万 m^3/d。

（二）市政污水再生回用

近年来，膜法污水再生技术在市政领域得到越来越多应用，膜生物反应器（MBR）逐渐成为市政污水处理具有竞争力的选择。2003 年以来，中国 MBR 膜的耐污染性、膜使用寿命、膜通量等指标都有大幅度提高。随着城市化发展的不断推进，市区用地趋于紧张、空间利用率要求也不断提高，同时，人们对城市生活环境水平要求也不断提升。MBR 工艺由于其出水水质优异，占地面积小，单体构筑物少于传统工艺，使其在一些地区受到青睐。

如图 1－9 所示，截至 2023 年底，我国万吨以上 MBR 工程累计设计处理规模超过 2 300 万 m^3/d，预计 2025 年 MBR 系统累计处理能力超过 2 600 万 m^3/d。

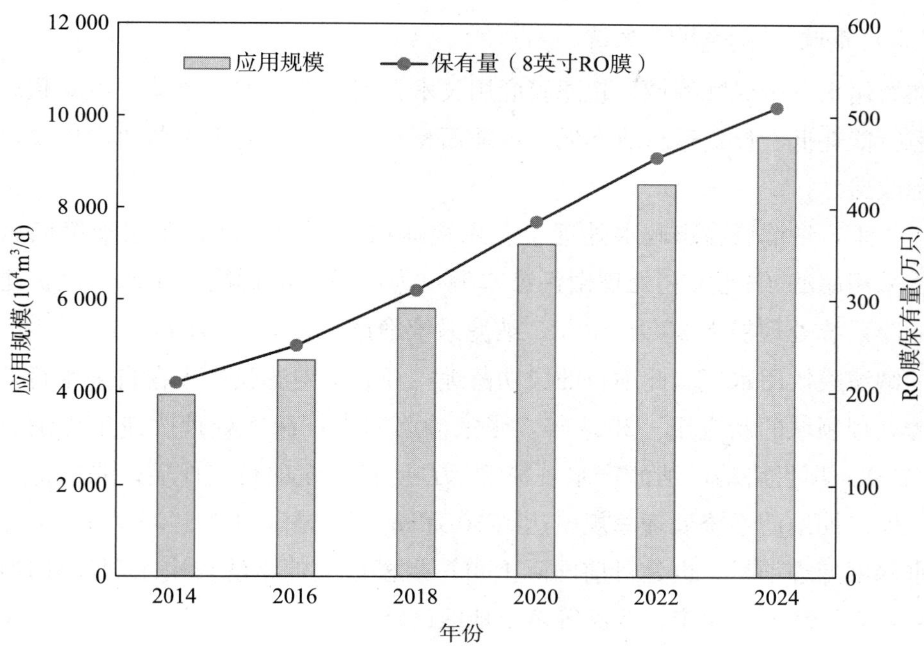

图 1-8　中国 8 英寸反渗透膜使用量和应用规模

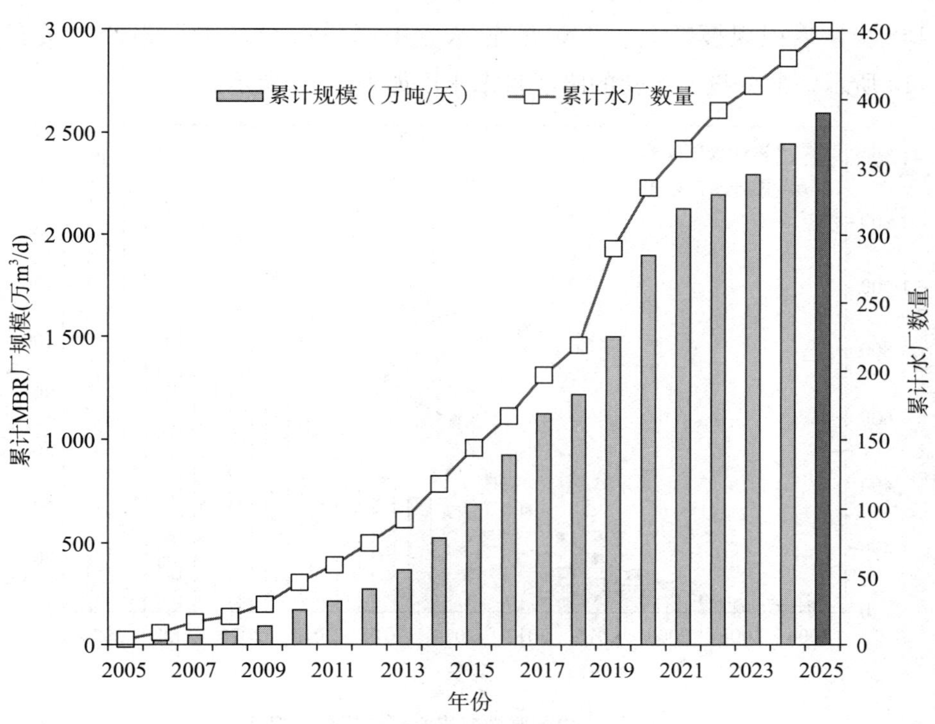

图 1-9　我国市政/工业领域大规模的 MBR 应用情况

（三）市政自来水升级改造

在饮用水安全保障领域，超滤膜应用技术日趋成熟，重力驱动浸没式超滤技术具有运行能耗低、投资运行成本低、占地面积小等优点，适用于新建水厂及自来水厂提标改造。

近年来，纳滤膜在市政水处理中应用快速增长。2018 年，张家港第四水厂扩建工程采用超滤-纳滤工艺处理微污染水源，为市民供应优质饮用水。该扩建工程的超滤膜系统处理能力 20 万 m^3/d，纳滤系统净产水量为 10 万 m^3/d，是当时国内最大的纳滤膜饮用水厂。此项目的成功落地，开启了纳滤膜技术在自来水行业微污染水源处理领域的新应用。2020 年，张家港第四水厂深度处理改造工程纳滤系统（四厂二期）项目启动，纳滤产水规模 20 万吨/日。该项目完成后，张家港市第四水厂一期二期纳滤系统处理总规模达到 30 万 m^3/d，是国内首座 30 万 m^3/d 级纳滤饮用水深度处理项目，也是目前国际上单厂规模最大的纳滤自来水深度处理项目。目前，嘉兴、郑州、海宁、武汉等多个地区已将纳滤工艺纳入十万吨以上大型自来水水厂升级改造的重要选择之一。

到 2024 年，中国已建与在建日产万吨规模以上的膜法饮用水厂累计工程数量达到 168 个，累积规模超过 1 400 万吨/天。中国膜法自来水厂累计数量变化如图 1－10 所示，部分投入运营的膜法自来水厂如表 1－2 所示。

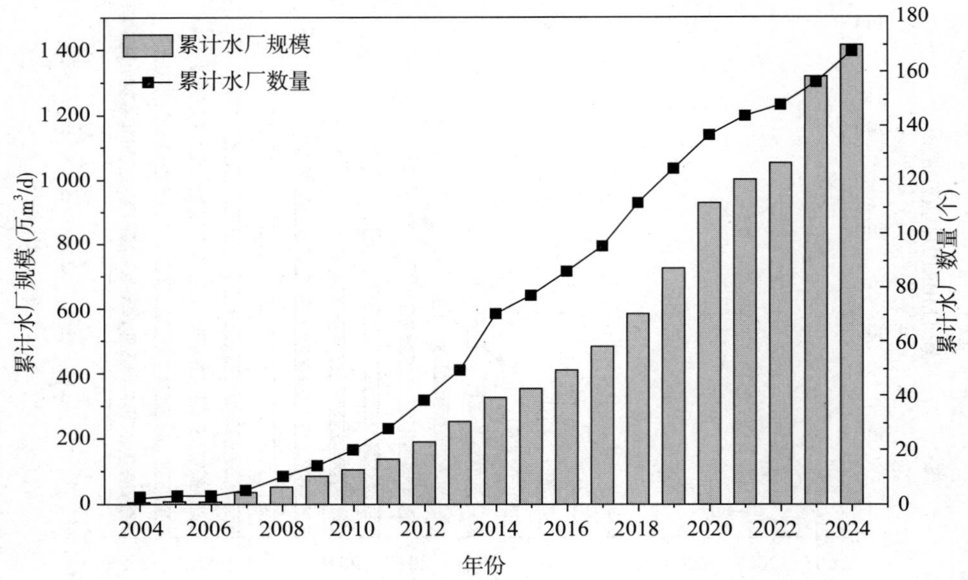

图 1－10　中国膜法自来水厂数量年度变化

表 1-2　中国部分投入运营的膜法自来水厂（>15 万 m^3/d，2020—2023 年）

项目名称	工艺	规模（m^3/d）	投运时间
北京郭公庄水厂自来水项目	超滤	600 000	2021
天津凌庄子水厂自来水项目	超滤	300 000	2020
浙江宁波桃园水厂自来水项目	超滤	500 000	2020
河北唐山自来水处理项目	超滤	120 000	2020
张家港第四水厂二期项目	纳滤	200 000	2020
嘉兴石臼漾水厂	纳滤	150 000	2023
嘉兴贯泾港水厂	纳滤	150 000	2023

二、膜在实现“双碳”目标中的作用

面临气候变化对人类生存条件造成的严峻挑战，“碳中和”成为众多国家的国家战略。自 2020 年中国宣布“双碳”目标（碳达峰和碳中和）愿景以来，“碳中和”成为中国社会发展的重点规划目标，各行各业都在有序推进“双碳”目标的实施。以低碳技术重大突破、能源低碳转型、污染治理和生态修复为核心的一系列举措，成为构建以高效和可持续的消费与生产力为主要特征的可持续发展模式的当务之急。

（一）零碳能源重构

作为一种高效节能的共性分离技术，膜技术在实现“双碳”目标中发挥着重要作用。电力能源是我国当前碳排放的主要来源之一，碳排放总量约 40 亿吨，占比约 36%。基于清洁可再生能源构建零碳电力系统是实现碳中和的必经之路，其普及应用的瓶颈之一在于开发转化效率高、能量密度高、使用寿命长的储能技术。全钒液流电池作为尖端的大规模储能技术，具有环保、安全、高效、功率和容量可独立调节、循环使用寿命长、后期维护成本低等特点。质子交换膜是液流电池的核心材料，对电池效率和成本具有决定性影响。

发展绿氢是实现能源系统向清洁化、零碳化转型的关键路径之一。目前绿氢制备的难点在于制氢单位成本高、制备规模小，制造材料及环境要求高。因此，亟须低成本、高效率、规模化的绿氢制备技术。质子交换膜（PEM）电解槽和碱性阴离子交换膜（AEM）电解槽流程简单，可实现低温条件下制氢效率的大幅提升。

我国质子交换膜产业整体正处于加速发展阶段，市场活跃，东岳集团的膜产品已经进入奔驰公司供应链体系，相关企业正在加速布局。截至 2021 年，我国质子交换膜设计年产能已超过 490 万平方米，已投产年产能达 220 万平方米，但国内质子交换膜供给仍然不足，大部分需求方仍使用进口膜。国内生产企业正在加速发展，部分代表性企业已经实现批量供货，并正在扩大产能。

随着氢燃料电池汽车规模化应用，质子交换膜也必将迎来新的高峰，蕴藏着巨大的市场潜力。随着国产化的推进、下游需求的井喷和上游原材料生产企业突破技术瓶颈，加之企业逐步实现规模化，质子交换膜成本将大幅下降，届时将带动氢能源产业及质子交换膜产业快速发展。

（二）低碳流程再造

我国工业碳排放约占排放总量的44%，工业过程的优化提升与构建绿色低碳的工业体系是实现“碳减排”的关键手段。通过在现有工业流程中引入新技术、新工艺，实现低碳工业流程再造，可促进工业过程节能减排，解决现有工业领域高能耗、高污染、高排放的难题。

膜反应器是将分离与反应过程相结合的新技术，通过选择性移除产物，突破热力学平衡限制，提高原料转化率及目的产物的产出率，优化工艺流程，减少污染物排放。南京工业大学开发的连续膜反应器技术在国际上率先实现了陶瓷膜技术在石油化工主流程中的工业化应用，推广应用超过百万吨规模，在中国石化实现了氨肟化制己内酰胺工艺流程再造，“三废”排放是原有工艺的1/200。

（三）负碳体系构建

碳捕集是实现CCUS（碳捕集、利用与封存技术），构建负碳体系的基础，是完成碳中和目标的技术保障之一。与传统 CO_2 分离技术相比，膜技术可实现不同场合 CO_2 的高效捕集，在提高捕集效率、降低能耗和成本等方面具有潜在优势。膜反应器可强化 CO_2 转化为燃料及化学品以进行可再生资源的利用，实现负碳工业过程。

天津大学在国内首次开发出了包括膜材料开发、分离膜规模化制备、膜组件研制和膜分离工艺及装置设计建造的膜法碳捕集完整技术链，实现了高性能 CO_2 分离膜和膜组件的规模化制备，建成了国内首套日处理5万标准立方米的烟道气膜法碳捕集工业示范装置，年捕集二氧化碳超3 000吨。燃煤电厂烟道气经膜装置处理后产品 CO_2 纯度可达96.2%，能耗较传统技术降低39%。目前，膜法碳捕集技术虽然尚未实现大规模应用，但其在提高碳捕集效率、降低能耗和成本等方面体现出显著的潜在优势。在未来5～10年，膜分离技术有望发展成为工业成熟的碳捕集技术，预期比胺吸收等碳捕集技术节能30%左右。

三、前景

目前，膜技术已经在工业用水处理、城市污水再生回用、工业废水零排放、市政自来水提质改造等领域发展重要作用，其推广应用是保障我国水资源安全的重要举措之一。同时，膜技术特别适于现代工业对节能降耗、低品位原材料再利用和环境治理与保护等重大需求，对保障用水安全、调整能源结构和能源清洁利用及产业转型升级具有重要意义。

膜分离技术推广应用的覆盖面可以反映一个国家过程工业、能源利用和环境保护的水平。在“双碳”目标下，我国膜技术的发展正面向国家重大需求，聚焦关键核心膜材料和膜过程，开展从高性能膜材料微结构调控、规模化制备、流程设计到工程应用示范的全链条研究，实现低成本绿氢制造、液流长时储能、基于膜材料和膜过程的低碳流程再造、膜法烟道气碳捕集、膜反应器 CO_2 制甲醇等一批前沿技术的大规模应用，为我国实现碳中和提供坚实的技术支撑。

“十四五”期间，我国膜产业仍保持快速增长。预计到 2030 年将达到 8 000～10 000 亿元，其市场前景如表 1－3 所示。

表 1－3 2025 年市场前景分析及预测

市场领域	市场前景分析	2025 年市场预测（亿元人民币）
海水、苦咸水淡化	预计新增海水、苦咸水淡化 150 万吨，每年 30 万吨	15
工业纯水、超纯水	预计工业用纯水、超纯水新增产量 1 000 万吨/日，每年 200 万吨/日	85
工业废水资源化	“十四五”期间工业废水零排放处理量 50 亿吨，每年 10 亿吨，每天 300 万吨	200～250
城镇污水再生回用	“十四五”期间，再生回用量将新增 800～1 200 万 m^3/d	300～400
城镇自来水提质改造	预计年处理量 25 亿吨（约 800 m^3/d），如包括农村微污水处理，预计处理总量达 1 500 万 m^3/d 以上	500～600
医用膜	如透析普及率从目前的 14%达到 37%国际水平，市场需求巨大	500～600
新能源用膜	预计至 2025 年，包括其他燃料电池隔膜的销售达 60 亿平方米	250～300
特种分离市场	“十四五”期间的特种分离市场有较大突破	100～120
家用净水器市场	家用净水器市场增长速度放缓，年增长率在 1%～3%	450～500
气体分离膜及其他气分市场	年增长率在 10%以上	60～80
配套产品	年增速在 5%～8%	600～750
出口	预计 2025 年，出口额占总产值的 10%～15%	450～600

第二章　纳滤膜在市政供水行业的应用

第一节　发展历程

一、纳滤膜简介

纳滤膜的分离性能介于反渗透和超滤之间，早期被称为“疏松反渗透膜”“低压反渗透膜”或“致密超滤膜”。纳滤膜是一种特殊的分离膜，因能截留物质的大小约为 1 nm（0.001 μm）而得名，截留分子量通常在 200～1 000 Da（膜分离技术术语，GB/T 20103—2006）。截留溶解性盐的能力为 20%～98%，对单价阴离子盐溶液的脱除率低于高价阴离子盐溶液，如氯化钠及氯化钙的脱除率为 20%～80%，而硫酸镁及硫酸钠的脱除率为 90%～98%。纳滤膜一般用于去除地表水的有机物和色度，脱除井水的硬度及放射性镭，部分去除溶解性盐，浓缩食品级分离药品中的有用物质等。纳滤膜运行压力一般为 3.5～16 bar。

二、纳滤膜特征

纳滤膜和反渗透膜的基本性能均包含两方面：物化稳定性和分离透过性。物化稳定性决定膜的使用寿命，包括膜的强度、允许使用压力、温度、pH 值等。分离透过性指通量和分离效率：通量通常表示单位时间内通过单位膜面积的被分离物质的体积；分离效率指膜对溶液脱盐或微粒和某些高分子物质的脱除等，称为脱除率或截留率。尽管纳滤由低压反渗透发展而来，却并不等同于低压反渗透。低压反渗透膜与纳滤膜差别较大，前者是一种对所有盐（一价和多价）均具有较低截留率的反渗透膜，按照其对氯化钠的去除效果，又分为标准反渗透膜（海水淡化膜）和低压反渗透膜（除咸膜）；后者则是对不同价态的盐具有不同的截留率，对一价盐的截留率较低，对二价或者多价盐的截留率高。此外，纳滤发展到现在，根据其对不同价态盐及不同分子量的截留效果，可以分为疏松型纳滤膜和致密型纳滤膜，其中致密型纳滤膜的截留分子量为 200～400 Da，而疏松型纳滤膜的截留分子量为 400～1 000 Da。

反渗透膜与纳滤膜典型分离性能对比见表 2－1。四种类型膜应用过程中的盐截留率变化为：标准反渗透膜＞低压反渗透膜＞致密型纳滤膜＞疏松型纳滤膜，而能耗变化则与盐截留率变化相反。

表 2－1　反渗透膜与纳滤膜典型分离性能对比

膜类型	反渗透膜		纳滤膜	
	标准反渗透膜	低压反渗透膜	致密型纳滤膜	疏松型纳滤膜
典型运行压力（MPa）	1～1.5	0.7～1	0.5～0.7	0.4～0.6
运行压力	高	较高	略低	低
脱盐能力	完全脱盐，无选择性		选择性脱盐，脱除大部分二价离子，部分一价离子	
NaCl 去除率	＞99％	＞99％	＞90％	30％～50％
$CaCl_2$ 去除率	＞99％	＞99％	＞90％	50％
$MgSO_4$	＞99％	＞99％	＞95％	＞90％
葡萄糖（MW180）去除率	＞99％	＞99％	＞99％	＞95％
蔗糖（MW342）去除率	＞99％	＞99％	＞99％	＞95％
离子脱除特性	F^-、NO_3^-、NH_3-N、HCO_3^-、HSO_3^-		As、Ca^{2+}、SO_4^{2-}、HCO_3^-、HSO_3^- 部分脱除	
有机物脱除能力	＞95％		＞90％	
有机物脱除种类	绝大部分有机物		截留分子量 200～1 000 Da、色度、三卤甲烷前体、杀虫剂、除草剂、药物、激素、内分泌干扰物	
产水 pH	pH 低，呈酸性，有一定腐蚀性		pH 变化略低，腐蚀性略低，可直接进入管网	
系统回收率	一般＜75％		75％～90％	
结垢倾向	$CaCO_3$，SiO_2 结垢倾向		$CaCO_3$，SiO_2 结垢倾向略低	

三、纳滤膜的制备方法与材质

纳滤膜通常为片状、复合非对称结构，又称复合薄膜或复合纳滤膜片，通常缩写为 TFC（thin-film composite，TFC）和 TFM（thin composite-film membrane，TFM）。纳滤膜片本身厚度为 150～250 μm，绝大部分为皮层提供结构支撑，面向待处理产品的是致密活性分离层，通常厚度为 150～250 μm。非对称纳滤膜结构的特点之一是以致密活性分离层为起点，离致密分离层越远的支撑层，膜孔径越大，可有效防止膜孔堵塞，确保纳滤膜片良好的抗结垢性。除少数用于特殊溶剂过滤外，多数纳滤膜采用亲水性材料制备。常用的纳滤膜材料主要有聚偏氟乙烯（polyvinylidenefluoride，PVDF）、聚乙烯（polyethylene，PE）、醋酸纤维素（cellulose acetate，CA）、聚丙烯（polypropylene，PP）、磺化聚砜（sulfonated polysulfone，SPS）、磺化聚醚砜（sulfonated polyether sulfone，SPES）、聚酰胺（polyamide，PA）、聚乙烯醇（polyvinyl alcohol，PVA）和聚氯乙烯（polyvinyl chloride，PVC）等。其中，聚酰胺材质常用于制备纳滤膜结构中的薄膜层。

目前商用纳滤膜的材料基本为聚合物支撑层构成的复合材料，纳滤膜元件通过由纳滤膜及其他辅助材料设计制作而成，纳滤膜元件的主要型式如图 2－1 所示。

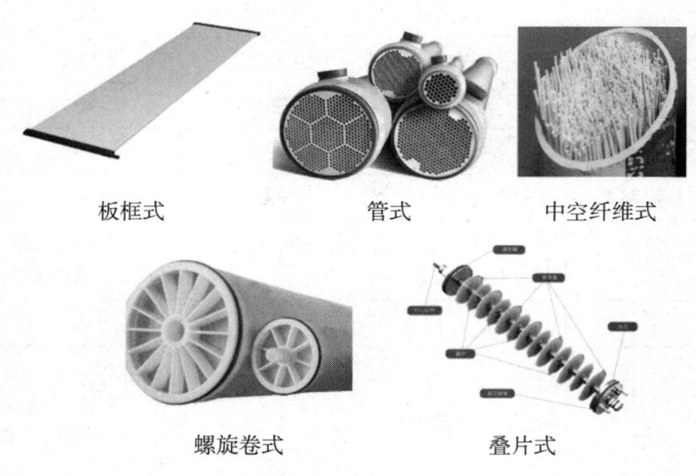

图 2－1　纳滤膜元件型式

按照膜元件型式主要有螺旋卷式（spiral wound，SW）、板框式（plate and frame）、中空纤维式（hollow fiber）、管式（tubular）及叠片式（disk plate）等，其中螺旋卷式纳滤膜元件使用最多，占纳滤和反渗透膜全球市场份额的 91%。

由于设计上的特点，所有结构型式中，螺旋卷式的纳滤膜元件的流道相对较窄，因而其对颗粒物及微生物等污染较为敏感：进水颗粒物会致使纳滤膜元件的有效分离层不可逆受损；进水中微生物等污染物会降低系统产水率、增高化学清洗频率、缩短膜元件寿命。

纳滤膜元件构成的纳滤膜处理系统的进水水质通常需要满足两个条件：一是进水中氧化物含量不得超过 1 ppm；二是污染密度指数（silt density index，SDI_{15}）<5 的要求。

四、国内外纳滤膜元件标准及要求

（一）国外纳滤膜元件标准

国际标准化组织和美国标准化机构没有针对纳滤膜产品制定相关标准，只是针对产品制定了一些参数的检测方法。主要有：ISO 标准 2 项（ISO 27448—2009、ISO 15989—2004）；美国国家标准 2 项（ANSI/AWWA B114—2015、ANSI/AWWA B110—2019）；美国材料实验协会（American Society of Testing Materials，ASTM）比较全面，有 7 项（D4472 - 08 - 2014、D3923 - 08 - 2014、D4195 - 08 - 2014、D6161 - 19 - 2019、D4194 - 03 - 2014、D6908 - 06 - 2017、D4692 - 01 - 2017）。

（二）国内纳滤膜元件标准

我国纳滤膜制备、应用研究较晚，其标准化近 20 年才刚刚起步，目前国内发布的相关标准具体如下。

1. 产品和测试标准

目前，我国关于纳滤膜的产品标准只有两项国家标准和两项行业标准。其中，国家标准包括：《膜分离技术术语》（GB/T 20103—2006）和《膜组件及装置型号命名》（GB/T 20502—2006）；行业标准包括：《纳滤膜及其元件》（HY/T 113—2008）和《纳滤膜装置》（HY/T 114—2008）。这远不能满足纳滤膜研究、生产及应用发展需要。在目前发布的三项纳滤膜及设备装置有关的国家标准中，有两项为测试标准，即《纳滤膜测试方法》（GB/T 34242—2017）和《反渗透和纳滤装置渗漏检测方法》（GB/T 37200—2018）。这两项标准的诞生，很好地指导了我国纳滤膜的研制及产业化生产，为近年来纳滤膜的应用推广打下了坚实的基础。

2. 工程建设标准

目前，国内尚未对纳滤膜及设备在工程建设方面制订专门的标准，只是在相关的标准中给予规范，如《城镇给水膜处理技术规程》（CJJT 251—2017）、《城镇供水设施建设与改造技术指南》，其中包括膜处理部分（55～63 条），并已于 2012 年 10 月由住房和城乡建设部发布使用。山东省发布地方标准《南水北调受水区膜处理工艺技术指南》。目前国内纳滤膜无论是产品标准还是测试标准、工程建设标准，均处于起步阶段，标准数量及相关性均无法满足日益发展的需要。

（三）用户认可度和卫生许可

用户对产品的认可从侧面反映了技术的可靠程度和产品的推广应用程度。从卫生许可调研结果看，国外的纳滤膜/反渗透膜材料及元件均经过 FDA 认证并具有涉水批件，FDA 是世界上权威的食品药品监测机构，是世界知名的认证机构之一，其产品认证具有很强的权威性，出口美国的食品及涉水产品均需要经过 FDA 认证。而国内产品均有涉水批件，但没有国际认证。对于涉水批件，我国从 2007 年开始实行卫生许可制度，以保证所生产的产品对水质不产生二次污染。我国在卫生许可方面与国际尚未接轨，认可标准相对较低。

五、生产/应用状况及主流产品

（一）主流纳滤膜品牌及产品

目前全球比较知名的纳滤膜生产厂家仅十余家，市场占有率较高的产品主要来自国际厂商，如杜邦、苏伊士、美国奥斯莫尼斯公司（Desal）、美国科氏（Koch）、美国 Trisep 公司、日本东丽（Toray）和日本日东电工集团（Nitto）等。国内比较知名的厂商有杭州水处理开发中心、时代沃顿、湖南澳维、奥斯博、湖南沁森等。目前主流商用纳滤膜的基本性能参数如表 2-2 所示。

表 2-2　全球主流纳滤膜产品及其基本性能

膜型号	制造商	膜性能 脱盐率	水通量 ($L/m^2\cdot h$)	测试条件操作压力 (MPa)	料液浓度 (mg/L)
DK4040F50	苏伊士（原美国通用）	85%～98%	36	0.76	2 000/$MgSO_4$
DK4040F30		85%～98%	37	0.76	2 000/$MgSO_4$
ESNAl	海德能	70%～80%	363	0.525	500/NaCl
ESNAl		70%～80%	1 735	0.525	500/NaCl
DRC-1000	Celfa 公司	10%	50	1.0	3 500/NaCl
Desal-5	Desalination 公司	47%	46	1.0	1 000/NaCl
HC-5	丹麦 DDS 公司	60%	80	4.0	2 500/NaCl
NF270-400/34i	杜邦	40%～60%	61	0.48	500/$CaCl_2$
NF90-400/34i		85%～95%	767	0.48	2 000/NaCl

续表

膜型号	制造商	膜性能脱盐率	水通量 (L/m² · h)	测试条件操作压力 (MPa)	料液浓度 (mg/L)
NE8040-40	东丽	98%～99%	45.4	0.52	2 000/$MgSO_4$ 2 000/CaCl
TMN20H-400		95%～99%	45.4	0.52	500/NaCl
NTR-7410	日本电工	15%	500	1.0	5 000/NaCl
NTR-7450		51%	92	1.0	5 000/NaCl
NF-PES-10/PP60	Kalle 公司	15%	400	4.0	5 000/NaCl
NF-CA-50/PET100		85%	120	4.0	5 000/NaCl
DF-8040	碧水源	30%～50%	37.5	0.3～0.5	/
VNT1-8040	沃顿科技	30%～50%	51	0.69	2 000/NaCl
VNT2-4040		90%～98%	42	0.69	2 000/NaCl
OSP-NF-8040-400	汕头奥斯博	10%～30%	63	0.45	500/NaCl
VNF2-8040		90%～95%	50	0.45	2 000/$MgSO_4$
NF1-8040	湖南沁森	50%～70%	42	0.48	500/NaCl
NF-2812		30%～50%	51	0.48	500/NaCl

杜邦的纳滤膜经典款式是 NF 系统，NF270、NF70 和 NF90 系列纳滤膜产品材质为复合全芳香高交联度聚酰胺。NF270 为疏松纳滤膜，NF90 为致密纳滤膜。NF270 与 NF90 的区别在于，后者脱盐率较高，而前者产水量高，主要用于脱除有机物；NF270 具有中等的透盐率，中等程度的钙透过率（40%～60%），很高的 TOC 脱除率，NF90 不仅脱盐率（如硝酸盐、铁）较高，还具有高有机化合物去除率（如杀虫剂、除草剂和 THM 前驱物等）。此外，FilmTec 公司可针对不同的用途，通过改变哌嗪的解离度控制 NF 膜对离子的截留性能，其生产的 NF270 在去除有机物外，还可去除高价离子。

苏伊士的纳滤膜主要是 D 系列，其截留分子量在 150～300 Da，与陶氏化学的 NF270 的截留性能类似，主要应用于燃料、重金属、糖类氨基酸、肽浓缩等。苏伊士的 D 系列 NF 膜包括 DK 标准通量型号和 DL 高通量型号。此外，苏伊士的特种纳滤分离膜性能优越，主要表现在耐高温及耐酸碱。苏伊士 H 系列纳滤膜采用专有复合膜，用不带电有机分子测的截留分子量为 100～400 Da，包括高脱盐 HP 纳滤膜和低脱盐率 HL 纳滤膜，HL 和 HP 膜元件的典型应用包括水质软化、脱色、降低 THM 产水的风险，与 HL 相比，HP 纳滤膜元件通量更高，同时对一价离子的脱盐率也更高。

海德能的ESNA系列产品为聚酰胺纳滤膜，主要用于脱除低含盐量给水中的硬度和色度，还可用于脱除有机物、细菌和病毒，它的NaCl脱除率为50%～90%。海德能ESNNA1-LF系列电中性纳滤膜可在超低运行压力下稳定生产低TDS产品水。海德能的ESNAA-K1与杜邦的NF270性能接近，而ESNA1-LF2-LD则与杜邦的NF90性能类似。

东丽的NE8040-40型号纳滤膜的特征为低脱盐纳滤，适用于地表饮用水深度处理，性能基本与杜邦NF270相当，而东丽的TMN20H-400则为高脱盐纳滤膜，用于苦咸水淡化，性能与杜邦的NF90类似。

Trisep目前供应的两种纳滤膜为TS80/82/83与XN45，其中TS80主要应用于市政水软化，而XN45则可应用于只需去除单价离子而截留二价离子或低分子量有机物（如体系中的糖类等）。KOCH则提供所有TFC聚酰胺系列MegaMagnum™结构的反渗透和纳滤膜元件。

沃顿科技（VONTRON）的纳滤膜是荷电膜，能进行电性吸附，具有良好的离子选择性，在去除水中二价及以上离子的同时，可去除水中大分子有机物，抗污染性能好。在相同的水质及环境下应用，沃顿科技的纳滤膜所需的运行压力相对更低、更节能。沃顿科技的纳滤膜产品分为家用型和工业型，家用型主要用于各种家用纯水机、矿化直饮水等小型系统中，工业型则广泛应用于市政水饮用水、包装水、食品饮料、医药、生物工程、污染治理等行业中的一价和二价盐的分离、液体物料的浓缩和提纯等。沃顿科技的VNF2-8040与杜邦的NF90性能接近，而VNF1-8040则与杜邦的NF270性能一致。

碧水源的低压纳滤（DF）膜，操作压力接近超滤（ultrafiltration，UF）膜，为0.3～0.5 MPa，有机物脱除率高，具有优良的脱盐选择性。汕头奥斯博的OSP-NF-8040-400与杜邦的NF270性能接近，而OSP-NF97则与杜邦的NF90性能一致。

（二）产品性能

目前商品化的纳滤膜材料主要有聚酰胺类、聚砜类、纤维素类和复合膜，螺旋卷式纳滤膜元件应用最广泛的膜材料主要是醋酸纤维素膜和芳香聚酰胺膜。醋酸纤维素膜最早用于制备反渗透膜，其原料来源广、价格低、耐污染及耐氯性能好，但其适用pH范围窄、耐生物降解能力差、易污染。芳香聚酰胺膜是目前销售最多、应用最为广泛的纳滤膜，但聚酰胺结构极易受到活性氯的攻击，使得膜片表面氧化或者氯化，造成膜材料的化学降解，以致引起膜片或膜元件功能的丧失，这使得膜片在含氧化剂（比如加氯消毒后）的环境中不太适用。

根据商品化的纳滤膜超薄复合层的成分，还可将纳滤膜分为芳香聚酰胺类复合纳滤、聚哌嗪酰胺类复合纳滤、磺化聚（醚）砜类复合纳滤和混合型复合纳滤。

六、纳滤膜的发展状况

2013 年以前，纳滤膜主要应用于苦咸水软化与脱盐；2013 年以后，饮用水深度处理的纳滤膜应用呈蓬勃发展趋势。近年来，我国纳滤膜市场发展迅速，目前国外品牌在大型市政给水处理市场占据主导地位，我国本土膜企业产品主要应用在中小型项目。近年纳滤膜行业市场发展见图 2－2。

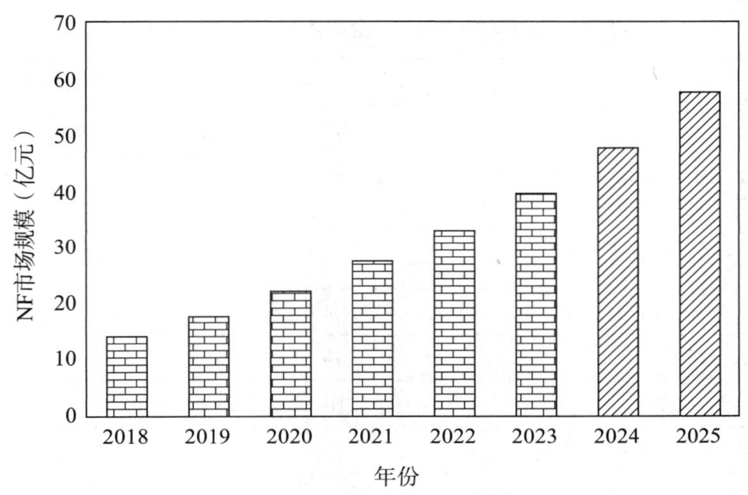

图 2－2　中国纳滤膜行业市场规模

现阶段纳滤上游产业发展呈现良好的增长趋势，有利于保障纳滤膜分离装置行业在规模拓展时对原材料的需求。同时，膜元件压力容器、无纺布、行业企业陆续进入该行业的高端市场，随着国产化替代率的提升，纳滤膜分离装置行业在结构升级周期中能得到性价比高的国产原材料。

第二节　应用进程

纳滤膜具有脱盐软化、去除砷及氟化物、重金属（多价离子）和微量有机物（农药、内分泌干扰物和抗生素等）等独特优势，在市政饮用水领域具有广阔的应用前景。在传统自来水处理工艺的基础上，以去除微有机污染物、二价离子等物质为目标时，可采用疏松型纳滤膜（如杜邦 FILMTEC 的 NF270 及其等同型号）；以去除水中离子、海（咸）水淡化为目标时，可采用致密型纳滤膜（如杜邦 FILMTEC 的 NF90 及其等同型号）或者低压反渗透技术。

世界上第一个纳滤膜水厂是 1988 年投产的美国 St. Lucie West Development 水厂，该厂位于佛罗里达州，纳滤膜主要去除当地原水的高有机物及盐度。随着饮用水水质标准的提升及公众对高品质饮用水需求的提高，纳滤膜对水中溶解性有机物（dissolved organic matter，DOM），尤其是影响感官、口感的微量有机物（如农药、抗生素、内分泌干扰物等）的去除效果受到越来越多的关注。1988—2013 年全球典型市政纳滤水厂建设如表 2－3 所示。

表 2－3　1988—2013 年全球典型市政纳滤水厂

纳滤水厂名称及地点	规模		膜类型及投产时间	
	MGD	万 m^3/d	膜类型	投产时间（年）
Mery-sur-Oise，Pairs，France	36.84	14.00	NF	1999
Jarny，France	0.66	0.25	NF	1995
Bajo Almanzora，Spain	5.53	2.10	NF	1995
Palm Beach County System 9，Florida，USA	22.82	8.67	NF	2001
Kauai，Hawaii，USA	3.01	1.15	NF	2005
Clefton，Colorado，USA	4.18	1.59	NF	1996
City of Hollywood，Florida，USA	13.95	5.30	NF	1995
Plantation-Central-Plant，Florida，USA	11.95	4.54	NF/RO	1991
Naples，(Collier County)，Florida，USA	11.95	4.54	NF	1993
Fort Myers，Florida，USA	11.95	4.54	NF/RO	1992
City of Sunrise**，Florida，USA	11.95	4.54	NF	2000
Dunedia，Florida，USA	9.47	3.60	NF/RO	1991
Palm Beach County System 3，Florida，USA	9.26	3.52	NF	1994
City of Boynton Beach，Florida，USA	7.89	3.00	NF	1993
Plantation-East Plant，Florida，USA	5.97	2.27	NF	1998
Indian River County，South，Florida，USA	5.97	2.27	NF/RO	1991
A Brewery Company，Florida，USA	4.97	1.89	NF	1999
City of Midamar，Florida，USA	4.47	1.70	NF	1995
Cooper City，Florida，USA	3	1.14	NF	1998
Indian River County，Hobart Park，Florida，USA	3	1.14	NF	1998

续表

纳滤水厂名称及地点	规模		膜类型及投产时间	
	MGD	万 m^3/d	膜类型	投产时间（年）
Palm Coast Utilities，Florida，USA	2	0.76	NF	1992
City of Royal Palm Beach，Florida，USA	1.5	0.57	NF	1993
Corkscrew，Florida，USA	1.53	0.58	NF	1990
St. Lucie West Development，Florida，USA	1.0	0.38	NF	1988
拷谭净水厂，中国台湾	78.95	30.00	UF+NF/RO	2004
山西临汾二水厂，中国山西	7.89	3.00	MF+NF	2011
山西临汾自来水厂工程，中国山西	10.52	4.00	MF+NF	2010
山西孝义自来水工程，中国山西	2.63	1.5	MF+NF	2013
忠县生态工业园自来水厂，中国重庆	2.63	1.00	NF	/
陕西某县开发区，中国陕西	1.26	0.48	NF	2005
山西省清徐县自来水厂，中国山西	7.89	3.00	NF	/
定西自来水苦咸水淡化工程，中国甘肃	2.63	1.0	UF+NF	2005
山西六壁头水厂，中国山西	3.75	1.43	NF	/
鄂尔多斯达拉特净水厂，中国内蒙古	26.32	5.0	UF/NF	2012
青铜峡水厂，中国宁夏	3.09	1.18	UF/NF	2012
航丰自来水厂（一期/二期），中国浙江	19.46	7.4	UF/NF	2005/2010

20 世纪 80 年代以来，欧美开始建设大型市政纳滤水厂，其中最有代表性的是法国巴黎的 Mery-sur-Oise 水厂。该水厂于 1999 年建成，纳滤系统处理规模达 14 万 m^3/d，是全球第一个应用于地表水（微有机污染原水）处理的市政纳滤膜系统。1988—2005 年，美国共建成 21 座纳滤水厂，其中 95%在佛罗里达州，总处理规模为 59.8 万 m^3/d。美国纳滤水厂处理规模不大（0.38～8.67 万 m^3/d），但水厂数量较多，且主要用于饮用水的除硬需求。2013 年前，国内（含台湾地区）日处理千吨以上规模的纳滤水厂共投产 12 座，总规模为 64 万 m^3/d，其中规模最大的是台湾拷谭水厂（30 万 m^3/天），其余水厂主要集中在山西、宁夏、鄂尔多斯、陕北、陕西、重庆等地，处理规模较小（0.11～5 万 m^3/d），主要解决这些地区原水氨氮、硬度、总溶解性固体、氯化物等含量高的问题。

2013 年以后，国内新建纳滤膜水厂应用的推进速度加快。2013—2018 年间新建的纳滤膜水厂主要集中在山西、陕西、山东等原水氨氮、硬度、氯化物等含量超标的地区，预处理工艺主要是超滤、微滤和多介质过滤器，超滤预处理是主流工艺。

近五年，纳滤膜在市政饮用水领域呈爆发趋势，尤其在微有机污染地表水深度处理领域。新建纳滤膜水厂的概况见表 2－4。目前江苏省已经设计/建成总规模为 57.5 万吨/天的纳滤膜水厂；浙江省也设计/建成 70.4 万吨/天的纳滤膜水厂，其中嘉兴 30 万吨/天纳滤膜水厂目前已经开始运行，安徽也在推进 2 万吨/天的纳滤膜水厂，加上上海闵行水厂的 1 万吨/天纳滤技术示范，目前长三角总计设计/在建的纳滤膜水厂规模已经超过 130 万吨/天。除长三角地区外，山东、河南、湖北也在推进 10 万吨/天以上规模的纳滤膜深度处理水厂。目前国内纳滤膜水厂，预处理工艺大多为超滤＋保安过滤系统，长三角地区的纳滤工程系统多采用微滤预处理方式。

表 2－4　2018—2023 年国内新建纳滤膜水厂

纳滤膜水厂名称及地点	NF/RO 设计规模（万 m^3/d）	建成年份（年）	NF/RO 预处理工艺	原水类型
西安湾子水厂	4.80	2018	超滤	地表水
福建长乐二水厂/远航水厂	10.00	2019	超滤	地表水
天津静海自来水	4.80	2018	超滤	地表水
山东广饶自来水	1.00	2018	国产超滤膜	水库水
嘉兴贯泾港水厂	15	2023	微滤	地表水
嘉兴石臼漾水厂	15	2023	微滤	地表水
张家港第四水厂改造工程	20	2020	微滤	长江水
张家港四水厂扩建工程	10	2020	超滤	长江水
张家港三水厂深度处理工程	10	2021	微滤	长江水
太仓第二水厂	5	2021	超滤	—
济南东湖水厂	3	2021	超滤	—
武汉梁子湖水厂	10	在建	超滤	
宿迁城北水厂	7.5	在建	超滤	
郑州东周水厂	6	在建	超滤	
烟台洪钧顶自来水厂	6	在建	超滤	
烟台卧牛山水厂	5	在建	—	

第三节　应用需求

一、安全供水需求

饮用水中硫酸盐过高易引起轻泻、脱水和胃肠道紊乱，氟、砷等有毒、有害离子可造成人体内脏器官的病变和损坏，硬度过高易引起结石等病变。虽然盐分是健康饮用水的重要成分，但盐分过高的水不适宜饮用，例如内陆地区的苦咸水。由于纳滤膜能够有效地去除硬度、硫酸盐、氯化物、硝酸盐、氟和砷，因此纳滤膜在饮用水深度处理的应用规模急剧上升。

（一）硬度、硫酸盐、氯化物、硝酸盐及氟超标水的处理

1. 地下苦咸原水处理

苦咸水地区的地下水中硫酸盐、重金属、总硬度、氟等含量一般偏高，以此作为原水的供水厂出厂水水质较难达到《生活饮用水卫生标准》（GB 5749—2022）的要求。尽管部分地区出厂水水质没有超出生活饮用水卫生标准的规定要求，但饮用水中的硬度（以碳酸钙计）接近国标限值的 450 mg/L，当地居民反映水烧开后容器内有白色沉淀，洗脸毛巾使用后易变黄、变硬、管网系统结垢严重，影响人民生活质量和身体健康。随着生活水平的不断提高，安全供水的刚性需求会促使大量的苦咸水地区市政水厂实施水质提标改造。鉴于纳滤技术优良的脱盐效果，该技术已逐渐成为苦咸水脱盐软化的首选，并得到了大规模的工程应用。

2. 受咸潮影响的地表水处理

对于靠近海洋地表水源，受冬季过程中随着海水倒灌的影响而发生咸潮，原水中氯离子含量超标，常规的净水工艺不能有效去除氯离子，导致咸潮期间水厂出厂水水质达不到《生活饮用水卫生标准》（GB 5749—2022）的相关要求。为了解决地表水源的咸潮问题，相关河流入海口城市建设了大型避咸水库，如上海的青草沙和陈行水库。由于纳滤膜工艺对氯离子具有较好的去除效果，能有效保障受咸潮影响区域的饮用水水质安全，在某些地区可考虑作为建设避咸水库替代技术方案。

（二）硬度、硫酸盐、氯化物超标的微污染地表水处理

南四湖作为南水北调东线工程的重要调蓄水库，同时也是山东受水区的重要地表水源地，其水质状况对当地居民以及后续其他受水区有着深刻的影响，对净水厂选择处理工艺也影响重大。南四湖水中较高的有机物和溶解性无机盐等问题，容易导致受水区域饮用水水质不稳定的情况。寻找经济有效、保证用水安全的解决方法

一直是南水北调工程的工作重点之一。纳滤工艺可以有效去除硬度、硫酸盐和氯化物，在南水北调东线山东半岛受水区域具有广阔的应用市场。目前山东半岛区域的潍坊、济宁和东营等采用南水北调东线原水的某些水厂，在工艺方案设计阶段选用了纳滤处理工艺，设施分阶段建设或预留建设条件。

二、同城同质的供水需求

为了提升供水系统的安全保障性能和供水水质，多地实施优质原水的引水工程。如果优质的外引水规模不能完全满足城市的供水量需求，就会造成同一城市不同的净水厂原水水质有所差别，在相同的净水工艺情况下就会出现同城不同质的供水情况。对同一座城市不同地区的民众而言，最终实现自来水的同城同质，是迫切而现实的需求。因此，对采用当地水水源的水厂采用纳滤膜工艺进行深度处理改造，主要聚焦硬度、氯化物及硫酸盐等无机盐的去除，使得相关水厂出厂水质对标外引水为水源的水厂，实现同城同质供水的目标。

三、高品质供水的追求

随着公众对高品质饮用水的需求日趋提高，居民对饮用水健康安全问题十分关注，原水水质相对较好的部分经济发达地区陆续发布了更加严格地方饮用水水质控制标准，相关水司在满足地方标准的前提下追求更高品质的供水水质，实现供水行业的高质量发展。纳滤膜可在高效去除水中微量有毒有害有机物和致嗅味物质的同时，保留水中对人体有益的矿物元素（部分 Ca^{2+} 、Mg^{2+} 与一价离子），实现饮用水从“安全性阶段”进阶到“健康学阶段”的高品质饮用水目标。有研究表明，纳滤技术在去除消毒副产物前体物方面具有去除率高、去除效果稳定等优点，同时由于纳滤产水中 NOM 浓度很低（$TOC \leqslant 0.5$ mg/L），可减少消毒剂的投加剂量，进一步降低消毒副产物的生成。

四、小结

随着城市化进程的加快及工业化的迅猛发展，新的人工合成物质和病原微生物不断出现，导致饮用水中污染物的种类和数量增加，各地饮用水受到了不同程度且日益严重的污染，饮用水处理的难度加大。此外，随着生活质量的改善，人们对饮用水水质的要求不断提高，对口感和安全性也提出了更多的要求，水质标准也在不断完善和发展，目前我国强制实施了《生活饮用水卫生标准》（GB 5749—2022），对饮用水安全的要求更严格。同时，各地也纷纷制订了严于国家标准的地方饮用水水质标准。比如，2018 年上海市率先实施了全国第一个地方饮用水标准《上海市生活饮用水水质标准》（DB 31/T 1091—2018），该标准重点参考了世界卫生组织、欧盟等国际先进组织机构的标准，对 40 项指标的限值进行了大幅提升，其中常规指标 17 项，非常规指标 23 项，与现行国家标准相比，多项水质指标更为严格，不少指标甚至严格了一倍以上。2020 年深圳市发布了《生活饮用水水质标准》（DB 4403/T60—2020），116 项指标中有 84 项对标或者严于国际最严标准，该标准在水质指标数量及指标限值方面均严于或已对标国际标准。随着国内饮用水水质标准的提升进度加快，纳滤膜在国内饮用水领域深度处理的应用也由最初的"软化"需求逐渐拓展到为高品质制水需求，处理的原水除了传统的高硬度、高 TDS、重金属污染等类型外，微有机污染地表原水的深度处理近年来发展势头迅猛。

第四节　技术经济分析

一、投资/运行成本分析

纳滤膜系统具体项目工程投资及运行成本受到项目工程规模，系统商务技术要求和业主运行管理习惯等多种因素影响，本节相关数据仅供参考。

（一）工程投资

纳滤系统工程投资分为土建投资和设备投资，以去除有机物（高品质水）为目标的某 10 万 m^3/d 的疏松型纳滤膜系统工程为例，初步设计概算中纳滤膜车间的工程造价总投资为 10 000 万元人民币，即 1 000 元/m^3 产水，具体见表 2-5。

表 2-5　10 万 m^3/d 的纳滤给水工程投资构成

项目	土建（万元）	设备及安装（万元）	总投资（万元）	吨水投资（元）	预处理和浓水处理处置
费用	2 000	8 000	10 000	1 000	未包括在总投资内
吨水投资构成	土建（元/m^3）	纳滤膜组件（元/m^3）	仪表阀门（元/m^3）	电气自控（元/m^3）	管道、支架及电缆等（元/m^3）
费用	200	330	250	100	70

对于以去除硬度、硫酸盐、氯化物和硝酸盐为目标的致密型纳滤膜，纳滤膜组件的投资费约 280 元/m^3 产水，其余与疏松型纳滤膜基本相同，初步设计概算中吨水投资约 950 元/m^3 产水。

（二）运行成本

经调研国内外已建成投产的纳滤水厂，纳滤系统直接运行成本的组成主要包括电耗、药耗、膜组件折旧和其他设备折旧及易耗耗材。以去除有机物为目标的疏松型纳滤膜与以去除硬度、硫酸盐、氯化物和硝酸盐为目标的致密型纳滤膜，在运行成本方面具有明显的差别。

疏松型纳滤膜系统直接运行约 0.45 元/m^3 产水，主要组成为电耗、药耗和膜组件折旧，系统耗电量约 0.25 kW・h/m^3 产水；阻垢剂与其他药耗成本约 0.12 元/m^3 产水；膜组件和其他设备折旧及易耗耗材约 0.15 元/m^3 产水，其中膜折旧的成本计算依据的膜元件价格与工程投资一致，膜元件使用寿命按照 5 年计算，系统运行水量按设计规模计算。致密型纳滤系统运行成本受纳滤系统的进水水质和产水水质目标水质的影响较大，系统耗电量约 0.80 元 kW・h/m^3 产水，阻垢剂投加量与其他药耗成本均比疏松型纳滤膜系统高出一倍；设备折旧及易耗耗材与疏松型纳滤膜系统基本一致。大致成本可参考表 2－6。

表 2－6　纳滤膜系统直接运行成本构成

项目	电耗	药耗（元/m^3）		折旧（元/m^3）		运行成本（元/m^3）
		阻垢剂	其他	膜折旧	其他	
费用（疏松型）	0.18	0.10	0.02	0.11	0.04	0.45
费用（致密型）	0.56	0.20	0.04	0.11	0.04	0.95

注：电费按 0.7 元/kW・h 计。疏松型阻垢剂投加量为 0.1～0.2 mg/L，折算成本约 0.10 元/m^3；致密型阻垢剂投加量为 0.4 mg/L，折算成本约 0.20 元/m^3。

二、影响大规模应用的因素

纳滤膜因其优越的处理效果在市政给水领域具有广阔的市场应用场景，但是仍然存在一些待解决的问题，这些问题限制了市政给水领域纳滤大规模工程化应用。

（一）纳滤膜元件的无效分离

纳滤膜在饮用水处理应用过程中，去除目标污染物的同时也对一些无须及不希望去除的物质进行了分离，导致了纳滤系统的运行能耗及药耗增加。不仅增加了纳滤系统的运行成本，还影响了纳滤尾水的处理处置，某些条件下甚至会引起纳滤产水的化学不稳定性。

（二）预处理系统的复杂性

目前应用的纳滤膜元件基本为卷式复合膜结构，且膜元件采用错流串联的过滤方式，特殊的膜结构形式及运行方式，对纳滤膜进水的水质提出了严格要求，导致了纳滤膜预处理系统的复杂性，已建的大量市政给水项目为了应用纳滤膜工艺而增加了超滤膜等预处理系统，增加了工程投资及运行成本。

（三）工艺系统与给水行业管理习惯的匹配性

目前，国内市政给水领域纳滤膜的应用往往借鉴于工业领域。一般情况下工业系统纳滤工艺工程规模较小，且属于工业厂房的配套辅助系统。工业领域对于水处理系统布置和生产运行管理的关注点与市政给水领域差别较大，市政给水大规模工程化应用应依据自身特点进行全面的系统优化，提升纳滤系统在工艺布置方面的感官效果、降低纳滤系统运行能耗，同时加强水厂生产运行维护便利性。

（四）纳滤浓（尾）水处置

纳滤膜系统在给水处理行业的应用中，伴随着一个不可避免的问题，即随着纳滤过程中高品质产水的不断回收，进水不断被浓缩，最终形成盐分较高的尾水。部分地区原水中含盐量（TDS）较高，经过纳滤处理后，纳滤尾水的 TDS 含量不能满足当地的环保排放标准，造成了饮用水水质提升的需求与环保行业监督的矛盾。

调研国内外纳滤水厂的运行经验，纳滤浓水排放主要有四种途径，即直接排入水体、排入城市雨水系统后间接排入水体、排入城市污水管道、排至污水厂出口和污水厂处理出水一起混合合并排放。

第一，如果直接排入水体或排入城市雨水系统后间接排入水体，国家标准《污水综合排放标准》（GB 8978—1996）对硫酸盐和氯化物无限值要求，而《污水综合排放标准》（上海市地方标准 DB 31/199—2018）三级标准中硫酸盐无限值要求，但对氯化物的限制要求是 800 mg/L，对 TDS 的限值要求是 2 000 mg/L。由于国家标准无限值要求，因此国内纳滤膜水厂的浓水大部分都是通过原有退水口直接排入水体或排入城市雨水系统后间接排入水体。

第二，如果排入城市污水管道，《污水排入城镇下水道水质标准》（GB/T 31962—2015）的限制要求为化学需氧量 COD_{Cr} 为 500 mg/L，硫酸根为 600 mg/L，氯化物为 800 mg/L，要求较为宽泛，纳滤水厂的浓水可从污水纳管排放。但纳滤浓水水量一般为处理规模的 10%～15%，污水处理厂一般不接收大流量纳滤膜浓水处理。

第三，如果排至污水厂出口和污水厂处理出水一起混合合并排放，主要执行《城镇污水处理厂污染物排放标准》（GB 18918—2002），此时对于硫酸根、氯化物和 TDS 均无限值要求，排放虽然在标准允许范围内，但属于非常规做法，各地的环保部门有不同的看法和要求。

三、小结

为满足人们对饮用水水质越来越高的期盼，近年来全国各地均在推广深度处理工艺，部分经济发达地区提出了从供“合格水”到供“高品质水”的转变目标，从而对自来水厂出水水质提出了更高的要求，也对传统水处理工艺提出了挑战，公众对于饮用水水质的高标准需求必然要求更为先进的水处理工艺的应用。对于水源水质复杂或供水品质要求较高的地区，建设饮用水大型纳滤工艺水厂对提升人民饮用水安全及生活水平具有重要的战略意义。目前纳滤膜在市政给水领域纳滤膜大规模工程化应用仍然面临着一些有待解决或优化的限制性因素，应当从用户实际需求的角度对纳滤膜工艺关键技术与设备集成开发进行研究，解决以下不同工程应用条件的重难点技术问题。

（一）纳滤膜元件研究开发

应依据国内市政给水领域纳滤膜大规模应用的实际需求，在膜材料开发和膜元件制造上进行创新，研究开发技术经济适用性更强的膜元件。

（二）纳滤膜装置设备集成开发

对纳滤膜装置进行装配化和集约化的设备成套集成开发，提升单套膜架装置的最大处理规模，降低膜装置的建造成本及运行费用，便于工程实施和生产运行管理。

（三）纳滤膜工艺系统优化研究

对纳滤膜工艺的预处理系统、膜车间重要设计参数以及运行维护关键点等方面进行系统研究，提升纳滤工艺技术的运行稳定性和经济可行性。

（四）纳滤膜尾水处理处置

相关部门应联合研究纳滤膜尾水处理处置相关环保政策要求及排放许可情况，研究制定政策、技术和经济合理的纳滤尾水处理处置路线。

第三章 无机陶瓷膜在水处理/气体分离中的应用

无机陶瓷膜可分为对称陶瓷膜和非对称陶瓷膜，对称陶瓷膜指孔径为亚微米到数微米的多孔陶瓷膜，可直接用于工业过滤等。对称陶瓷膜由于其单层结构，强度差，因此工业应用价值相对较小。非对称陶瓷膜指以多孔陶瓷膜作为支撑体，在表面引入一层或多层孔径较小的分离层作为功能膜层，可用于微滤、超滤、反渗透等液体分离和气体分离等，具有良好的应用前景。在实际的工业使用中，无机陶瓷膜大多制备成多层的、不对称的复合结构。目前主要可以归纳为五类：传统陶瓷膜、陶瓷-陶瓷膜、陶瓷-分子筛膜、纳米颗粒掺杂陶瓷膜、陶瓷-聚合物膜。

第一节 应用进程

无机陶瓷膜的研究始于 20 世纪 40 年代，直到 80 年代，陶瓷膜在水处理、气体分离中的应用才越来越广泛。如今，陶瓷膜在环境、化学、石化、食品、生物、冶金等领域具有广泛的应用，尤其是在石油化工、化学工业等高温、高压、有机溶剂和强酸、强碱体系以及强化反应过程的膜催化、高温气体膜分离等方面呈现了有机膜所不具备的特性，成为苛性环境下精密分离的重要新技术。近年来，陶瓷膜因分离效率高、节能、耐热和结构稳定等突出优点，受到越来越多的关注与研究。陶瓷膜的发展及应用进程如图 3－1 所示。

我国无机陶瓷膜技术的研究起步相对较晚，起源于 20 世纪 80 年代末，在各部委、中国科学院等部门的支持下，无机陶瓷膜制备工艺及表征方法、膜催化反应，膜制备机理等方面取得了相应的基础。根据中国膜工业协会的统计，我国无机陶瓷膜市场占整个膜市场的 3％左右，远低于国际上的 10％～20％，但增长速度快。未

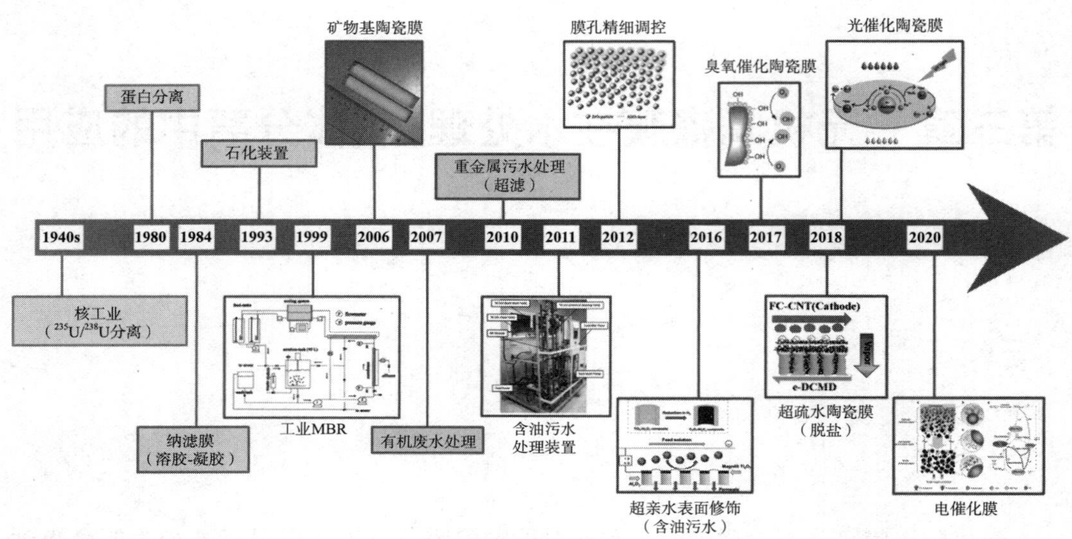

图 3-1　陶瓷膜的发展及应用进程

来几年膜分离技术将迎来巨大的市场发展空间，以其独特的优势逐渐成为21世纪最具工业应用前景的高新技术之一，尤其在能源短缺、生态环境日益恶劣的时期，作为环境友好型的膜分离技术将更受青睐。

第二节　应用领域

无机陶瓷膜因具有稳定性高、耐氧化、寿命长、环境友好等优势被日益广泛应用于废水处理、气体分离及其他工业分离过程。

一、水处理

多孔陶瓷膜在水处理中的应用主要集中于含油废水处理、含盐废水中水-盐分离、催化等领域。

在陶瓷膜制备及应用的进程中，基于面向应用过程，以提高整体性能为导向，南京工业大学研究团队多年来在陶瓷膜微结构调控、设计方法和制备技术及应用等方面做了许多创造性的工作。在工业废水处理上，陶瓷膜因可以在苛性环境下长期运行而在成分复杂的工业废水中得到了一定的应用。其中，陶瓷膜在工业废水的含油废水处理领域应用最为广泛。大量研究发现，陶瓷膜除了可以去除油水中的固体悬浮物，还能将油含量降低至 6 mg L^{-1} 以下，呈现了优于有机膜的处理能力。在给水处理中，近年来陶瓷膜净水器正在逐渐兴起，陶瓷膜在过滤过程中可以去除细菌、铁锈及重金属离子等，同时又可以保留水中有益的矿物质，不产生二次污染，可以直接饮用，因而具有广阔的市场前景。陶瓷膜用于含油废水处理的优势在于膜表面本征的亲水特性（水下疏油或超疏油）赋予其较好的抗油污染的能力。同时基于资源化的固废基陶瓷膜近年来在含油废水应用中也同样取得了较好的进展（如固废基莫来石-TiO_2膜对平均油滴粒径～1 μm乳化油的去除率达92%～97%，固废基尖晶石膜在分离平均油滴粒径～1 μm乳化液时水渗透率高达7 473 L m^{-2} h^{-1} bar^{-1}）。因陶瓷膜的高稳定特性，在各类复杂的苛性环境如高温、强酸碱及有机溶剂环境中仍然具有良好的稳定性，从而具有一定的市场发展潜力。通常陶瓷微滤膜可以去除大部分的微米级油滴，陶瓷超滤膜往往用于后处理过程以实现油滴的完全去除。经过特殊结构设计的陶瓷超滤膜也可以实现对纳米级油滴的有效截留。

由于工艺的复杂性，适配在压力驱动下筛分盐离子的具有纳米或亚纳米孔的陶瓷膜的规模化制备具有极高的挑战性。膜蒸馏过程因为高分离效率、超高的盐富集能力在处理高盐废水领域得到了较多的关注。然而，陶瓷膜本身是亲水性的膜材料，不能直接用于膜蒸馏应用的研究中。为了解决这一问题，通过对陶瓷膜进行表面疏水或超疏水改性（如嫁接有机材料氟硅烷、无机纳米材料修饰如碳纳米管等），在高盐废水的处理中取得了较好的水-盐分离效果和稳定运行性能。尽管如此，膜蒸馏过程仍然存在着膜润湿、膜污染及膜结垢等问题。相比之下，渗透蒸发过程中水分子透过无机分离膜层的传输遵循“溶解（吸附）-扩散”和“蒸发-冷凝”机制，在处理一些含有油、表面活性剂等的高盐废水中取得了较好的结果。尽管在陶瓷膜上生长高质量稳定的沸石或MOF分离膜层以适配高盐废水处理具有一定的挑战性，但是近年来依然得到了持续的关注及研究。其中，最大的挑战是如何最小化沸石或MOF分离层中的晶间缺陷，以达到高效盐截留的目的。尽管膜蒸馏和渗透蒸发是热-膜过程，能耗问题依然是其面临的关键挑战，但是如果能够借以充分利用工业余热或废热等低品位的热源，仍然具有相当的竞争力。

基于陶瓷膜的可设计性，通过耦合高级氧化技术，诸如耦合臭氧、耦合光催化、耦合硫酸自由基等技术，陶瓷膜也可以实现对废水中的有机污染物或新兴污染物有效去除或降解。

陶瓷膜在水处理领域的典型工程案例如表3-1所示。

表 3-1　陶瓷膜在水处理领域的典型工程案例（2020—2023 年）

项目名称	规模（m^3/d）	膜形式	膜供应商	投运时间（年）
广西岑溪市某污水处理厂	30 000	陶瓷平板膜	碧清源	2021
广西梧州市第三人民医院医疗污水处理项目	2 000	陶瓷平板膜	碧清源	2020
广西玉林市北流医院污水处理项目	2 000	陶瓷平板膜	碧清源	2020
广西贺州市医院污水处理项目	1 000	陶瓷平板膜	碧清源	2021
广西苍梧县某工业污水处理项目	5 000	陶瓷平板膜	碧清源	2023
广西贺州某县医院污水处理项目	2 000	陶瓷平板膜	碧清源	2023
广西梧州市长洲岛污水处理项目	5 500	陶瓷平板膜	碧清源	2021
梧州市万达广场污水处理工程	2 000	陶瓷平板膜	碧清源	2022
江苏国茂减速机股份有限公司漆雾循环水处理工程	1 000	陶瓷管式膜	安徽名创	2020
山西瑞恒化工有限公司	11 520	—	久吾高科	—
中国成达工程有限公司	9 600	—	久吾高科	—

二、气体分离

相比于单一陶瓷膜难以很好地实现气体分离中的应用，陶瓷-陶瓷膜有效拓展了陶瓷膜在气体分离领域的应用潜力。陶瓷-陶瓷膜是指顶部的活性功能层由两种或多种陶瓷材料组合成的一个功能陶瓷膜层。Hee 等采用溶胶-凝胶工艺制备了 α-Al_2O_3/γ-Al_2O_3 陶瓷膜，对 H_2/N_2 的选择性为 3.53，气体分离性能不够理想。当采用 CVD 法沉积一层 SiO_2 膜时，实现了对二元烃混合高的选择性分离性能。刘少敏等利用掺杂的 ZrO_2 制备的陶瓷膜，对 CO_2 具有较好的分离效果，Park 等利用 CVD 法制备陶瓷膜对实现了对 CH_4/C_3H_8 的高效分离。Younghee Kim 等利用 SiC-Al_2O_3 复合陶瓷膜实现了对 H_2/CO_2 的高效分离。Shao 等利用陶瓷膜对氧气的分离提纯，能够达到很好的富氧效果。可以看出，经过特殊设计的陶瓷分离膜，能够在气/固分离和气/气选择性分离有着较好的应用前景。

陶瓷膜在气体分离领域的典型工程案例如表 3-2 所示。

表 3-2　陶瓷膜在气体分离领域的典型工程案例（2020—2022 年）

项目名称	规模（Nm^3/h）	膜形式	膜供应商	投运时间（年）
安徽某玻璃生产厂泡化碱炉尾气治理项目	100 000	蜂窝立体	博鑫环保	2020
山西某工厂金属钙处理车间尾气治理项目	30 000	蜂窝立体	博鑫环保	2021

续表

项目名称	规模（Nm^3/h）	膜形式	膜供应商	投运时间（年）
江西某企业隧道窑炉尾气治理项目	20 000	蜂窝立体	博鑫环保	2021
江西某企业切割含尘气体治理项目	20 000	蜂窝立体	博鑫环保	2021
河南煤业化工集团义马气化厂 U-GAS 气化项目	120 000	—	山东工陶	—
河北某能源公司低温煤热解项目	20 000	—	山东工陶	—
河北磁县鑫盛煤化工烟气清洁提标	180 000	—	山东工陶	2022

三、其他特种分离

陶瓷膜具有耐酸碱、耐有机溶剂、耐高温、耐微生物以及易再生等特点，在化工、食品及生物医学领域比有机膜更具优势。在化工领域，陶瓷膜在高温高压可实现对化工产品进行分离提纯、对含有固体杂质的有机溶液进行除杂、对强酸强碱溶液的过滤、污水处理等，以及在生产过程中对原料溶液、产品溶液进行精密提纯，以提高产品质量。在食品领域，陶瓷膜对牛奶中的蛋白分馏具有较好的效果，在酱油工艺中进行除杂灭菌具有较好的效果，以及在啤酒过滤、牛奶生产工艺、味精提纯和果蔬饮料过滤等方面都具有较好的商业前景。在生物医学领域，陶瓷膜广泛应用于发酵液的处理及灭菌处理。陶瓷膜对医药废水中的抗生素展现了很好的降解去除效果，Priyankari 等使用 CuO 纳米颗粒涂层制备的陶瓷膜对环丙沙星的去除率达到 99%，以及 Fan 等利用 $CoFe_2O_4$ 修饰的平板陶瓷膜用于降解氧氟沙星，并在短时间内取得了完全降解的效果。Rashad 等用管状陶瓷对细菌的去除率可达到 80%。Kuma 等制备低成本的微滤陶瓷膜，对细菌的截留率达到 90.24%。陶瓷膜在生物医学领域有着广阔的发展空间。

陶瓷膜在特种分离领域的典型工程案例如表 3-3 所示。

表 3-3 陶瓷膜在特种分离领域的典型工程案例（2021—2022 年）

项目名称	规模（m^3/d）	膜类型	膜供应商	投运时间（年）
云南大理普洱茶深加工项目	100	陶瓷管式膜	安徽名创	2021
贵州开阳县富硒产业精深加工项目	100	陶瓷管式膜	安徽名创	2022
中国轻工业长沙工程有限公司	40 000	—	久吾高科	—
天津宜科环保工程技术有限公司	36 000	—	久吾高科	—

第三节　应用市场

一、陶瓷膜市场发展概况

陶瓷膜因具有优异的分离效率（如通量和截留率）、抗污染、寿命长和逐渐降低的成本，过去 10 年在工程应用中得到了迅速发展，已经成为一种较具竞争力的分离技术。不同结构和不同尺寸的陶瓷膜都得到了良好的发展，如管状、平板状、中空纤维状和蜂窝状结构等（见图 3－2），以进一步提高水处理效率及应用场景。其中，超滤和微滤陶瓷膜在未来仍占据主要的市场地位，2020—2024 年的年均增长率约为 12%（折合增长价值约 3.1 亿美元）。具有代表性的商业陶瓷膜的膜类型及膜构型见表 3－4。

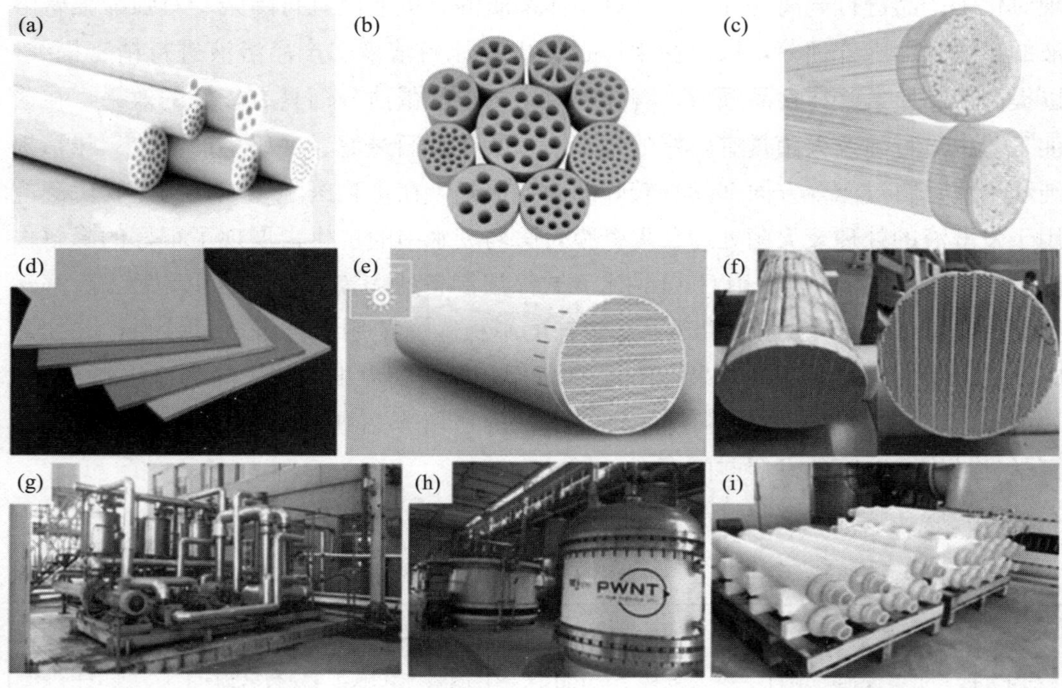

图 3－2　各种陶瓷膜及在污水及饮用水处理实际工程应用

（a）管状陶瓷膜（中国江苏久吾高科技股份有限公司）；（b）多通道管状陶瓷膜（中国国初科技有限公司）；（c）中空纤维陶瓷膜（新加坡 Hyflux 有限公司）；（d）平板陶瓷膜（山东工业陶瓷研究设计院有限公司）；（e）蜂窝结构亚纳米陶瓷膜（日本 NGK Insulatros）；（f）大型壳体内陶瓷膜的蜂窝排列结构（CeraMac ®，PWNT，荷兰）；（g）陶瓷超滤膜处理含油废水现场装置照片（中国石化胜利油田化工总厂）；（h）Andijk Ⅲ水处理厂（荷兰）的照片；（i）陶瓷膜元件

表 3-4　具有代表性的商业陶瓷膜的膜类型及膜构型

膜类型	膜构型	公司	公司网址	国家
Al_2O_3，ZrO_2	管状膜	久吾高科	http：//www. jiuwu. com/	中国
α-Al_2O_3，TiO_2，ZrO_2	管状膜	国初科技	http：//www. guochukeji. com/	中国
Al_2O_3，ZrO_2，TiO_2	管状膜	世杰膜	http：//www. sjm-filter. com. cn/	中国
α-Al_2O_3，ZrO_2	平板膜	Meidensha	https：//www. meidensha. co. jp/	日本
Al_2O_3，TiO_2	管状膜	NGK Insulators，Ltd.	https：//www. ngk. co. jp/	日本
α-Al_2O_3	中空纤维	Nanostone Water，Inc.	https：//nanostone. cn/	美国
NA	管状膜	Delemil	http：//cn. delemil. cn/	美国
Al_2O_3，ZrO_2，TiO_2	管状膜	Pall	https：//www. pall. com/	美国
Al_2O_3，ZrO_2，TiO_2	平板膜	Ceraflo	http：//www. ceraflo. cn/	新加坡
α-Al_2O_3	中空纤维	Hyflux Ltd.	https：//www. hyflux. com/	新加坡
Al_2O_3，ZrO_2，TiO_2	中空纤维	Tritech	http：//www. tritechgrp. cn/	新加坡
SiC	管状膜，平板膜	LiqTech	https：//liqtech. com/	丹麦
SiC	平板膜	Cembrane	https：//www. cembrane. com/	丹麦
SiC	管状膜	Dijie Membrane	http：//www. dijiemo. com/	中国
NA	管状膜	Novasep	http：//www. novasep. com. cn/	法国
ZrO_2，TiO_2	平板膜，管状膜	TAMI	https：//www. tami-industries. com/	法国
NA	管状膜	PWNT	https：//pwntechnologies. com/	荷兰
Al_2O_3	平板膜	ItN-Nanovation	http：//www. itn-nanovation. com/	德国

二、国际市场发展概况

20 世纪 80 年代无机分离膜进入工业领域，这期间在美国、法国、日本、德国陆续出现了商品化的无机膜制造公司，主要生产陶瓷微滤膜和超滤膜。管型主要以平板膜和管状膜为主。商品化陶瓷膜及其膜设备的开发成功，使得无机膜在液体分离中得到了广泛的应用，并逐渐渗透到食品工业、环境工程、生物化工、高温气体除尘、电子行业气体净化等领域。随着无机膜应用领域的不断扩大，新的技术不断被催生，各国都加深了对无机膜的研究和应用技术开发。

全球目前从事陶瓷膜业务的规模化企业相对较少，多数企业的业务范围仅限于采购陶瓷膜材料及组件进行成套设备加工和工程安装，仅少数企业具备自主研发、设计、生产陶瓷膜材料、膜组件与成套设备并以此为基础向客户提供膜集成技术整体解决方案的完整业务体系。中国的久吾高科、法国诺华赛公司、美国颇尔公司、法国达美工业公司、德国Inopor、日本的NGK Insulators是其中的佼佼者。全球四大无机膜生产企业概况见表3-5。

表3-5　全球四大无机膜生产企业

公司名称	成立年份	员工数	应用领域	部分陶瓷膜产品系列	在中国发展历程
法国诺华赛公司(Groupe Novasep)	1996	1 500	发酵工业、食品饮料、生物制药	Kerasep® 钻石系列（BX，BH，BW），BE改进膜，BK膜	2003年在中国设立全资子公司诺华赛分离技术（上海）有限公司
美国颇尔公司(Pall Corporation)	1946	750（国内）	石油化工、工业制造、生化制药、微电子	Membralox®	1993年在中国设立独资子公司颇尔过滤器（北京）有限公司
法国达美工业(TAMI Industries)	1993	—	食品饮料、生物化工、制药、环保	INSIDE CeRAM，FiltaniumTM，Iso fluxTM，EterniumTM，Carters	2004年在中国设立独资子公司达美分离技术（苏州工业园区）
日本NGK Insulators	1919	20 077	绝缘子等电力相关设备，汽车尾气净化的陶瓷载体，工业用陶瓷产品，特殊金属产品的制造、销售	亚纳米陶瓷膜，陶瓷加热器，芯片型陶瓷二次电池“EnerCera®”，透光性氧化铝陶瓷“HICERAM®”	2007年在中国成立恩基客（中国）投资有限公司

从公司业务来看，江苏久吾高科与达美工业均以无机陶瓷膜相关产业为主营业务。江苏久吾高科是国内少数几家具有自主研发和生产系列化陶瓷膜材料产品能力的公司。久吾高科的陶瓷膜广泛应用于含油废水、煤化工油水分离、抗生素分离纯化、燃料乙醇、印染废水、钛白废水、中药提取及半导体材料等领域。法国达美在食品饮料（如酒类产品、果汁和饮料、糖、蔬菜、奶制品等）、生物医药（生物技术、生物工业）和环境领域（纺织、造纸、冶金学、印刷和水处理等）得到了较好的应用。法国的诺华赛公司是一家致力于在生命科学产业为合成分子与生物分子的生产提供分离纯化工艺解决方案的公司，在无机膜领域已有超过数10年的设计、生产和销售经验，其生产的超滤陶瓷膜、微滤陶瓷膜已广泛应用于食品生产、过程工业等传统生产领域。在生物制药领域，诺华赛也已有超过20年的设计、生产和

销售经验。美国的颇尔公司早在 1984 年已经将陶瓷膜技术实现了商业化应用，目前，其生产的陶瓷膜产品涵盖从超滤到微滤的多个孔径规格，已广泛运用到发酵、生物制药等应用环境恶劣的生产工艺中。法国的达美工业是一家专门生产陶瓷膜的厂家，达美工业能够生产微滤、超滤和极细超滤陶瓷膜，在德国、加拿大、墨西哥和中国都设有子公司，用于开拓欧洲、美洲及亚洲的市场，产品销往 30 多个国家。从业内评价来看，久吾高科具有性价比优势。

1996 年在日本宫崎自来水厂首次将 Metawater 的陶瓷超滤膜应用于饮用水处理。时至今日，基于陶瓷膜的饮用水处理技术已经在日本和欧洲成功应用 20 多年。目前，日本是使用陶瓷膜饮用水处理最多的国家。截至 2015 年，全球建成的 137 座陶瓷膜自来水厂中有 117 座位于日本，代表性应用工程有：静冈 60 000 m^3/d 自来水厂以及神奈川 170 000 m^3/d 自来水厂（当时世界最大陶瓷膜生产饮用水厂）。2019 年，新加坡建成了全球最大的陶瓷膜自来水厂，其供水规模为 180 000 m^3/d。目前，德国 ITN、日本明电舍、美国 sjerhombus、新加坡的世来福（ceraflo）等公司已经实现了无机平板膜 MBR 的商业化应用。日本明电舍于 2010 年开发陶瓷膜分离活性污泥法（MBR）成功后，迅速开拓亚太市场，2014 年应用于新加坡 JURONG 岛工业园 4 550 m^3/d 的工业废水处理，2015 年应用于广西贺州工业园区废水，突破 10 000 m^3/d 的处理规模。无机膜在全球大型水厂的应用见表 3－6。目前中国山东工业陶瓷研究设计院有限公司也成功开发了水处理用中空平板陶瓷膜组件。

表 3－6　无机膜在全球大型水厂的应用

项目名称	地点	规模（m^3/d）	运行时间（年）	类型	处理对象
福井市饮用水厂	日本	51 900	2006	压力式	自来水
和田岛水厂	日本	10 000	2006	压力式	自来水
静冈饮用水厂	日本	60 000	—	—	自来水
神奈川水厂	日本	170 000	2014	压力式	自来水
Andijk Ⅲ水厂	荷兰	120 000	2014	压力式	自来水
Qassim 水厂	沙特阿拉伯	42 000	2014	平板式	自来水
贺州工业园区厂水	中国	10 000	2015	平板式	工业污水
蔡厝港水厂	新加坡	180 000	2019	压力式	自来水
广西某污水处理厂	中国	30 000	2021	平板式	市政污水

此外，陶瓷膜在小型移动式供水系统也被大量应用。德国的威立雅水务和日本美得华均开发了基于陶瓷膜的移动水处理系统，并在缅甸、柬埔寨、科特迪瓦、莱索托、肯尼亚、马尔瓦尔和多哥等 7 个亚洲和非洲国家运行。

三、国内市场发展概况

经过几十年的发展，我国无机陶瓷膜及成套设备主要应用于高附加值领域，如化工、生物、环境、食品加工等领域。随着水资源短缺和水环境污染问题的加剧，膜技术在污水处理领域的应用正在逐步拓展。基于陶瓷膜的超高稳定性，在水质复杂环境苛刻的水处理领域呈现了巨大的优势。

目前，陶瓷膜在我国饮用水处理方面的应用主要集中在农村生活饮用水处理和应急供水处理。2019 年，浙江省农村饮用水提标改造实施首次将陶瓷超滤膜正式应用于饮用水处理。目前，基于陶瓷超滤膜的饮用水处理技术已完成了上百个农村饮用水项目，其中典型的陶瓷超滤膜水站——八达水厂处理量达 2 000 m^3/d。

近年来，国内发展较快的陶瓷膜公司主要有：久吾高科、山东工业陶瓷、广西碧清源、博鑫陶瓷、合肥创想、安徽名创、国初科技、合肥世杰等。其中，久吾高科是国内最大的陶瓷膜供应商，占据国内市场份额的 40%以上，下游应用领域包括生物医药、食品、化工、特种水处理等，陶瓷膜应用面积高达 4.49 万平方米，公司能够提供包括技术研发、工艺设计、设备制造、工程施工、运营等在内的膜集成技术整体解决方案。

四、技术经济分析

陶瓷膜较高的建设投资成本是制约其市场推广的关键瓶颈。在实际工业应用中，分离膜的成本问题不同于实验室规模的投入，取决于多种因素，是一个复杂的过程。理想状态下陶瓷膜的成本可以简化为膜的成本（包括材料成本、过程成本）和维护成本（包含在运行周期内的清洗成本）。

膜的生命周期成本计算如以下公式所示：

$$Cost_{life\text{-}cycle}=\frac{(Cost_{Mem}+Cost_{Maint})}{T_{lifespan}}$$

有机膜的成本大概在 20～100 元/m^2，对比之下，商品化 Al_2O_3 和 ZrO_2 陶瓷膜的成本较高，大多集中在 200～1 000 元/m^2 甚至更高，极大地限制了陶瓷膜在工业过程中的广泛应用。同时，由于陶瓷不能像有机聚合物一样随意改变形状，单位体积陶瓷膜的装填密度不及聚合物膜，因而导致其单位产水量的投资成本高于聚合物膜。研究者们通过使用污泥、固体废弃物、天然矿物或其他便宜的无机材料作为无机膜制备的原材料，以期降低陶瓷膜的成本。这样不仅可以实现对废料的高值回用，而且显著降低膜的制造成本。矿物或固废基膜材料的成本低至 2～125 元/m^2，仅占 1/100～1/8 的商品陶瓷膜的成本，可以显著降低规模化生产陶瓷膜的成本。聚合物膜无须烧结成本，而烧结成本在陶瓷膜的加工成本中占大部分。与昂贵的纯氧化物或非氧化物陶瓷膜相比，低的原材料成本、低的烧结温度（1/100～1/3 少量氧化物杂质作为烧结助剂）可以降低膜的制造及烧结成本。一些新的制备和烧结工艺诸如离心浇铸法、相转化法、共烧结法和低温烧结法也有助于降低膜的加工成本。从减少成型、减少烧结周期、降低最终烧结停留温度来降低陶瓷膜的加工成本，是非常有前景的。

相比于有机聚合物膜，通常认为陶瓷膜在商业化应用中会更加昂贵，往往忽略了陶瓷膜清洗次数少、维修成本少、刚性高、耐酸碱腐蚀、使用寿命长等优点。维护费用是指整个膜使用过程中的费用，很大程度上取决于膜的清洗和服务周期。由于陶瓷膜具有生命周期远高于聚合物膜的优势，其产水成本与聚合物膜具有可比性。此外，尽管单位陶瓷膜的成本较高，但由于其具有更高的通量（超过 200 L m^{-2} h^{-1}），从而缩小了聚合物膜和陶瓷膜在单位产水成本的差异。此外，陶瓷膜固有的刚性结构使其具有极佳的结构稳定性，在反冲洗过程中不会造成膜的破裂或孔径增大而导致性能的下降，甚至可以用强酸、强碱类化学试剂或高压反冲洗进行清洗。总之，矿物基或废弃物基陶瓷膜使用相对廉价的原材料，借助新颖的制备技术和低的加工成本制备而成，因而比纯陶瓷膜具有更低的膜成本、更低的维护成本和较长的使用寿命（对比于有机聚合物膜）。目前低成本陶瓷膜已经在实验室中得以成功制备，工业实际应用方面尚需要进一步验证。

五、未来应用方向

无机陶瓷膜发展面临的两大挑战是降低成本和提高膜性能。针对这两大挑战，近年来一些新兴的烧结/成型技术、膜耦合工艺增强性能以及新型的膜组件设计等不断涌现。

陶瓷膜在含油废水、含盐废水等水处理领域、气体分离及其他工业上的分离中具有广阔的应用前景。未来的研究工作可以拓展到更具有挑战性的应用，如离子/亚纳米孔的下一代陶瓷基膜，以达到高附加值资源回用的目的。另外，陶瓷膜的高稳定性使其更加适合于一些具有挑战性苛刻分离应用体系，其中成本高的问题可以通过设计一些大型的膜壳、提高处理效率来得以平衡。随着面向应用过程的陶瓷膜设计与制备理论体系的进一步完善，陶瓷膜的应用技术将得到进一步提高，在生物医药、食品与保健、化工与石油化工、环保等诸多领域的应用量显著提升。在实现陶瓷膜大规模工程应用的道路上，仍迫切需要研究者们不断开发具有优异性能的新型低成本陶瓷膜以及开发高效能的工程策略。

第四章　膜在生物医药行业的应用

生物医药产业由生物技术产业与医药产业共同组成。生物技术产业涉及医药、能源、化工等多个领域，本章仅讨论膜技术在涉及医药、大健康产品领域的应用。

现代医药产业则主要由制药产业与生物医学工程产业两大支柱构成，而近年来，大健康产品异军突起，也成为医药产业的新兴领域。其中，制药是多学科理论及先进技术的相互结合，采用科学化、现代化的模式，研究、开发、生产药品的过程。除生物制药外，化学药和中药在制药产业中也占有一定的比例。生物医学工程是综合应用生命科学与工程科学的原理和方法，从工程学角度在分子、细胞、组织、器官乃至整个人体系统多层次认识人体的结构、功能和其他生命现象，研究用于防病、治病、人体功能辅助及卫生保健的人工材料、制品、装置和系统技术的总称。生物医学工程产业包括：生物医学材料制品、（生物）人工器官、医学影像和诊断设备、医学电子仪器和监护装置、现代医学治疗设备、医学信息技术、康复工程技术和装置、组织工程等。

第一节　通用领域

膜技术通用于制药及医药生物行业的下述若干方面：

（1）药效物质分离与纯化；

（2）物料浓缩；

（3）产品制造过程涉及用水、空气的无菌保障；

（4）环境污染的治理等。

具体而言，膜技术已被广泛应用于制药及医药生物行业生产流程各环节，如：

原料配制、分离纯化、除菌澄清、产品浓缩、废水处理等。实际上，工业发达国家及部分发展中国家早在数十年前已将膜分离装置引入制药工业的生产线中。

本节主要对膜技术在上述（3）产品制造过程涉及用水、空气的无菌保障、（4）环境污染的治理等方面的应用做概述性介绍。而对于膜技术在（1）药效物质分离与纯化、（2）物料浓缩等方面的应用，因各自特异性，将在第二至三节进行介绍。

一、针对制药用水制备、大输液灌装过滤净化方面

微滤、超滤、纳滤等技术应用于制药用水预处理工艺；反渗透（以二级为主）、电渗析技术已被列入中国药典纯化水制备或注射用水原水制备通用技术；血液透析用水多以一级反渗透技术为主；反渗透法应用于制药用水案例较多，如华北制药股份有限公司的制药用水制备、北京协和医院的两级反渗透法注射用水制备系统等。

葡萄糖大输液的灌装生产是微滤膜的典型应用，通常采用孔径为 1.2 μm、0.45 μm 的微滤膜进行三级处理，除去微粒和细菌。如科伦集团是全球最大的大输液制造商，其生产过程采用了包括聚丙烯系列滤芯、聚醚砜系列微滤膜等在内的多级除菌系统，以确保产品安全、稳定、无菌、无热原。

二、空气的无菌保障

微滤技术应用于药品生产企业，可有效脱除空气中凝结水及油雾，同时进行除菌，从而生产无菌空气。适合于空气过滤的折叠式微滤过滤器的滤膜主要有聚丙烯（PP）膜、聚偏氟乙烯（PVDF）膜和聚四氟乙烯（PTFE）膜等疏水性材料。以宜都东阳光制药有限公司的发酵罐配套空气除菌系统为例，其发酵罐配套空气除菌系统采用三级过滤器，其中，终端除菌过滤器为上海一鸣过滤技术有限公司提供的孔径 0.2 μm、孔隙率 80％的 PTFE 微滤膜产品，该系统已安全平稳运行超过 10 年。

三、节能减排：有机溶剂和超临界 CO_2 回收

江苏九天高科技股份有限公司采用以分子筛膜技术为核心的膜法中药提取溶剂回收技术，现已被应用于陈皮有效成分、普洱茶珍等提取过程中的乙醇回收过程，在湖南康麓生物、云南天士力帝泊洱等企业得到成功应用。该公司在医药行业有机溶剂脱水领域方面亦取得重要应用成果，其开发的 NaA 分子筛膜溶媒脱水应用工艺与其他脱水工艺相比节约分离成本 60％以上，在乙醇、异丙醇、四氢呋喃等溶媒

回收中推广应用超过 80 套。

为确保超临界萃取过程的经济性，超临界溶剂应该循环使用，而不是在萃取完成后简单的采用混合物卸压使 CO_2 气化的办法分离萃取产物。目前常用的使超临界二氧化碳与萃取物分离的降压分离法，一般需消耗大量能量，从而使超临界萃取的操作费用大为增加。

用纳滤代替降压分离过程有效地改变了这种状况。纳滤是一种压力驱动的膜分离过程，它可以在压力变化不大、恒温和不改变分离物的热力学相态的情况下达到理想的分离效果。用纳滤代替降压分离过程，在较小的跨膜压降（一般小于 1 MPa）的情况下，CO_2 无须经历压力、温度和相态的循环变化（从而避免使用大型压缩和制冷系统），就能实现超临界 CO_2 与萃取物的分离。在近临界条件下使用平均孔径为 3 nm 的 ZrO_2-TiO_2 膜回收 CO_2，咖啡因的截留率可高达 100%，CO_2 的渗透通量达到了 0.024 mol/(m^2 · s)。

四、生产污水、环境污染治理

微滤、超滤、纳滤、反渗透等技术集成可应用于制药废水处理；渗透蒸发技术可用于溶剂回收或去除废水中的有机污染物；膜生物反应器技术可用于高效去除抗性微生物、残余有机物、悬浮颗粒等。

制药企业的工艺用水量占总用水量的 70%左右，所产生的工业废水因药物产品、生产工艺的不同而差异较大。如中药制药工业废水水质成分复杂、有机污染物种类多、浓度高；COD 浓度高，一般为 14 000～100 000 mg/L，有些浓渣水甚至更高；BOD（生化需氧量）/COD 一般在 0.5 以上，适宜进行生物处理；SS 浓度高，色度深；NH_3-N（氨氮）浓度高、pH 值波动较大。我国于 2010 年实施的“中药制药工业污染物排放标准”除常规综合性控制指标外，还将总氰化物与急性毒性 96 hLC_{50} 值（半致死浓度）作为废水毒性控制指标。膜生物反应器技术可为实现上述排放标准提供有力的技术支撑。

生物制药产生的废水主要来源于各生产工序，属高浓度有机废水，一般都采用厌氧-好氧联合处理。

第二节　制药领域

一、中药制药产业

多年来我国中药膜科技领域，针对中药工业生产中制剂前处理环节存在的生产效率低、药材利用率低，能耗大、污染高、灭菌效率低等共性问题，基于中成药生产过程特点、工程原理和规律，以膜科学技术为核心，构建面向中药物料的“膜过程优化”技术集成等策略，开展中成药生产中节能、降耗、减排、工艺优化等关键技术与装备的研发，形成基于膜过程的具有自主知识产权的中药绿色制造系列关键共性技术。中药制药生产过程领域，可采用微滤、超滤、反渗透及纳滤等技术用于中药提取液精制与浓缩，目前已得到规模化应用。日本将膜技术应用于中药生产中，其汉方制剂在国际中药市场份额已超过80%；我国江苏扬子江、江苏康缘、太极集团、云南白药集团等一批大中型医药企业在中药提取、分离、纯化等流程采用膜分离技术已取得重要成果，以云南白药为例，已采用微滤技术取代中药传统工艺中的醇沉技术，显著提高了生产效率，经济社会效益显著。采用渗透汽化技术可用于中药挥发油富集，采用膜乳化等新型膜技术可用于中药缓释微球等微纳米给药系统生产，目前处于实验室研究阶段。

日本早在20世纪80年代就把膜分离技术成功用于中药生产的“精制”工序，其最大的汉方生产企业津村顺天堂即采用超滤法除去生药提取液中的高分子杂质；韩国成均馆大学也将膜技术用于高丽参等中药制剂过程。膜分离法是近年来发展起来的一种除热原的新技术，美国和日本等国的药典已允许大输液除热原采用反渗透和超滤技术，但未见专属中药制药应用的特种膜及其装备。

我国的膜科技研究虽然起步较晚，但近年发展快速，尤其是陶瓷膜、某些高性能分离膜的制备已处于世界先进水平。就中药膜科技而言，自1998年郭立玮教授团队率先在国内将膜技术引入中药生产精制领域，20余年来，该团队基于中成药生产过程特点、工程原理和规律，以膜科学技术为核心，通过构建“中药溶液环境”科学假说，引进复杂系统科学原理，建立基于计算机化学方法的中药膜传质过程研究方法；针对中药膜技术工程化应用瓶颈，构建面向中药物料的“膜过程优化”技术集成等策略，建立中药挥发油新型膜分离技术；形成基于膜过程的具有自主知识产权的中药绿色制造系列关键共性技术。在江苏久吾高科技公司等膜研发企业共同努力下，云南白药集团产品“宫血宁胶囊”成为首个入选《中国药典》（2010版）的陶瓷膜技术产品；在劲牌生物公司建成以“微滤-超滤-纳滤”膜集成技术为核心的中药提取、精制、浓缩生产线；连云港康缘制药有限公司采用有机膜分离技术对热毒宁、痛安、活血通络等注射液原有工艺进行了完善与改进，大大提高了产品质量和稳定性、安全性，获得中药注射液新药证书2项。中药制药工业发展历史证明，膜技术是名副其实的中药绿色制造关键技术，对推动我国中药制药行业的技术进步，提升劳动生产率和资源利用率具有重要作用，具有广阔的推广应用前景。

这些情况在《中草药》(2017，48 (16)：3267－3279) 杂志的《中药膜技术的“绿色制造”特征、国家战略需求及其关键科学问题与策略》文章中有概述性报道。

目前仍存在一些严重制约中药膜技术发展的问题。如因中药成分分子量与膜孔径不匹配及不同成分的膜竞争透过作用而限制膜获取整体药效物质技术优势的发挥问题；中药膜分离目的产物高维多元，难于以常规数学模型预报、优化与监控膜过程；中药物料组成高度复杂，因缺乏系统的理论指导，特别是膜污染机理不明确，至今尚无理想的膜污染控制方法。

面临当前中药膜分离技术存在的问题，应从中药现代化与节能减排国家战略需求的高度出发，借鉴国际膜科技领域先进理念，开展中医药学与现代分离科学、计算机化学等多学科交叉研究，构筑化学工程学科与生命科学相互融合新生长点，在推动我国中医药领域化学工程基础研究走向国际前沿的同时，以中药生产共性关键技术突破为目标，实现中药膜工艺技术层面上的性能优化与升级，推动中药制药工程理论研究和技术创新。

就中药膜分离领域未来优先研究的课题而言，在基础理论研究方面，应面向获取中药整体药效物质的重大需求，着力开展成膜材料与中药复杂体系多元性成分的兼容问题、中药大类成分的空间结构与膜微结构参数的相关性等研究；在工程化方面，应面向中药制药清洁生产的重大需求，积极开发针对精制、浓缩等关键单元操作的膜集成技术与创新流程。

二、化学制药产业

手性异构体及结构类似物的分离是化学制药产业的难题之一。手性是自然界的一种普遍现象，构成生物体的基本物质单位如氨基酸、糖类等都是手性分子。如自然界中的糖为 D-构型氨基酸为 L-构型蛋白质和 DNA 的螺旋构象都是右旋的。迄今已有分步结晶法、微生物方法、动力学酶拆分技术、高效液相色谱和毛细管电泳技术等多种拆分方法，几乎可拆分所有外消旋体混合物，然而这些常规拆分方法都为间歇过程、处理量小且放大过程昂贵。近年来，为了达到大规模工业化要求，人们将注意力集中在实现对映体的连续分离技术上。除模拟移动床外，用膜法分离手性物质受到越来越多的重视。

目前用于手性拆分的膜系统可以分为两类：一类为液膜；另一类为固膜。膜过程之所以特别适合于大规模应用是因为其具有突出优点：(1) 可连续操作；(2) 易与其他过程组合；(3) 过程放大简单；(4) 多数情况下可以常温操作。

Pirkle 等提出了一种用液膜分离 N-(3，5-二硝基苯甲酰基) 亮氨酸的方法。

该设计能够通过调节适当的条件控制对映体的手性选择性结合及被传递异构体的释放，利用这种方法对映体选择性可达到95%以上。Keurentjes等开发了一种对映体选择性逆流提取技术。虽然这种方法的对映体选择性较低（α=1.05～1.2），但可通过适当地调节设备长度（2～5 m）得到对映体的完全拆分。该技术实质上为液-液萃取和膜分离的耦合过程，其特点为：(1) 特异性载体发生的是可逆反应并可以连续再生，因此所需载体量很小，操作成本低；(2) 萃取和反萃取同时进行，投资小，能耗低；(3) 选择性高，尤其是在溶质浓度较低时，特异性载体量相对较大。

采用固膜法分离外消旋混合物，可有效克服液膜的不稳定性。在固膜中，对映异构体的分离是通过在膜孔内选择性的吸附和扩散来完成的。据报道，用固膜分离外消旋体有三类方法：一是利用自由手性选择剂的亲和超滤技术，即手性选择剂与对映体共存于外消旋体溶液中。由于手性选择剂总是优先结合一种异构体而形成分子量很大的络合物，从而使得另一种异构体较多的游离于溶液中，再利用超滤等筛分方法截留络合物而达到分离目的。二是将手性选择剂固定在膜孔内，利用其两种异构体的不同结合能力影响二者在膜内的扩散速率，从而实现拆分。三是固膜采用新型的分子印迹技术，将待分离物质烙印在膜上，使得膜对这种分子有更强的保留作用。

分子印迹膜（MIM）是一种兼具分子印迹技术与膜分离技术的优点的新兴技术，目前的商品膜如超滤、微滤及反渗透膜等都无法实现单个物质的选择性分离，而MIM为将特定目标分子从其结构类似物的混合物中分离出来提供了可行、有效的解决途径。目前该技术已广泛应用于临床药物的手性分离和分析，分离对象包括药物、氨基酸及衍生物、肽及有机酸等。

分子印迹聚合物（MIP）作为一种新兴的分离材料，因其制备简单，选择性好、分离效率高，被广泛用于药学研究的很多领域，其最大特点就是对模板分子的识别具有可预见性，对于特定物质的分离极具针对性，其应用范围已从分离氨基酸、药物等小分子、超分子过渡到某些核苷酸、多肽、蛋白质等生物大分子。但目前这一技术与工业应用还有一段距离，主要是其本身在理论和应用等方面还存在许多问题，如对分子印迹膜的形态结构与分子识别关系的认识相对不足；同时对分子印迹膜的传质和识别机理的研究相对滞后，MIP识别过程的机制和定量描述，功能单体、交联剂的选择局限性；对影响膜形态结构的因素仍需进一步研究等。

三、生物制药产业

生物制药所用原料主要来源于动物、植物、微生物及其代谢产物，或重组体及其表达产物。生物产品加工过程一般都包括了原料灭菌预处理、以发酵为代表的生物反应及其过程控制、产品的分离、纯化、浓缩等工序，膜技术几乎可用于生物产品加工的整个流程。

目前，膜技术已广泛应用于抗生素类、维生素类、蛋白类等生物制药产品生产工艺，其各膜过程的主要作用：以微滤除发酵液中的悬浮细胞碎片、粒状或胶体状杂质，以及某些蛋白、多聚糖之类大分子；以超滤除菌、除热原；以反渗透、纳滤、膜蒸馏等过程提高发酵工业用水回收率，降低浓缩能耗，提高产品质量与回收率，处理高浓度有机废水等。

以陶瓷膜为例，山东鲁抗公司已将陶瓷膜成功应用于洛伐他汀、大观霉素、安普霉素、植酸酶、色氨酸、头孢菌素以及硫粘菌素 E 等产品的发酵液澄清过滤；江苏久吾公司开发出的以陶瓷膜为核心的双膜法工艺应用于抗生素生产已成功推广至全国 60%以上的知名制药企业，如健康元、石药集团、华北制药等。华北制药将纳滤技术成功应用于青霉素 6-APA 浓缩工艺，解决了青霉素低浓度裂解和 6-APA 高浓度结晶的关键技术，不但节省了大量化学添加剂，减少了能耗，而且比传统工艺提高收率 5%以上，产品质量达到国际标准。山东寿光制药采用膜分离与离子交换树脂耦合提取技术，实现了维生素 C 生产的自动化。

杭州水处理中心与青岛海藻工业公司合作，采用膜集成技术对甘露醇提取工艺进行系统性改造。该系统工程由料液预处理、超滤净化、电渗析一次脱盐、反身体渗透浓缩和电渗析二次脱盐等五部分组成。年产甘露醇 2 600 吨，与旧工艺相比，每生产 1 吨甘露醇，新工艺可节省 65%的蒸汽，60%用水，提高产品成品率 1%，减少蒸发器维修费用 50%，总的生产成本降低 1 560 元/吨左右。同时也改善了工人劳动强度和生产环境。甘露醇年增效益 420 万元，水回用、降低废水排放年增效益分别为 57 万元与 9 万元，三项共计年增效益 486 万元。设备投资费用 350 万元，投资回收期 1.4 年。

膜蒸馏可在较低的温度下运行，有利于防止生物活性物质和热敏感物质的变性、损失，取得常规蒸馏无法达到的效果。如应用于人参露和洗参水的浓缩、蝮蛇抗栓酶、牛血清蛋白、乳清蛋白等的浓缩均取得理想效果。

需要特别指出的是，膜生物反应器已成为生物医药产品加工的核心设备。膜生物反应器是利用膜的特征与功能，改变生物反应历程，提高生物反应效率。多种膜过程所具有的丰富功能，可适应不同生物体系加工过程各自的技术需求，如利用可截留催化剂的膜的固载功能设计的膜生物反应器，可用于生物体系的酶催化反应；利用微滤、超滤、膜萃取、渗透蒸发的分离功能，可构建适用于微生物、动物、植物细胞培养的膜生物反应器；利用膜萃取、超滤等膜的复合功能制备的膜生物反应器，可用于生物体系的多酶或多相酶催化反应；具有分隔功能的微滤、超滤、透气膜，可用于动物细胞培养。

四、智能膜在药物制剂领域的应用

智能膜作为仿生科技与膜过程结合的产物，被认为是21世纪最具发展前景的高新技术之一，其重要代表智能微囊膜因具有长效、高效、靶向、低副作用等优良的控制释放性能，在药物控释缓释等领域具有广阔的应用前景，在国内外已成为材料、化工、生物和医药等多学科交叉研究领域的热点。已见于报道的褚良银课题组开发的智能膜，如温度响应型、pH响应型、离子强度响应型、光照响应型、葡萄糖浓度响应型、电场响应型、分子识别响应型等各自借助其对某种特殊病变信号，即某种病灶所形成的特殊温度、pH、生化物质、电场环境的敏感性而被导向、激活，控制，继而发生治疗作用。如葡萄糖浓度响应型智能膜系统，把羧酸类聚电解质接枝到多孔膜上，制成pH感应智能开关膜，然后把葡萄糖氧化酶固定到羧酸类聚电解质开关链上，从而使开关膜能够响应葡萄糖浓度变化。当环境葡萄糖浓度高达一定水平时，葡萄糖氧化酶催化氧化使葡萄糖变成葡萄糖酸，从而使得羧基质子化，静电斥力减少，接枝物处于收缩构象，膜孔处于开放状态，胰岛素释放速度增大。从而实现胰岛素随血糖浓度变化而自调节型智能化控制释放。

第三节　生物/医学领域

一、生物医学材料制品

目前全球一次性医用纺制品市场每年几百亿美元，世界创伤敷料市场的规模预计在2025年将达到200亿美元以上。国内传统医用敷料以棉制品为主，从事高端创伤敷料生产的企业较少，且产品性能与功能性品种方面与国外的差距明显。目前，全球30家主要的医疗制品生产商已开发出超过300个创伤敷料品种，这其中包括生物基型、非粘连型、水凝胶纤维片、水凝胶纱布、专用高吸收型、皮肤替代型、浸渍型、海藻纤维系列、壳聚糖复合结构敷料等高端产品。

二、(生物）人工器官

主要人工脏器用膜材料大多为中空纤维膜构型，目前生产中空纤维膜及其分离元件的大型企业约有 20 余家。对于血液透析膜材料，全球最大的中空纤维透析膜厂家是德国费森尤斯集团（Fresenius），其中空纤维材质为聚砜；我国也有多家企业加入竞争，如：山东威高集团聚砜中空纤维血液透析器（产能 500 万只/年）、常州市朗生医疗器械工程有限公司聚砜中空纤维血液透析器（产能 340 万只/年）；另外，成都欧赛医疗器械有限公司产能达到 300 万只/年，是国内首个国产取得高通量透析器产品注册证的企业，拥有完全的高通量血液透析器、制备技术及生产线的自主知识产权。

人工肝技术起源于国外。日本 Asahi Medical 公司的双醋酸纤维血浆成分分离器利用膜技术进行血浆置换实现人工肝的功能；国内虽已有经膜式血浆置换，但至今无相关产品问世。而国内每年的晚期肝衰竭病人有 30～50 万人，病死率高达 60%以上，使用人工肝治疗方案一般持续 2～4 周，平均一周做两次治疗，理论市场容量超 120 万例，按每次治疗费用 1 万元计算，对应终端市场规模达 120 亿元。人工肺用膜材料构型主要为中空纤维型。目前，全世界人工肺市场巨大。国际上，主要人工肺的主要生产企业有美国美敦力公司、德国 MEDOS 公司、日本泰尔茂株式会社，其人工肺产品技术已形成系列化产品，占据全球大部分市场；国内的人工肺生产企业主要有威海威高、东莞科威、西安希键，其产品在国内被广泛使用，市场占有率逐步提高，对与进口产品形成了有力竞争。

国外市场上已出现若干人工胰脏产品。例如 βAir1 装置商用人工胰脏系统、TheraCyteTM 系统、VC-01TM 系统，以及 Sernova 的 Cell Pouch SystemTM。国内在人工胰脏方面还没有产品。

三、医学电子仪器和监护装置

膜传感器是一种借助膜的特殊功能来传递或转换各种信息，并以一定信号显示的仪器，如微生物膜传感器、免疫响应膜传感器、酶膜传感器。生物膜传感器由生物功能膜和物理化学器件构成，最普通的器件是电极。膜传感器可分成两类，一类为直接转换型，在识别物质的同时，膜的物性发生了变化，从而能直接发出信号；另一类为间接转换型，在识别物质的同时，膜的物性虽然也发生了变化，但不能直接发出信号。

目前，生物膜传感器已得到比较广泛的应用，见于报道的有可检测葡萄糖、尿酸、L-氨基酸、尿素和过氧化氢的各种酶膜传感器；可计测乙酸、乙醇、谷酰胺酸、氨等的微生物膜传感器；可计测人血白蛋白、免疫球蛋白、人绒毛性促性腺激素的免疫响应膜传感器等。此外，膜技术对疫苗的研发、生产起着重要的支撑作用。

第四节　大健康领域

采用纳滤过程与超临界萃取集成工艺，可从超临界 CO_2 萃取鱼油产物所含的不饱和脂肪酸“三酸甘油酯”分离获取高价值的长链 ω-3 多不饱和脂肪酸，特别是其中的二十碳五烯酸（简称 EPA——能防治心血管疾病），二十二碳六烯酸（简称 DHA）用于制备具防治老年性痴呆、抑制脑肿瘤扩散等药理作用的健康大产品。该技术也可将萝卜籽、胡萝卜油中的β-胡萝卜素进行精制，得到纯化的产物。

厦门三达针对茶饮料行业植物提取液成分复杂、难于通过澄清过滤保证稳定性的问题，采用陶瓷微滤膜澄清和纳滤膜浓缩技术，应用于王老吉等产品生产流程，为提高凉茶产品质量稳定提供了保证。

食品、饮料工业中，渗透蒸发技术被用于代替传统蒸馏法回收产品和浓缩芳香物质（醇、酯、醛类及某些烃类），以防止产物变质，保持独特风味。如用渗透蒸发技术从苹果汁中回收、浓缩芳香物质，C2 到 C6 醇的浓缩系数一般为 5～10，醛类的浓缩系数一般为 40～65，而酯类的浓缩系数一般可达到 100 以上。目前，用于芳香物质回收、浓缩的膜主要是有机硅类。

面对日益增加的市场竞争压力，诸多食品生产企业逐步加大对先进技术的应用力度，以期提高食品生产的质量与效率。膜分离技术作为一项高新分离技术，具有设备操作简便、处理效率高、节省能量等诸多优势，近年来受到了食品发酵工业领域的广泛青睐，其应用涉及防止营养成分流失、果汁浓缩、牛乳替代巴氏杀菌或化学防腐、微滤操作去除啤酒中含有的酵母菌以及反渗透法把控啤酒或者葡萄酒中的乙醇含量等。在以食品级面世的大健康产品中，在膜分离过程中，往往会涉及发酵、酶催化、废水处理等生物转化过程。膜分离技术在酱油、食醋、料酒、味精等传统发酵调味品生产工艺中也得到广泛的应用。如酱油主体成分（如氯化钠、氨基酸态氮、还原糖、有机酸、蛋白质、色素等）分子量在 10^2～10^5，细菌大小一般在 0.5 μm 以上。膜分离技术不仅可有效地除菌除浊，还能避免热杀菌带来的危害，膜孔径必须小于 0.5 μm，再考虑到膜通量，通常选择超滤和微滤，且可以解决酱油瓶底沉淀和瓶壁结垢问题。再如，膜过滤与冷冻技术结合处理黄酒，在提高黄酒的稳定性和保质期的同时，也可以消除酒液的冷浑浊问题。将微滤与冷冻技术结合，实验结果表明，形成大颗粒的高分子蛋白质被大量去除，浊度从 1.87 降至 0.98，黄酒的稳定性明显提高，口感更为清爽。采用错流过滤技术，用 0.15 μm 的陶瓷膜对黄酒进行过滤，在温度为 20 ℃～25 ℃、压力为 0.2～0.25 MPa 时，黄酒中高分子蛋白质的去除率为56.9%，酒体的非生物稳定性显著提高，同时符合理化指标，也保持了黄酒的传统风味。又如味精行业采用膜分离技术可将发酵液中的菌体、胶体、蛋白等杂质有效去除，大大提高了结晶的收率和纯度，同时采用此技术进行脱色，有效降低了后续工艺中树脂的用量。经过滤得到的菌体可用来制作高蛋白饲料，是一种绿色工艺，为企业带来了可观的利益。截留分子量为159 kDa的管式无机陶瓷超滤膜在谷氨酸发酵液中的菌体去除率达到98%以上，COD的平均去除率达到49%，NH_4^+-N的平均去除率达到18%，而氨基酸基本无截留。

一、膜技术对中药产业和产品市场的颠覆效果

膜技术颠覆现行中药制药“精制”分离原理，在改造中药传统工艺、推进技术进步方面发挥了重要的作用。例如，长期以来日本在中药产品国际市场占有90%左右的份额。早在20世纪中期就把膜技术成功用于中药生产的“精制”工序，该国最大的汉方生产企业津村顺天堂采用超滤法除去生药提取液中的高分子杂质，汉方产品符合联合国世界卫生组织（WHO）关于传统医药“安全、有效、稳定、均一、经济”的标准，行销全球。我国的“连花清瘟胶囊”也是采用陶瓷膜生产工艺的产品，微滤膜的筛分作用完整地保留了构成复方的各种中药材中具有抗新型冠状病毒活性的药效物质——临床卓有成效的基本原理。

据统计，我国现有中药口服液品种约2 000多种，假使均采用该技术，仅乙醇消耗一项，一年可以节省40亿元。年产万吨中药口服液的陶瓷膜成套装备，膜渗透通量稳定在70 L/(m^2 · h) 以上，生产周期由原来的15天缩短为9天，乙醇消耗每年可节约达180万元。

膜技术为从植物中获取某些大类成分，制备医药工业中间体/原料药，提供了新的工业模式。利用中药的目标成分和非目标成分相对分子量的差异，可用截留分子量适宜的超滤膜将两者分开。从麻黄中提取麻黄素，分别采用膜法取代传统的活性炭脱色、取代传统的苯提或减压蒸馏两个工序，经一次处理就可得到麻黄碱98.1%，色素除去率达96.7%以上。与传统工艺相比，收率高，质量好，生产安全可靠，成本显著降低，且避免了对环境的污染。对一个年产30吨麻黄碱厂，膜法可至少增加5吨麻黄碱产量，同时避免了污水排放。

据报道，川参通注射液、冠舒注射液、松梅乐注射液及大输液采用超滤技术去除热原，截除率符合药典要求；超滤加活性炭吸附处理黄芪注射液，使经常波动的产品热原合格率达到100%合格水平；超滤在去除热原的同时，还可去除大于膜孔的致敏性物质及高分子物质，大大提高注射液的安全性、澄明度和稳定性；0.8%

活性炭吸附工艺对细菌内毒素吸附率为78.7%，而 10×10^3 Da超滤膜对中药注射液中细菌内毒素去除率则高达99.6%。由此可见，膜技术对于保证中药注射剂品种的安全、有效、可控，具有重要作用。

近年来，我国中药行业一批企业，如神威药业、吉林敖东、江苏康缘、湖北劲牌生物医药等，因率先采用膜分离技术而获得巨大经济效益与社会效益，新增产值、销售额高达数十亿元，同时创造了多个年销售收入过亿、甚至数亿元的市场大品种、大品牌。

二、膜技术在生物医药行业的展望

近年来，我国膜工业得到快速发展，但在制药应用领域的市场份额很小，说明膜技术在医药应用领域还存在很大的发展空间。为了改变这种局面，未来膜技术在生物医药行业的发展，应着重抓好以下工作。

（一）面向“双碳目标”，基于膜一体化技术的生物医药生产流程再造

生物医药制造业是典型的过程工业，以我国最具特色的生物医药制造——中药制造为例，其特征为：操作过程以热加工为主，能耗大，总生产成本的20%～40%用于能耗；物耗高，尤其是水资源耗费严重。“双碳”目标下，中药制药流程的精制、浓缩、挥发油富集、制药工艺用水及注射剂安全保障、溶媒回收与废水处理等工序都面临严重的挑战。如何根据全球局势的变化和各自行业的特点，科学协调能耗和物耗的关系，借助先进的过程控制技术对中药制药工艺升级换代，以节能减排、提高生产力、降低生产成本、增强市场竞争力，已成为“双碳”目标下中药制药流程设计面临的挑战，也成为我国中药制造业的现代化、产业化、国际化进程的当务之急，当然也成为我国生物医药制造业现代化、产业化、国际化进程迫切需要解决的难题。

膜科技具有重大国家科技战略需求，是我国包括中药制药在内的生物医药工业亟须推广的高新技术，多种膜过程的集成，几乎可与生物医药生产流程的各主要工序兼容。面向生物医药绿色制造过程的特种膜系列研发，采用生物医药特种“膜一体化”绿色制造技术，再造生物医药生产流程，是新时代，膜技术在生物医药行业中的重要机遇与挑战。

（二）面向新蛋白（Alternative Protein）途径和“中药合成生物学”对膜科技的重大需求

2022年3月6日，习近平总书记参加中国人民政治协商会议第十三届五次会议

农业界、社会福利和社会保障界委员联组会时指出：要向森林要食物，向江河湖海要食物，向设施农业要食物，同时要从传统农作物和畜禽资源向更丰富的生物资源拓展，发展生物科技、生物产业，向植物动物微生物要热量、要蛋白。多途径拓展生物资源和蛋白来源的重大意义。

新蛋白技术路径——植物蛋白加工、动物细胞培养和微生物发酵技术，正是拓展生物资源和蛋白来源的重要途径。新蛋白指通过推动技术变革和原料创新，所研发、生产和供应的，足以对标传统畜牧业产出的动物蛋白产品的，甚至比其更安全、美味、平价、健康、高效、持续的新产品。其中，发酵技术应用于新蛋白领域，更是因为高效的生产方式和技术应用的广度受到青睐，它既能以加工食物为目的培养微生物，获取微生物本身作为蛋白质的主要来源，又可以将微生物合成的风味物质、酶、脂肪等物质加入植物基产品或细胞培养肉中。

与此同时，近年鉴于某些中药来源稀缺，化学合成困难，造价高等一系列问题，“中药合成生物学”为药效成分的工业化生产以及可持续利用提供了一种新方法。该方法的主要工程原理：在系统生物学基础上，采用工程学的设计思路和方法，通过对相关功能基因的模块化设计及改造，并充分考虑合成过程中适配性的问题，将中药功效成分的合成过程或其前体物质的生物合成途径转移到微生物细胞中，利用微生物的发酵过程完成药用天然活性物质的高效异源的合成。该方法借助微生物易培养、受环境影响小、生长周期短，生产系统规范，反应条件温和易控，产物成分较为单一，易于分离和提取以及环境友好等特点，遵循较为清晰的生物合成路径通过发酵过程，获取目标产物。

综上所述，发酵是发展未来新食品、新药物的共性关键技术，也是国民经济这一方兴未艾的新兴产业的重要支撑。如何面向新蛋白途径和“中药合成生物学”对膜科技的重大需求，是膜技术在生物医药行业中的又一重要机遇与挑战。

（三）深入开展面向“双碳”目标的生物医药生产流程再造的基础研究

从理论上分析，生物医药生产模式粗放和生物医药生产过程工程原理研究欠缺，是导致生物医药生产过程高能耗的两个主要因素。就前者引发的能耗而言，主要源于目前生物医药领域普遍存在工艺装备比较落后、标准化形同虚设、操作不规范、废弃物排放随意等问题；而后者造成的能耗问题，则因为生物医药工程技术原理不明，难以在满足生产需求的前提下将能耗控制在合理水平。面对这两类问题，应紧密围绕国家重大需求，加强基础理论与原创技术的研究。通过生物医药分离过程工程原理的探索，突破热力学平衡限制，攻克受工艺限制的最小功理论问题；通过深化对膜材料领域构效关系的基础研究，探索膜微结构与膜性能的相关性，提升面向生物医药分离过程的特种膜材料设计、制备水平；通过研发高性能先进分离膜材料，实现高通量与高选择性的统一，增强产业竞争力。同时通过引入绿色技术和清洁工艺，对现有生物医药生产流程实施升级换代，以低碳工业流程再造策略，促进生物医药生产过程节能减排，解决能耗、污染、排放“三高”难题。

（四）数据科学对生物医药领域膜工艺过程的精准解读

近年，随着“工业 4.0”和“中国制造 2025”的提出，利用数据分析技术得到智能信息并创造和发现新的知识和价值成为第四次工业革命的最终目标之一。工业大数据是一个新的概念，泛指工业领域的大数据，既包括企业内部制造系统所产生的大量数据，也包括企业外部的大数据。传统意义上的大数据多为离散相对独立的数据，而过程工业中的数据中各个参数因彼此间内在的机理关联，对分析精度的要求比较高，具有较高的“数据挖掘”和“知识发现”价值。

生物医药膜技术领域面对的天然产物提取液是一个复杂系统，在膜工艺过程实验中采集到的关于原液、提取液、膜分离过程等指标参数达三十多个，这些表征数据具有多变量、非线性、强噪声、自变量相关、非正态分布、非均匀分布等全部或部分特征。为深化对生物医药制药分离过程的认知，必须通过大数据技术，探索、发掘“生物医药制药工程原理”新知识，用以更有效的服务生物医药领域的继承、创新研究，是新时代生物医药膜科技领域的努力方向之一。其内容包括：(1) 采用计算机科学、统计学和工程学等多学科交叉的科学手段建立可精准表征生物医药膜过程传质特征的技术体系；(2)“分子模拟”技术对膜传质过程的动态描述；(3) 计算流体力学在生物膜领域的应用。通过上述工作，为膜过程生物医药绿色制造提供优化方案，揭示和解释膜过程应用于生物医药制药的科学问题，有效预测和防治膜过程在生物医药制药工艺中出现的问题，实现生物医药制药理论与技术创新的重大突破。

（五）生物医药行业膜技术标准零的突破及努力完善

面向基于膜“绿色制造”技术的中药制药分离过程原理的“低碳流程”大规模应用、可复制的需求，针对过程优化、污染防治、系统完整性监测等膜技术用于中药行业的关键问题，通过传统工艺与膜工艺中药产品的质量比较研究，在工艺流程规范化，生产设备系统化层面，开展中药膜技术的有效性、安全性、稳定性及可控性研究，努力构筑中药膜技术标准体系。经过近几年来的不懈努力，至今已有中药挥发油分离用压力驱动亲水膜；中药液体物料澄清用管式陶瓷滤膜测试方法等多项面向中药制药过程的膜技术标准，通过全国分离膜标准委员会的审评，其中 3 项已获国家工信部立项，并有 1 项启动试行，实现了中药行业膜技术标准零的突破。展望未来，将不断建立、健全生物医药行业膜技术标准，为膜技术在生物医药行业可复制、大规模应用奠定扎实的基础。

（六）以膜科技为核心的分离技术集成是实现生物医药工业生态园重要途径

以膜科技为例，借助系统优化理论和方法，生物医药分离工艺流程可由多个由膜过程担纲的工序耦合而成，前一工序膜分离单元的出料成为后一工序膜分离单元的进料，天然物料经由多级膜集成系统后得到高效有序的分离，最终获得目标产品和废弃物物流，后者进入可资源化利用操作程序。以上述组合为基本模块，可兼顾社会整体节能和降低环境负荷的新时代发展需求，组成若干协同优化的区域性中药生态生产体系。诸如生物医药厂与建筑材料厂、化工厂、家畜饲料及兽药工厂等的结合，可依次将生物医药生产废弃物资源化过程打造成全新的业态：固态料渣制板材、固态料渣与生产废水中活性成分的回收、固态料渣等废弃物质的发酵等生物转化。以生物医药制药为核心的工业生态链、生态区呼之欲出。在政府的规划、指导、协调下，目前我国已形成的规模较大的生物医药企业，完全有可能建成零排放生物医药工业生态园，成为生物医药制造业实现“双碳”目标的典范。

第五章　膜在海水淡化行业的应用

水是地球上最丰富的物质之一，全球水的总量约为 1.4×10^{9} km^{3}。海水约占总水量的 97.5%，其余 2.5%（即 3.5×10^{7} km^{3}）为淡水。而后者的 80%以冰川的形式存在，湖泊、河流和含水层等可供人类利用的淡水只有总水量的 0.5%左右。

随着社会经济发展和人口增长，水资源短缺已经成为一个全球性问题，且供需矛盾还有进一步扩大的趋势。节约用水，提升水利用效率在一定程度上可以缓解水资源紧张问题，但是必须将开源与节流结合才能保障用水安全。海水淡化是一种重要的水资源开源增量手段，在解决全球水资源危机方面发挥着重要作用。

第一节　海水淡化技术

一、海水淡化技术类型

海水淡化主要可以通过多级闪蒸（MSF）、多效蒸馏（MED）、反渗透（RO）、电渗析（ED）、膜蒸馏（MD）、正渗透（FO）等方法实现。其中 RO、MSF、MED 是目前主要的商业化技术，其他方法多处于小规模应用或处于实验室、中试验证阶段，几乎没有商业化的工程应用。

在 MSF 中，海水在闪蒸室内被逐级加热，闪蒸室通常串联排列，温度和压力随着级数逐渐递减，蒸汽经由剩余的浓海水冷却后形成淡水。海水通常需要被加热到 90～115 ℃，MSF 装置每生产 8～10 kg 淡水，需要 1 kg 低压蒸汽。在 MED 中，蒸发发生在加热管的外表面，海水由管内的压缩热蒸汽加热，每一个加热室称为效，前一个效的蒸汽作为下一效的热源，这样的热集成安排可以实现整个体系非常高的能源利用效率，通常 1 kg 的热蒸汽可以产生 10～12 kg 的淡水。为了进一步提高工艺的能源效率，MED 单元还可以与蒸汽回收装置耦合。热蒸汽压缩（TVC）和机械蒸汽压缩（MVC）是最常见的方式。与 MSF 相比，MED 能源利用效率更高，且操作温度较低，淡化过程中的腐蚀和结垢风险都低于 MSF。MSF 和 MED 系统通常需要同时提供热能和电能，能耗较高，常与热电厂、化工厂等具有废气热源的设施耦合使用，即热电联产。

RO 分离是通过在海水一侧人为施加压力来对抗自然渗透过程，从而使水通过反渗透膜从海水迁移到淡水的一侧。ED 的原理是在外加直流电场的作用下，利用离子交换膜的选择透过性，使溶液中的电解质离子定向迁移实现盐水分离，其优势在于回收率高，对进水水质要求低，耐酸碱等，常用于苦咸水淡化和工业废水处理，用于大规模海水淡化时不具有优势。

MD 和 FO 是近年来兴起的海水淡化技术。MD 是一种通过热（温度）梯度驱动的膜工艺，在非常低的操作压力和较低的温度下，使水蒸气通过疏水微孔膜并在膜的另一侧冷凝，实现盐水分离。MD 的优势在于产水通量和水质受原水性质影响小，有研究指出，在原水盐度达到 200 000 ppm 时，MD 产水含盐量可以控制在 10 ppm 以内，同时与压力驱动过程相比，膜污染的风险较低。FO 过程是利用渗透原理，将淡水从盐度低的一端向盐度高的一端汲取的过程。本身不需要施加额外压力，但是正渗透过程水回收率较低，汲取剂的循环利用较为复杂，限制了其单独用于海水淡化。

主要的海水淡化技术比较见表 5-1。

表 5-1 主要的海水淡化技术比较

技术类型	供能方式	能耗		原理	应用情况
		热能/ MJ/m^3	电能/ kWh/m^3		
多级闪蒸	热能（主要） 电能（次要）	200～380	3.6～4.4	蒸发和冷凝	已经实现商业化应用，通常规模较大
多效蒸馏	热能（主要） 电能（次要）	200～380	2.3	蒸发和冷凝	已经实现商业化应用，通常规模较大
反渗透	电能	—	3～6.5	压力驱动下，通过半透膜实现盐水分离	已经实现商业化应用，工程规模多样
电渗析	电能	—	5～8	电场驱动下离子通过离子选择性透过膜实现盐水分离	已经实现商业化应用，通常规模较小

续表

技术类型	供能方式	能耗		原理	应用情况
		热能/ MJ/m^3	电能/ kWh/m^3		
膜蒸馏	热能（主要）	100～200	0.75	蒸发和冷凝	示范工程阶段
	电能（次要）	300～400	0.75		
正渗透	热能（主要）		耗电量极低	通过汲取液将淡水从海水中汲取出来，然后将汲取剂与淡水分离，实现盐水分离的目的	实验室/示范工程阶段
	电能（次要）				

RO 与 MSF 集成已商品化，如阿联酋的 Fujeirah 水电联产厂就采用这一集成技术，其中，MSF 产淡水 $2.84\times10^5\ m^3\cdot d^{-1}$，SWRO 产淡水 $1.7\times10^4\ m^3\cdot d^{-1}$。这一方法的原理是结合两种海水淡化工艺的特点，可以根据产品水水质，将两种工艺产水混合，进而提高产水水质的达标率。具体工艺是将热法海水淡化的浓盐水和膜法海水淡化的进料海水进行混合，提高进料液的温度，从而提高 RO 过程产水通量；也可以将热法海水淡化的产水或者浓盐水通过换热器与 RO 的进料海水进行换热，提高进料液的温度，从而达到提高 RO 过程产水通量的目的。这一技术方案也可以减少热法浓盐水热量排放，可实现能源高效利用，系统进一步提升浓盐水的含盐量，为后续海水资源化综合利用奠定坚实基础，后续单元可进一步生产高附加值的盐化工产品。

2020 年我国首钢京唐二期膜法海水淡化系统正式投产供水。该膜法海水淡化系统使用 MED 的浓盐水作为 RO 水源进行二次淡化，充分利用了海水温度、减少预处理并大幅提高海水回收率，同时克服了北方冬季水温偏低对于 RO 海水淡化的影响。

RO 也可以同 ED 集成，RO 淡化后，ED 对浓海水进行浓缩，进而与海水浓缩制盐结合，对海水与电能进行有效利用，可进一步达到节能降耗的要求。有研究者提出 FO 与低压 RO 联用技术，即在正渗透过程中，采用价值较低的水（如污水）作为进水，海水作为汲取液，通过正渗透作用，污水中的淡水会稀释海水，稀释后的海水进一步通过反渗透处理，可以降低系统整体能源消耗。有研究者提出利用纳滤膜水通量高、能耗低的特点，采用两级纳滤膜法或者低压反渗透膜法用于海水淡化，以降低整体能耗。MD 也可以与 RO 耦合，工程上利用 MD 产水水质受进水水质影响小的特点，可以对浓盐水进行浓缩，达到零排放效果。

二、海水淡化应用类型

海水淡化的用户分为工业用户和市政饮用用户。膜法海水淡化厂产水 TDS 在

10～500 ppm 范围内，如用于需要高纯水的工业用途，可能需要进一步处理（如二级 RO 膜或离子交换树脂柱）以降低产水中的离子浓度。用于市政供水时，水中二价离子（如钙和镁），几乎被反渗透膜完全去除，进入配水管网后具有很强的管网腐蚀性。在进入市政管网前常需要对出水进行后处理，包括调整 pH 值、消毒和提高水的硬度（如加入 $CaCl_2$、$NaHCO_3$、Na_2CO_3 或通过石灰石填充床渗透）。

热法海水淡化出水水质接近蒸馏水，TDS 通常在 1～50 ppm，含盐量非常低，适合用于工业用纯水（例如用于蒸汽锅炉），如用于市政饮用水时，常需要重新矿化，要将含盐量提高到几百 ppm，尤其是要提高水的硬度，必须进行再矿化。如果没有再矿化，水的腐蚀性过强，不利于在市政管网内输送。

热法海水淡化后处理的方式根据依淡化厂规模而有所不同。对于大型淡化厂，常建有 CO_2 吸收装置，后处理时直接加入石灰（$Ca(OH)_2$）或石灰石溶解（$CaCO_3$），即可增加水中钙和碳酸盐的含量，并调节 pH 值。对于小型海水淡化装置，常使用固体形式的化学品，例如石灰石（$CaCO_3$）、碳酸钠（Na_2CO_3）、氯化钙（$CaCl_2$）。

全球而言，约有 74%的海水淡化水用于市政饮用，其余用于工业用途。其中中东和北非地区由于极度干旱的自然环境，87%的海水淡化水用于市政饮用。由于这一区域海水淡化产能保有量占全球的一半以上，也推高了全球海水淡化水用于饮用的比例。全球其他区域海水淡化水用于饮用和工业用途的比例基本持平。就我国而言，我国的海水淡化水主要用于工业用途，约占总产能的 67%，且呈明显的南北差异，北方地区海水淡化主要用于工业，南方地区主要用于海岛地区居民生活用水。

三、海水淡化副产品——浓海水

浓海水是指海水经淡化技术提取淡水后，海水被浓缩一倍左右的部分，以及海水作为工业循环冷却水时，海水中的水分逐渐挥发，在海水的浓度增加一倍左右后排放的部分。浓海水排放方式可分为混合排放、强化扩散排放、直接排放、综合利用。混合排放一般是同电厂冷却水、污水处理厂出水等已有排海污水混合排海。这种方式可以用已有盐度较低的污水来稀释浓盐水，同时，浓海水也可以对电厂、污水处理厂的有害组分进行稀释，可以大幅降低排海污水对海洋生态系统的影响。从工程实践的角度看，海水淡化厂常与电厂、工业园区等配套建设，这一排放方式具有很好的工程可行性。强化扩散排放是在排放口加装专门扩散器，强化浓海水与受纳水体混合，降低环境影响。直接排放是目前最简单的浓盐水处理方式，国内外中小型海水淡化装置也多采取这种浓盐水处置方式。我国《海水淡化利用发展行动计划（2021—2025年）》明确提出，要加强浓海水管理，提高海水资源开发水平，浓盐水可采取混合稀释、加速扩散等方式处置后入海。

浓海水中含有大量高值元素，化学元素综合利用是一种理想的解决方案，虽然浓海水已经将海水中的化学组分浓缩一倍左右，但是与传统卤水、矿物等相比缺乏成本优势，限制了其商业化应用。随着技术进步，一些元素的提取成本已经接近商业化水平，2021年，欧盟出资近7亿欧元启动Sea4Value研究计划，旨在加强欧盟范围内的浓海水综合利用，研究和开发从海水淡化浓盐水中提取矿物和金属元素的技术，以期使海水淡化厂成为欧盟的第三大高价值原材料来源。沙特、阿曼、阿联酋等国已经在开展浓海水综合利用上的布局，未来浓海水化学资源提取将成为海水淡化产业重要的增长点。

第二节　全球海淡产业

2022年，全球海水淡化产能为8 041万 $m^3 \cdot d^{-1}$，其中RO、MSF、MED技术分别占全球总产能的64%、24%和9%。总体而言，海水淡化产能主要分布在中东和北非区域，占全球总产能的68%，其次为东亚和太平洋区域、西欧、南美和加勒比海地区、南亚、东欧和中亚、撒哈拉以南的非洲、北美。从使用技术类型上，中东和北非地区热法海水淡化占总产能的一半以上，且主要以MSF为主，主要是因为这一区域海水淡化需求量高，且能源成本较低。另一方面，中东地区早期海水淡化设备以热法为主，在后续技术选择方面，存在一定的技术惯性。除这一区域外，其他地区的海水淡化技术主要以RO为主。国际海水淡化产能变化和产能分布如图5-1和图5-2所示。

MSF是最早商业化应用的海水淡化技术，主要位于海湾国家，这是由于这些国家能源成本较低，且对海水淡化的需求量较高。与MSF相比，MED工艺能耗低，且操作温度较低，腐蚀和结垢风险都明显降低，但是单机规模通常小于MSF。随着能源成本提高，MED海水淡化在海湾国家的使用规模也在逐渐增多。从技术趋势上，热法海水淡化单位生产能力不断提高，单位产品成本下降。MSF单机产量从平均每天2.7万～3.2万 m^3 增加到每天5万～7.5万 m^3。同样，MED的单机产量从1.2万 m^3/日增加到超过3.5万 m^3/日。耐腐蚀性更好的钛材也开始替代传统的铜镍管。

以反渗透为核心的膜法海水淡化是目前最常用的海水淡化技术。从20世纪90年代中期开始，SWRO年新增产能开始超过热法海水淡化技术。2013年起，全球累计已有海水淡化产能中，SWRO占总产能的半数。早期，SWRO与热法海水

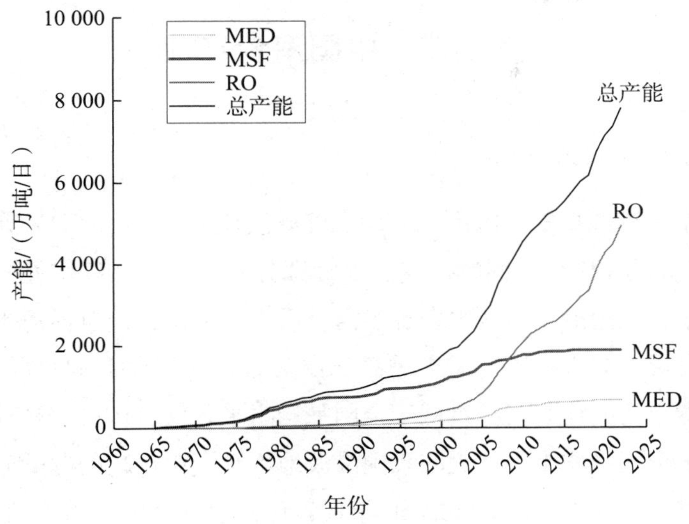

图 5－1　国际海水淡化产能变化情况

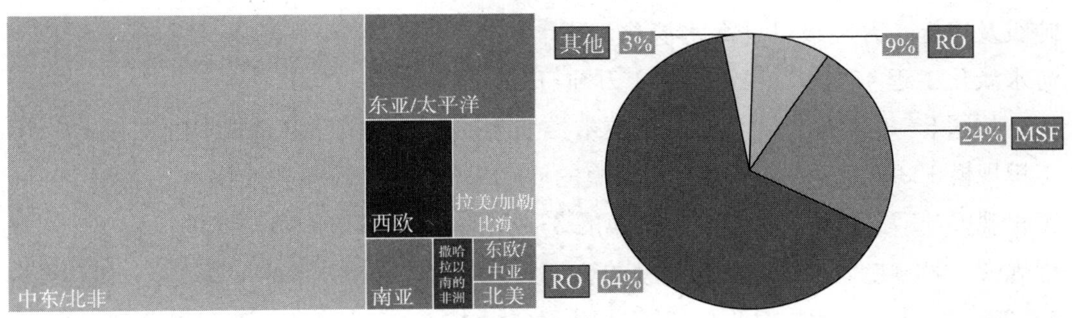

图 5－2　海水淡化产能地域（左）及产能（右）分布情况

淡化技术相比，在成本和水质方面不具有明显优势，RO 淡化厂主要建在干旱、有大量游客涌入、没有大量石油资源，不适宜建设热法海水淡化设施的地区，例如马耳他岛、加那利群岛和加勒比地区等。但是，SWRO 具有操作简便、选择性强、不同膜的高度兼容性、能耗低、稳定性高、工艺规模灵活性等优点，随着膜产品价格不断下降和能量回收装置的引入，SWRO 工程成本不断下降，规模持续增加。如陶氏化学公司开发的 SWRO 膜组件：1996 年一个 SW30HR-380 组件的市场价格大约是 1985 年一个 SW30HR-8040 组件的 50%。与之相对应的 SWRO 工艺的能耗从 1970 年的 20 kWh/m^3 降低到 2010 年的 2.5 kWh/m^3。同时对于盐度为 35 000 mg/L 的海水，当回收率为 50%时，理论最小能耗约为 1.07 kWh/m^3，随着 RO 膜、高压泵、能量回收等的性能提升，能耗还有很大的下降空间。

第三节　中国海淡产业

一、我国海淡发展概况

我国是一个水资源短缺的国家，人均水资源量仅为 2 100 m³，不足世界人均占有量的 1/3，居世界第 127 位。同时，我国水资源分布与人口和经济发展状况不匹配更加剧了缺水问题。我国沿海地区水资源供需矛盾十分突出，而且沿海地区经济发展较快，随着经济发展，对水资源的需求量高于内陆省份。开发新的水源显得尤为重要。我国多数沿海省市的人均水资源量低于全国平均水平，仅有广西、福建和海南的平均水资源量略高于全国平均水平，表明我国沿海地区水资源短缺问题十分严重。

我国海水淡化研究始于 20 世纪 60 年代，已经基本形成完备的工业体系。截至 2021 年底，全国现有海水淡化工程 144 个，工程规模 186 万吨/日，比 2020 年增加了 21 万吨/日。其中，万吨级及以上海水淡化工程 45 个，工程规模 165 吨/日；千吨级及以上、万吨级以下海水淡化工程 52 个，工程规模 20 万吨/日；千吨级以下海水淡化工程 47 个，工程规模 11 万吨/日。

如图 5－3 和图 5－4 所示，从技术类型上，全国应用反渗透技术的工程 126 个，工程规模 123 万吨/日，占总工程规模的 66.19%；应用低温多效技术的工程 16 个，工程规模 62 万吨/日，占总工程规模的 33.43%；应用多级闪蒸技术的工程 1 个，工程规模 6 000 吨/日，占总工程规模的 0.32%；应用电渗析技术的工程 2 个，工程规模 600 吨/日，占总工程规模的 0.03%；应用正渗透技术的工程 1 个，工程规模 500 吨/日，占总工程规模的 0.03%。2020 年，新增海水淡化工程全部采用反渗透技术。

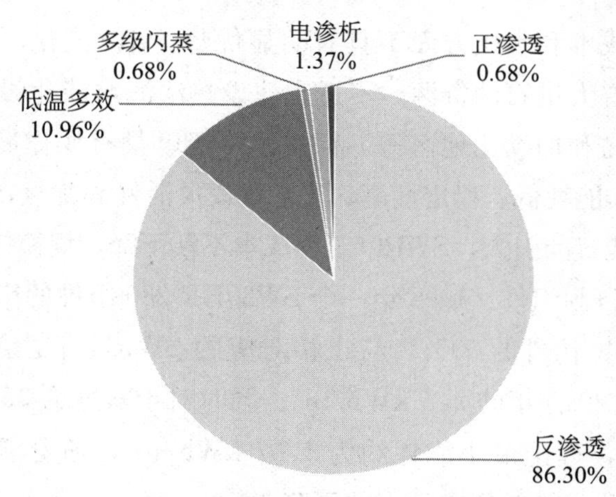

图 5－3　海水淡化中各种技术工程数量占比情况

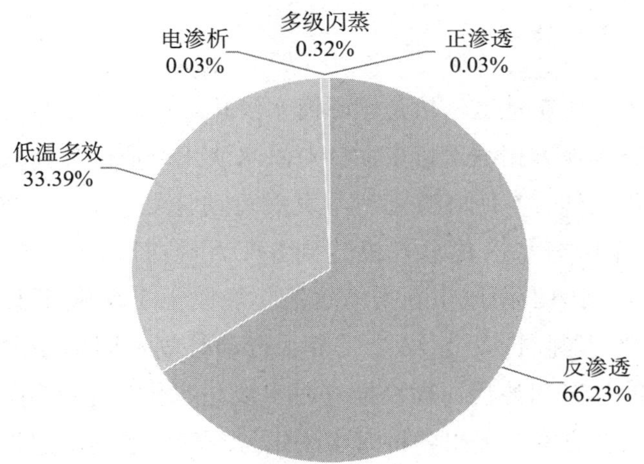

图 5-4 海水淡化中各种技术工程规模占比情况

地域分布上，全国海水淡化工程分布在沿海 9 个省市水资源严重短缺的城市和海岛。辽宁省现有海水淡化工程规模 18 万吨/日，天津市现有海水淡化工程规模 31 万吨/日，河北省现有海水淡化工程规模 34 万吨/日，山东省现有海水淡化工程规模 45 万吨/日，江苏省现有海水淡化工程规模 5 020 吨/日，浙江省现有海水淡化工程规模 44 万吨/日，福建省现有海水淡化工程规模 30 万吨/日，广东省现有海水淡化工程规模 9 万吨/日，海南省现有海水淡化工程规模 8 485 吨/日。其中，海岛地区现有海水淡化工程规模 45 万吨/日。

海水淡化水主要用于工业用水和生活用水。其中，工业用水主要集中在沿海地区北部、东部和南部海洋经济圈的电力、石化、钢铁等高耗水行业；生活用水主要集中在海岛地区和北部海洋经济圈的天津、青岛 2 个沿海城市。2021 年，新增用于工业用水的海水淡化工程主要是为化工、电力等高耗水行业提供高品质用水；新增用于生活用水的海水淡化工程主要是为广东省、福建省缺水海岛和浙江省抗旱应急提供可靠的水资源供给。

我国海水淡化产能中 RO 工艺比例较高，且随着时间增长 RO 工艺占比持续增加，与国际海水淡化产业发展状况基本类似。对于热法海水淡化，我国应用的主要技术是 MED，而国际热法海水淡化工程中 MSF 比例相对较高。主要因为 MSF 技术对能源成本较为敏感，我国能源成本相对较高，在国际上，这一技术也主要用于海湾地区。我国 MED 技术使用从 2000 年开始比例逐年升高，与国际海水淡化产业发展状况类似。

二、发展规划与产业政策

从产业规模上，中东地区依然是国际海水淡化最主要的市场。近年来随着我国经济发展，从国家到地方相继出台多项针对海水淡化产业的支持政策，我国海水淡化市场规模将稳步增加。《海水淡化利用发展行动计划（2021—2025年）》明确指出：到2025年，全国海水淡化总规模达到290万吨/日以上，新增海水淡化规模125万吨/日以上，其中沿海城市新增海水淡化规模105万吨/日以上，海岛地区新增海水淡化规模20万吨/日以上。《全民节水行动计划》明确提出要强化海水淡化水对常规水资源的补充和替代，加快推进海水淡化水作为生活用水补充水源。《海岛海水淡化工程实施方案》提出要将海水淡化与海岛生态岛礁建设相结合，强化海水淡化水对常规水资源的补充和替代。山东省《关于加快发展海水淡化与综合利用产业的意见》指出：全省整体创建全国海水淡化与综合利用示范区；建设青岛百发、烟台海阳两个具有辐射供水功能和全产业链的综合性产业园；在东营、烟台、潍坊、威海、日照、滨州6市沿海工业园区配套建设14个海水淡化基地，在潍坊建设2个海水淡化与综合利用基地，实现水盐联产；根据需求在全省32处有居民海岛建设海水淡化站，500余艘远洋船舶配备海水淡化装置。2022年《天津市促进海水淡化产业发展若干规定》发布，这是全国首部促进海水淡化产业发展的地方性法规，该《规定》以推动海水淡化规模化利用为重要立法目标，围绕海水淡化水的产、供、用各环节强化引导支持相关措施，着力优化水资源供给配置体系，推动天津市水安全保障能力全面提升。

为促进产业发展，我国针对海水淡化产业出台了一系列财税政策，可以有效降低海水淡化成本。在国家发改委和自然资源部发布的《海水淡化利用发展行动计划（2021—2025年）》中，鼓励采用政府购买服务或补贴等方式推动海水淡化水用于城市公共市政供水。由用户直接向海水淡化水供水企业采购的，双方按照优质优价的原则自主协商定价。鼓励水电联产“以电补水”，落实免收需量（容量）电费、企业所得税抵免等优惠政策。鼓励银行业金融机构加大信贷支持，鼓励社会资本采用PPP等多元化方式积极参与。中央和地方资金对海水淡化产业发展予以适当支持。

三、浓海水综合利用

从技术层面上，RO技术在未来依然是大规模海水淡化的主流技术，降低反渗透过程能耗依然是海水淡化领域重要的研究方向。随着淡化规模的持续扩大和工程数量的增多，海水淡化工程取、排水过程中可能产生的环境问题尤其是浓盐水排放的环境影响越来越受到关注。在海水淡化加速发展的大背景下，尽快加强海水淡化工程浓海水排海的科学管理已成为全社会的共识。国家《海水淡化利用发展行动计划（2021—2025年）》明确提出：要尽快“完善浓盐水入海相关标准规范……开展浓盐水入海海域水动力、海水水质、海洋生态环境特征指标等的长序列动态监测，建立企业监测、地方监管、部门监督的监测监管体系”。

浓海水综合利用是公认环境影响最小的一种处理方式。海水中还有大量的Mg、Br、Li等高价值元素，海水浓缩后会进一步降低其提取成本。我国一些淡化厂已经开始以海水淡化副产浓海水为原料，通过提钾、提溴、提镁和制盐等元素提取工艺的耦合，实现浓海水的资源化利用，并减少浓海水排放。我国已经先后攻克浓海水提取钾肥、溴素、镁砂、液体盐等关键技术，并实现各技术间的耦合及工艺优化，形成浓海水综合利用集成新工艺。实现了浓海水中钾、钠、镁、硫酸根资源的综合利用，并实现了处理后浓海水的达标排放，为解决浓海水排放及资源化利用问题提供了一条有效途径，并能够沟通上游海水淡化与下游制碱行业，为形成现代海洋化工新型产业提供了支撑。

第四节　技术经济分析

海水淡化产水成本主要由投资成本、运行维护成本和能源消耗成本构成，其中能源成本通常占产水成本的50%以上，同时海水淡化产水成本与水厂投融资成本、人力成本、地区财税政策、工艺选择等关系密切。通常海水淡化过程成本受到以下几个因素的影响，包括：

（1）工厂产能：尽管投资成本更高，但是工厂产能越大，单位产水成本越低；

（2）场址条件：即是否有现成可用的工程设施，如取排水口、预处理设施、输水管道等，在现有工程设施的基础上建设可以极大地降低建设成本；

（3）人力资源：拥有合格的操作员、工程师和管理人员，将提高工厂的生产能力和维护成本；

（4）更短的停机时间；

（5）电力成本：是降低海水淡化成本的主要途径；

（6）加热蒸汽（用于热法淡化）：对产品单位成本有显著影响；

（7）工厂寿命和折旧：工厂寿命的增加可降低折旧成本。

通常而言，23 000～528 000 $m^3 \cdot d^{-1}$ 规模的MSF海水淡化厂产水成本为0.56～

1.75 美元/m^3，91 000～320 000 $m^3 \cdot d^{-1}$ 规模的 MED 海水淡化厂产水成本为 0.52～1.01 美元/m^3，100 000～320 000 $m^3 \cdot d^{-1}$、15 000～60 000 $m^3 \cdot d^{-1}$、1 000～4 800 $m^3 \cdot d^{-1}$ 的 RO 海水淡化厂产水成本分别为 0.45～0.66 美元/m^3、0.48～1.62 美元/m^3 和 0.7～1.72 美元/m^3。表 5-2 可作为参考。

表 5-2　海水淡化厂产水成本

海水淡化技术	规模（$m^3 \cdot d^{-1}$）	产水成本（美元/m^3）
MSF	23 000～528 000	0.56～1.75
MED	91 000～320 000	0.52～1.01
RO	100 000～320 000	0.45～0.66
RO	15 000～60 000	0.48～1.62
RO	1 000～4 800	0.7～1.72

同时，随着海水淡化规模扩大，吨水成本呈下降趋势，从国际海水淡化市场而言，近年来大型和超大型工程比例明显增加。

第六章　MBR 在再生水行业的应用

膜生物反应器（membrane bioreactor，MBR）是将生物反应与膜过滤相结合，利用膜作为分离介质进行固液分离、强化污染物去除效率、获得出水的污水和废水处理技术。常见的 MBR 构型包括浸没式构型（膜组件放置在生物反应池中）和外置式构型（膜组件放置在生物反应池外），通常采用微滤或超滤，常用膜材料包括聚偏氟乙烯（polyvinylidene fluoride，PVDF）、聚四氟乙烯（polytetrafluoroethylene，PTFE）、聚氯乙烯（polyvinyl chloride，PVC）、聚醚砜（polyethersulfone，PES）、无机陶瓷等，膜组件型式包括中空纤维（hollow fiber）、管式（tubular）、板框式（flat sheet）等。目前 PVDF 有机膜在市政污水 MBR 中应用最广泛，而 PTFE 有机膜和无机陶瓷膜因其化学性能稳定、耐酸碱等优点，也在近年得到关注和应用。

在 MBR 运行过程中，活性污泥混合液中的污泥絮体、胶体粒子、溶解性有机物和无机盐类，由于与膜存在物理、化学或机械作用而引起在膜表面或膜孔内吸附与沉积，造成膜污染，从而导致膜通量下降或跨膜压差升高，影响反应器稳定运行。因此，MBR 的运行应包括在线清洗、离线清洗、曝气等膜污染控制策略，以保障 MBR 工艺的稳定运行。例如浸没式 MBR 中，通过膜组器底部的膜吹扫曝气装置保持内部的水流循环，以防止活性污泥在膜表面沉积。

MBR 的应用多以出水稳定达标排放或一般回用为目标。我国自 2000 年左右开始建设 MBR 工程应用项目，20 多年来，MBR 技术得到快速发展，规模不断增长，逐渐在市政污水、工业废水、受污染地表水和垃圾渗滤液处理等方面得到广泛应用。在市政污水处理方面，2006 年，首座单体规模≥1 万 m^3/d 的 MBR 工程建成投运（北京密云污水处理厂，4.5 万 m^3/d），2010 年首座单体规模≥10 万 m^3/d 的全地下 MBR 工程建成投运（广州京溪污水处理厂，10 万 m^3/d），2016 年单体规模已发展至 50 万 m^3/d 以上（北京槐房再生水厂）。在工业废水处理方面，2012 年首座单体规模≥5 万 m^3/d 的 MBR 工程建成投运（昌邑市柳疃工业园污水厂改造项目，5 万 m^3/d），2015 年首座单体规模≥10 万 m^3/d 的 MBR 工程建成投运（乌鲁木齐甘泉堡工业园污水处理工程，10.5 万 m^3/d）。在地表水处理方面，MBR 的单体规模发展更快，早在 2007 年即建成首座单体规模>10 万 m^3/d 的 MBR 工程并投运（北京温榆河水资源化工程一期，10 万 m^3/d）。据不完全统计，至 2020 年底，全国已建成单体规模≥1 万 m^3/d 的大型 MBR 工程近 400 座，总处理规模超过 1 700 万 m^3/d。中国的 MBR 建设规模已位于世界前列。据 MBR site 统计，世界范围内单体规模≥10 万 m^3/d 的市政污水 MBR 共有 62 座，其中 40 座位于中国，总处理规模（峰值）达到 940 万 m^3/d，占比 63%。北京槐房再生水厂拥有设计处理规模 78 万 m^3/d，为全地下式建设，是世界上已投入运行的最大规模的 MBR 工程。

第一节　MBR 在中国的工程应用

经过 20 多年的推广应用，MBR 的单体处理规模不断增大，工程应用已经成熟。一方面，大型 MBR 目前主要用于市政污水和工业废水的资源化工程中，在市政污水、工业废水和其他种类进水（主要为地表水）的处理中累计处理规模占比分别为 83%、16%和 2%；另一方面，受到进水水质和水量的变化、地域环保要求等影响，MBR 工程在各类污（废）水处理中优选的单体规模、地域分布等特征存在差异。中国 MBR 工程应用的发展如图 6－1 所示。

市政污水处理与资源化是 MBR 最主要的应用场景（Huang et al.，2010；Xiao et al.，2014；Xiao et al.，2019；张姣等，2022）。自 2006 年第一座单体规模≥1 万 m^3/d 的大型 MBR 工程（北京密云污水处理厂，4.5 万 m^3/d）投入运行，大型 MBR 在市政污水处理中的工程应用快速增长。其中，85%以上的单体规模为 1 万～25 万 m^3/d，且 1 万～10 万 m^3/d 和 10 万～25 万 m^3/d 的累计处理规模占比相当（图 6－2（A）），可见大型和超大型（单体规模≥10 万 m^3/d）MBR 在市政污水处理和资源化方面的市场化应用已非常成熟。此外，MBR 的构型为发展半地下式和全地下式污水资源化项目提供了便利，我国第一座全地下式 MBR 工程——广州京溪污水处理厂（10 万 m^3/d）于 2010 年投入运行，目前全地下式市政污水 MBR 累计处理规模已超过 510 万 m^3/d，约占市政污水 MBR 总累计处理规模的 29%。

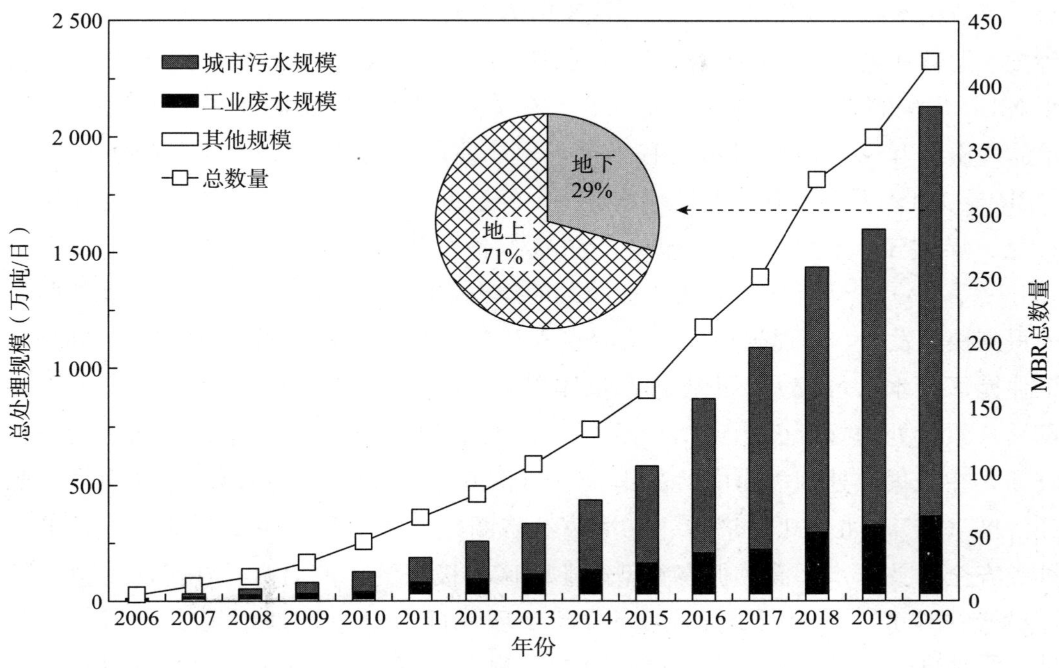

图 6-1　单体规模≥1 万 m^3/d 的大型 MBR 工程在中国的发展

市政污水 MBR 在华北和华东地区应用最多，累计处理规模占比超过 50%（图 6-2（B）），北京、江苏、浙江等地是 MBR 应用的活跃地区，这些地区相继推出了严于国标的排水水质标准，一定程度上推动了 MBR 的推广应用。MBR 在其他地区的累计处理规模相当，特别是在水资源缺乏、生态系统脆弱的地区（如西北地区）也得到了大力推广应用。

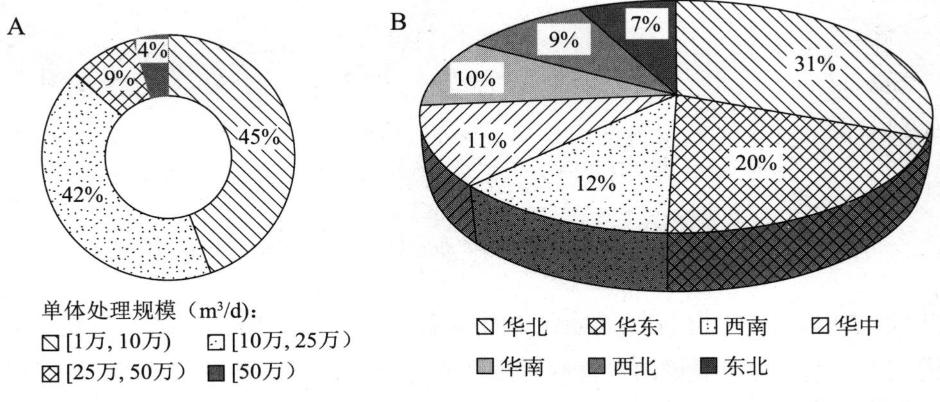

图 6-2　MBR 在市政污水处理中的分布：（A）单体规模，（B）地理位置

工业废水处理与资源化方面，首座单体规模≥1 万 m^3/d 的 MBR 工程于 2006 年投入运营（惠州大亚湾石化区污水处理厂，2.5 万 m^3/d，广东）。之后，工业废水 MBR 工程的累计处理规模快速增长，在 2010 年之后增长尤为快速。工业废水以单体规模 1 万～5 万 m^3/d 的工程为主，累计处理规模占总累计处理规模的 70%。MBR 最初在石化废水处理与回用中应用，经过近 20 年的发展，目前已广泛应用于石化、煤化工、精细化工、印染、食品等各个工业行业的废水处理与回用中（图 6－3（A））。近年来，随着工业园区的建设，MBR 在工业园区废水处理和回用中得到快速发展，处理规模在工业废水 MBR 的总处理规模中占比近 60%；此外，工业园区废水水量较大，也促进了单体规模≥5 万 m^3/d 的工业废水 MBR 工程的发展，累计处理规模已达到 130 万 m^3/d。大型 MBR 工程在华东、华北地区分布较多，在总累计处理规模中共占比 55%（图 6－3（B））。这些地区包含中国主要经济区（带），如长江经济带、京津冀经济圈等，是中国的主要工业基地，工业种类齐全、技术水平高，拥有大型工业园区和极高的生产力。长江经济带包含长江沿线的省市，其大型工业废水 MBR 处理规模占总累计处理规模的 37%。此外，受地区工业结构和生态环境状况的影响，大型 MBR 在西北地区也得到较大的推广，在总累计处理规模中占比 19%，其中新疆维吾尔自治区的总处理规模超过 50 万 m^3/d。

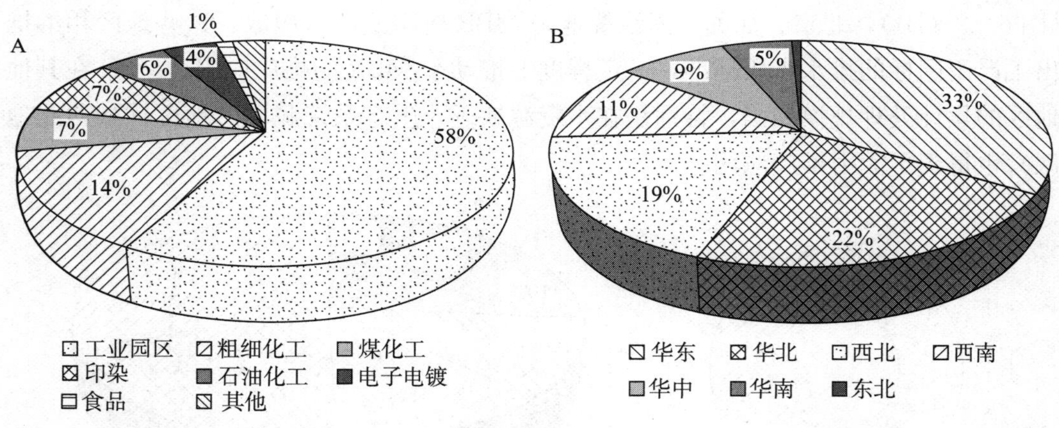

图 6－3 MBR 在工业废水处理中的分布：（A）工业行业，（B）地理位置

此外，MBR 也应用于地表水资源化中，且由于进水污染物含量低，此类工程单体规模较大。例如北京温榆河水资源利用一期工程（2007 年投入运营），该工程处理规模 10 万 m^3/d，将地表劣Ⅴ类水处理至达到地表Ⅲ类水（除 TN≤15 mg/L）水质标准，以实现温榆河对潮白河的跨流域调水。

值得指出的是，MBR 也被应用于垃圾渗滤液处理与资源化项目中，处理规模多为几十到几百 m^3/d（Zhang et al.，2020）。目前，单体规模≥100 m^3/d 的垃圾渗滤液 MBR 工程已建设投运超过 170 座，累计处理规模超过 6.5 万 m^3/d。与市政污水和工业废水 MBR 工程的发展特征不同，单体规模 100～500 m^3/d、500～1 000 m^3/d 和≥1 000 m^3/d 的垃圾渗滤液 MBR 工程均衡发展，累计处理规模均匀分布。整体上，MBR 所处理的垃圾渗滤液 70%来自卫生填埋场，20%来自焚烧厂，8%由卫生填埋场和焚烧厂共用，2%来自转运站等其他途径（图 6－4（A）），这也与卫生填埋场是长期以来生活垃圾的主要处理途径相符。此外，垃圾渗滤液 MBR 广泛分布在全国各地，以华东、华南和华北地区分布最多，约占总处理规模的 3/4（图 6－4（B））。这些地区人口密集、经济发达，垃圾产量大，同时环保力度较大，促进了 MBR 在垃圾渗滤液处理中的应用。

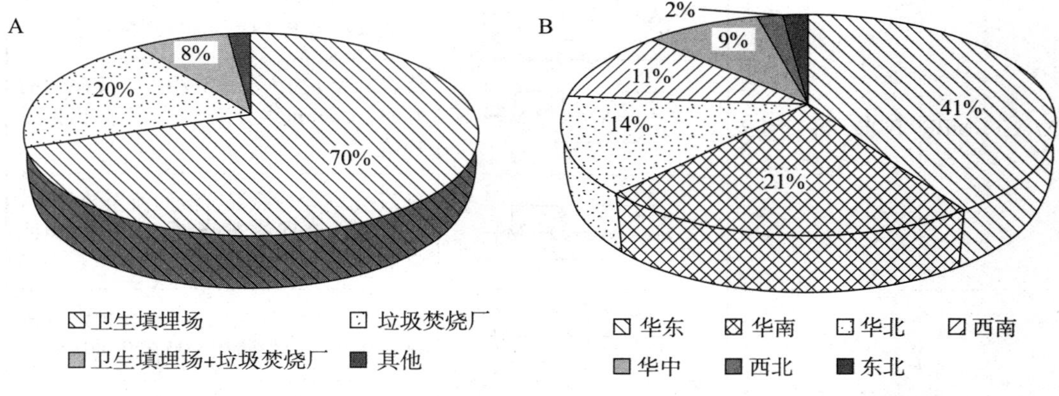

图 6－4　MBR 在垃圾渗滤液处理中的应用分布：（A）渗滤液来源；（B）地理位置

MBR 在市政污水、工业废水、垃圾渗滤液中广泛应用，形成不同的单体规模、地域分布等发展特征，也形成了不同的适用工艺。

第二节　MBR 再生水工艺流程

依照不同进水水质特征和出水水质要求，MBR 作为生化处理的末端流程形成了不同的再生水生产工艺，主要包括以 MBR 出水作为再生水直接回用的二级再生水生产工艺，以及“二级处理－MBR－深度处理”的三级再生水生产工艺（见表 6－1）。前者多见于生态回用，例如补充城市景观河道用水等，一般为市政污水的处理和资源化项目；后者一般用于以市政污水生产高品质再生水项目以及工业废水、垃圾渗滤液等水质复杂的废水处理和资源化项目中。深度处理工艺包括纳滤（nanofiltration，NF）、反渗透（reverse osmosis，RO）、高级氧化、曝气生物滤池等。在水质复杂的废水处理工艺中还包含必要的预处理工艺流程以增强废水的可生物降解性和减少生物毒性物质，包括 pH 值调节、除油、絮凝、催化氧化、厌氧（水解酸化）等。

表 6－1 常见 MBR 工艺流程

基本流程	主要目标污染物	典型衍生工艺流程[a]	工艺特点
O-MBR	BOD、NH_4^+-N	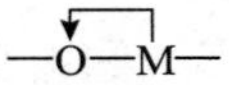 —O—M—	MBR 的基础构型
A/O-MBR	BOD、TN	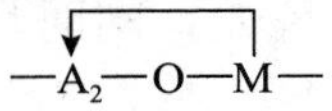 —A_2—O—M—	用于脱氮的 MBR 的基础构型
A/A/O-MBR	BOD、TN、TP	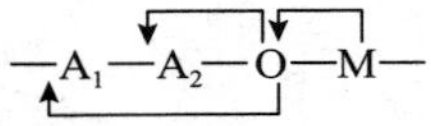 —A_1—A_2—O—M—	同步生物脱氮除磷，但好氧区回流混合液或对厌氧区厌氧环境形成冲击
		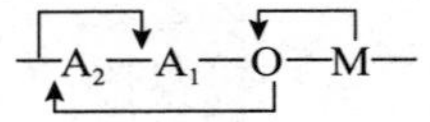 —A_2—A_1—O—M—	倒置 AAO 工艺，以节约用于反硝化的碳源；部分进水分流至厌氧区，以保障释磷
		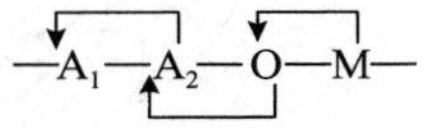 —A_1—A_2—O—M—	UCT 工艺，好氧混合液回流至缺氧区，缺氧混合液回流至厌氧区，以缓冲回流混合液对厌氧环境的影响
A/A/O-MBR	BOD、TN、TP	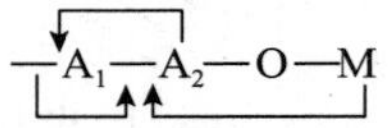 —A_1—A_2—O—M	分流式的 UCT 工艺，一部分进水分流至缺氧区，以保障用于反硝化的碳源
		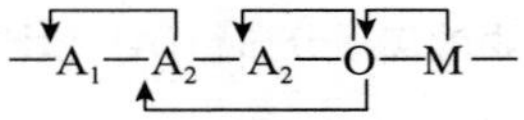 —A_1—A_2—A_2—O—M—	改进的 UCT 工艺，增加一个缺氧区，以强化内源反硝化
		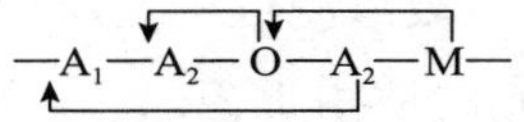 —A_1—A_2—O—A_2—M—	后置缺氧区，以强化内源反硝化
		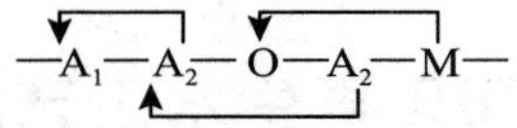 —A_1—A_2—O—A_2—M—	后置缺氧区，以强化内源反硝化
		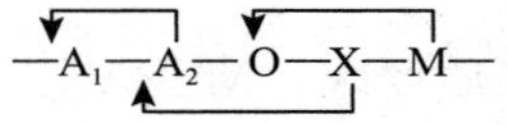 —A_1—A_2—O—X—M—	设置可在好氧/缺氧模式之间切换运行的过渡区 X，增加反硝化工艺运行的灵活性

[a] A_1：厌氧区；A_2：缺氧区；O：好氧区；M：膜池；X：变化池

广义的 MBR 工艺包含膜池和前端生化处理单元，常见的基础工艺流程有三种，分别为 O-MBR、A/O-MBR 和 A/A/O-MBR（表 6－1），其中以 A/A/O-MBR 最为常见，并依据不同的污染物去除目标，逐步发展出 UCT 工艺、多级 AO 工艺、改良 Bardenpho 工艺、强化内源反硝化工艺等 A/A/O-MBR 衍生工艺。除垃圾渗滤液 MBR 多采用外置式构型外，其他污水和废水 MBR 处理工艺多采用浸没式 MBR 构型，通常采用微滤膜，少数采用超滤膜。

O-MBR 为最简单的 MBR 工艺，即生化处理过程只包含好氧池。这一工艺通常被用在中小型市政污水厂中，或对二沉池出水进一步去除悬浮固体（suspended solid，SS)、生化需氧量（biological oxygen demand，BOD）和 NH_3-N。我国第一座自行设计、自行施工、自行运行的大型 MBR 污水资源化工程——密云污水处理厂再生水厂工程即采用了这一工艺。工业废水处理方面，惠州大亚湾石化区综合污水处理厂也采用了这一工艺。

A/O-MBR 是在 O-MBR 工艺的前端增加缺氧池以强化对总氮（total nitrogen，TN）的去除。该工艺多用于中小型污水处理厂，可促进 BOD 和 TN 的去除率，但需要借助化学药剂以保障总磷（total phosphorus，TP）的去除率。济南市奥体中心龙洞片区中水站采用了这一工艺。工业废水处理工程中，在设置了高效厌氧反应器的基础上，这一工艺也得以应用，如某药业集团中药废水处理项目。此外，微污染地表水处理项目——温榆河水资源利用一期工程——也采用了这一工艺，以实现强化脱氮的目标。

A/A/O-MBR 工艺（及其衍生工艺）由厌氧池、缺氧池、好氧池和膜池组成，在实际应用中，根据不同的水质特征，可以设置不同厌氧、缺氧池的数量和位置，形成相应衍生工艺。该工艺具有同步强化脱氮除磷特性，已成为我国最常用的 MBR 工艺流程。在市政污水处理工程中，梅村污水处理厂采用了 A/A/O-MBR 工艺；昆明第四污水处理厂采用了其衍生工艺 A1/A2/O/X-M，即在好氧池之后设置一个变化池，在实际运行中未缺氧池，进行二次反硝化，强化脱氮。工业废水处理工程多采用 A/A/O 衍生工艺- MBR 工艺，如新疆某工业园区废水处理厂通过增设多级厌氧和好氧池，形成 A2/A1/O/A2/O/A2/O-M 工艺，使出水水质达标。

垃圾渗滤液的进水水质复杂，前端多设置高效厌氧反应器（一般采用中温厌氧反应器，如上流式厌氧污泥床（Up-flow Anaerobic Sludge Bed，UASB)），因此渗滤液 MBR 多采用 A/O-MBR 工艺（及其衍生工艺）。不同于市政污水和工业废水处理中采用浸没式微滤 MBR 构型，垃圾渗滤液 MBR 系统多采用外置式超滤 MBR 构型，系统运行稳定可靠，且易于膜的清洗、更换和增设。表 6 - 2 中涉及的垃圾焚烧发电厂渗滤液处理工程、城市垃圾填埋场和焚烧厂渗滤液处理工程分别采用了一级 A/O-MBR 和两级 A/O-MBR 工艺。

表 6-2　中国 MBR 处理污废水的应用案例

应用工程	工艺流程[a]	主要污染物	参考文献
温榆河水资源利用一期工程（10 万 m^3/d），北京，2007	→絮凝沉淀→A_2-M→消毒→排放	COD（50 mg/L），NH_3-N（19 mg/L），TN（21 mg/L）	吴念鹏等，2016
密云县污水处理厂再生水厂工程（4.5 万 m^3/d），北京，2006	→O-M→消毒→回用/排放	COD（220 mg/L），NH_3-N（60 mg/L），TP（2.6 mg/L）	俞开昌等，2008
济南市奥体中心龙洞片区中水站（1.3 万 m^3/d），山东，2010	→A_2/O-M→排放	COD（370 mg/L），NH_3-N（26 mg/L），TN（37 mg/L），TP（5.2 mg/L）	侯文勋等，2011
梅村污水处理厂（3 万 m^3/d），江苏，2009	→A_1/A_2/O-M→排放	COD（200 mg/L），NH_3-N（30 mg/L），TN（50 mg/L），TP（3～5 mg/L）	杨昊等，2010
昆明第四污水处理厂（6 万 m^3/d），云南，2010	→A_1/A_2/O/X-M→消毒→排放	COD（180 mg/L），NH_3-N（20 mg/L），TN（26 mg/L），TP（3 mg/L）	张严严等，2013
惠州大亚湾石化区综合污水处理厂（2.5 万 m^3/d），广东，2007	→生物选择池→MBR→回用/排放	COD（383 mg/L），NH_3-N（13 mg/L），TP（1.3 mg/L），石油类（2.4 mg/L），SS（150 mg. L）	徐中华，2009
某药业集团中药废水处理项目（3 000 m^3/d），江苏，2014	→絮凝沉淀→预酸化→IC→A_2/O-M→BAF→回用	COD（14 000 mg/L），NH_3-N（100 mg/L），色度（450），pH（4～6）	夏雯菁，2015
某 TFT-LCD 工厂工业废水回收工程（1 万 m^3/d），安徽，2016	→pH 调整→A_1/A_2/O-M→杀菌→RO→回用	COD（480 mg/L），NH_3-N（20 mg/L），TOC（180 mg/L）	郭宇彬，2018
某农产品加工工业园区污水处理厂（5 000 m^3/d）	→调节池→水解酸化→A_2/A_1/A_2/O-M→消毒→排放	COD（350～400 mg/L）SS（160～310 mg/L），TN（25～50 mg/L），NH_3-N（15～25 mg/L），TP（3.0～5.5 mg/L）	陈斌等，2018

续表

应用工程	工艺流程[a]	主要污染物	参考文献
某工业园区废水处理厂（3 万 m^3/d），新疆，2007	→气浮沉淀→水解酸化→A_2/A_1/O/A_2/O/A_2/O-M→消毒→排放	COD（216 mg/L），SS（162 mg/L），TN（22 mg/L），TP（3.2 mg/L），色度（20）	王少军等，2018
某垃圾焚烧发电厂渗滤液处理工程（700 m^3/d），江苏，2013	→预处理→厌氧→A/O-M（ex-UF）→NF→RO→回用	COD（45 000 mg/L）BOD（25 000 mg/L）SS（12 000 mg/L）NH_3-N（1 500 mg/L）TN（1 800 mg/L）Cl^-（4 000 mg/L）	李志华，2016
某城市垃圾填埋场和焚烧厂渗滤液处理工程（250 m^3/d），四川，2014	→预处理→厌氧→A/O-A/O-M（ex-UF）→NF→RO→回用	COD（20 000 mg/L）BOD（8 000 mg/L）SS（1 000 mg/L）NH3-N（1 500 mg/L）TN（2 000 mg/L）	靳云辉等，2018

[a] A_1：厌氧池；A_2：缺氧池；O：好氧池；X：变化池，依实际需要设置为缺氧池或好氧池；BAF：曝气生物滤池；IC：内循环厌氧反应器；M：膜池（好氧）

值得指出的是，在垃圾渗滤液处理工程中，在 MBR 之后多增加纳滤或反渗透深度处理工艺，使废水得以进一步净化，出水多用于回用；仅有少数案例中 MBR 出水直接排放、回用或输送至城镇污水处理厂进行进一步处理，在总累计处理规模中占比不足 10%，这与国家《生活垃圾填埋场污染控制标准》（GB 16889—2008）的出台和“零排放”等环保概念的落实密切相关。此外，尽管卫生填埋场和垃圾焚烧厂的渗滤液中污染物浓度有差异，在实际工程中，二者在 MBR 处理工艺流程的选择上无明显差异。

第三节 MBR 污染物去除效果

采用 MBR 工艺的污水处理与资源化工程可实现出水水质长期稳定达到预期处理水平。大体上，MBR 工艺可以达到化学需氧量（chemical oxygen demand，COD）去除率>95%、NH_3-N 去除率>95%、TN 去除率>80%（工业废水 TN 去除率约 70%），TP 去除率（部分采用化学辅助药剂）>90%（见图 6－5（A））。这得益于 MBR 中高浓度污泥含量、强化微生物群落以及膜的截留作用。尽管 MBR 对营养物质的去除率主要依赖膜池前的硝化、反硝化、释磷等生化处理过程，膜截留带来的高浓度的活性污泥也促进了 MBR 工艺对营养物质的去除。此外，值得指出的是，膜的截留作用也使得 MBR 对进水水质水量变化有较强的韧性。

与市政污水相比，工业废水和垃圾渗滤液中污染物浓度更高（工业废水 COD 浓度在几百到几千 mg/L，NH_3-N 在几千 mg/L 水平；垃圾渗滤液 COD 可达几千至几万 mg/L，NH_3-N 在几千 mg/L 水平），成分复杂，且含有较多难降解有机物（例如，煤化工废水含酚类物质）、毒性物质（例如，电子电镀废水含重金属）等成分，可生物降解性较差。经预处理和生化处理后，超过 90%的 COD、BOD、NH_3-N 和 TP 被去除；其中工业废水 MBR 中膜池承担了约 80% COD 和 40% NH_3-N 的去除率（见图 6－5（B）），垃圾渗滤液处理中 MBR 工艺承担了约 50% COD 和 95% NH_3-N 的去除率（见图 6－5（C））。可见，MBR 工艺对保障生化处理出水水质具有重要作用。

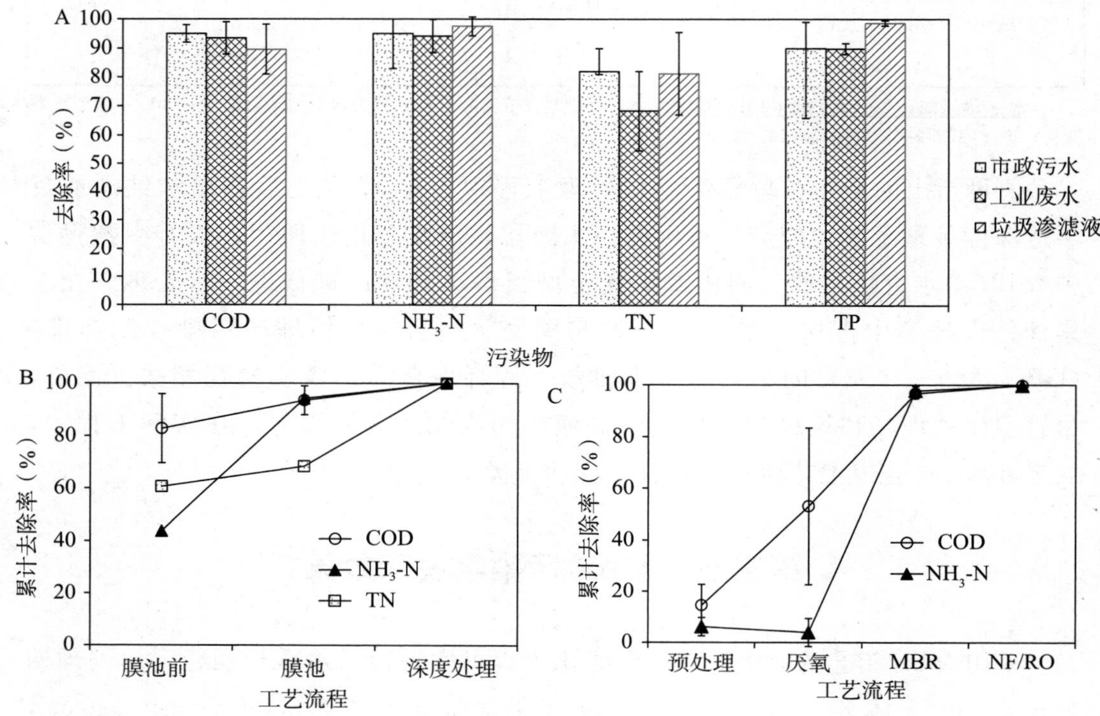

图 6－5　MBR 的污染物去除效果

（A）MBR 的整体去除率（市政污水 25 座，工业废水 7 座，垃圾渗滤液 11 座）；（B）7 座工业废水 MBR 的沿程去除率；（C）7 座渗滤液 MBR 沿程去除率此外，与传统活性污泥法相比，MBR对病原菌和病毒（见图6-6）、新兴污染物均具有较高的去除率。有研究表明，MBR对75种典型痕量有机污染物（包含药品和个人护理用品、内分泌干扰物）中的53种去除率＞80%；对微塑料的去除率也可达到99%。

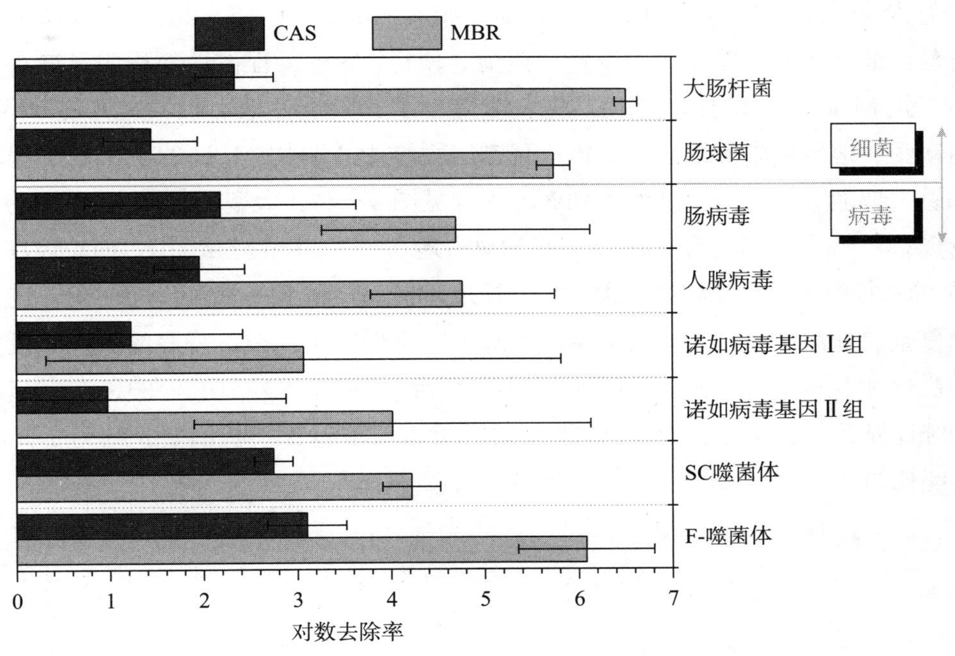

图6-6　MBR和传统活性污泥法（CAS）对病原菌和病毒的去除率

第四节　MBR的应用优势

MBR工艺可以获得稳定良好的出水水质，良好运行的AAO-MBR出水水质可稳定达到《城镇污水处理厂污染物排放标准》（GB 18918—2002）一级A标准要求（COD≤50 mg/L、NH_3-N≤5 mg/L，TN浓度≤15 mg/L、TP≤0.5 mg/L），基本满足城镇景观用水和一般回用水水质需求（《城市污水再生利用 城市景观用水水质》（GB/T 18921—2019）、《城市污水再生利用 城市杂用水水质》（GB/T 18920—2020））；进一步经过深度处理可达到更严格的出水标准。微污染地表水MBR、市政污水MBR出水可作为城市杂用或生态用水而直接回用，例如北京、天津等地的城市河道水源补给水多以MBR出水为补给水源。此外，在以市政污水生产高品质再生水项目、工业废水和垃圾渗滤液处理和资源化项目中，MBR为后续深度处理工艺的稳定运行提供了保证，特别是当深度处理采用 NF 或 RO 等高压膜处理工艺时，MBR 在去除污染物、减轻后续处理负担的同时，也将较大分子的膜污染物截留，为后续膜过程进一步去除小分子、离子，减少膜污染物，以保障整个处理工艺的稳定、安全运行。

与传统活性污泥法（conventional activated sludge，CAS）相比，MBR 中膜过滤可截留活性污泥，因而无须设置二沉池，使得 MBR 工程占地面积明显减小，而全地下式 MBR 工程的成功应用，进一步缩小了其陆上占地面积，这也使 MBR 在用地紧张、地价偏高的地区具有推广优势。总体上，采用 MBR 的再生水工程总投资和总占地随进水污染程度的增加而增大（见图 6－7）。大型市政污水 MBR 的平均总投资为 3 500～4 500 元/(m^3/d)，平均总占地 0.8～0.9 m^2/(m^3/d)；而垃圾渗滤液 MBR 的总投资和总占地则分别为 8～11 万元/(m^3/d) 和 12～18 m^2/(m^3/d)。进水水质越复杂、处理难度越大，所选用的处理工艺流程则越复杂，需要的占地和投资也会相应增加。在运行方面，对国内 49 座市政污水 MBR 工程 2014—2017 年间运行成本的统计显示，市政污水 MBR 的平均运行成本（不包含膜折旧费）约为 1 元/m^3，平均能耗约 0.5 kWh/m^3，平均药剂成本约 0.2 元/m^3（见图 6－8）。

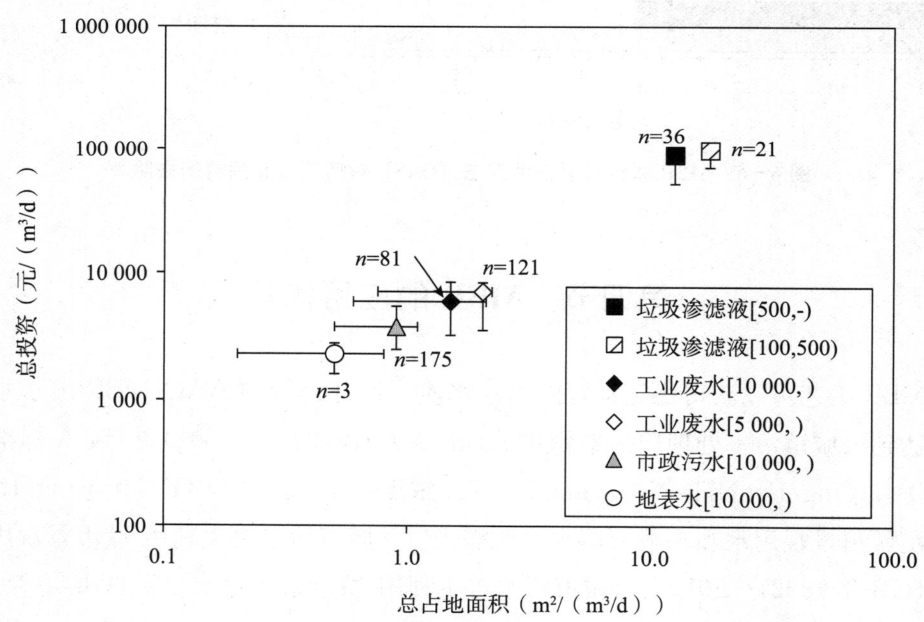

图 6－7　MBR 工程总占地与总投资

注：*n* 为 MBR 工程数量，误差线为四分位极差，数据来源 Xiao et al.，2014；Xiao et al.，2019；Zhang et al.，2020；Zhang et al.，2021。

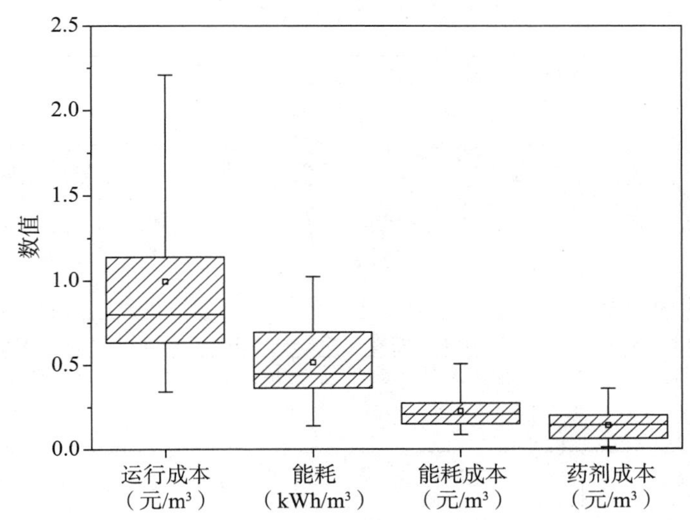

图 6-8 2014—2017 年间 49 座市政污水处理 MBR 工程的运行成本

数据来源 Gao et al.，2021。

需要指出的是，作为常用的膜污染控制方法之一，膜池曝气会带来 MBR 能耗的提升，也使得 MBR 的高能耗受到关注。一方面，在 MBR 的节能降耗方面，已有大量研究和专利成果得到应用；另一方面，综合出水水质、能耗效率等因素对 MBR 进行的技术经济研究表明，与 CAS 法相比，MBR 具有更高的污染物去除率（例如 NH_3-N 去除率：CAS 89%，MBR 93%），从而带来更高的环境效益，尽管 MBR 能耗较大，但总运行能耗与 CAS 法相当，这使得 MBR 较 CAS 具有更高的成本效率和相当的能量效率。若以环境效益与运行成本之差来评判工艺的净利润，以能耗和成本为基底来计算技术效率，CAS 改造为 MBR 前后的技术经济性对比如图 6-9 所示。

对 CAS 改造为 MBR 前后的技术经济性对比研究可知：（1）当改造前后分别采用宽松的出水标准和严格的出水标准时，MBR 的净利润显著高于 CAS，平均技术效率（能耗效率、成本效率和其他成本效率）在改造后也略有提高，但不显著；（2）当改造前后都采用宽松的出水标准时，两者的净利润和技术效率相当；（3）当改造前后都采用严格的出水标准时，两者的净利润和技术效率亦无显著差异。由此可见，采用的出水标准对 MBR 的技术经济性评价有较大影响。在面对提标改造要求时，MBR 明显比 CAS 具有更高的环境效应和净利润。尽管 MBR 的净收益和能源效率随地理位置和地区经济人口状况、出水水质标准、运营年限等因素存在波动，MBR 的技术-经济性仍使其在出水水质标准严格、用地紧张（如需建设地下工程）具有突出优势。

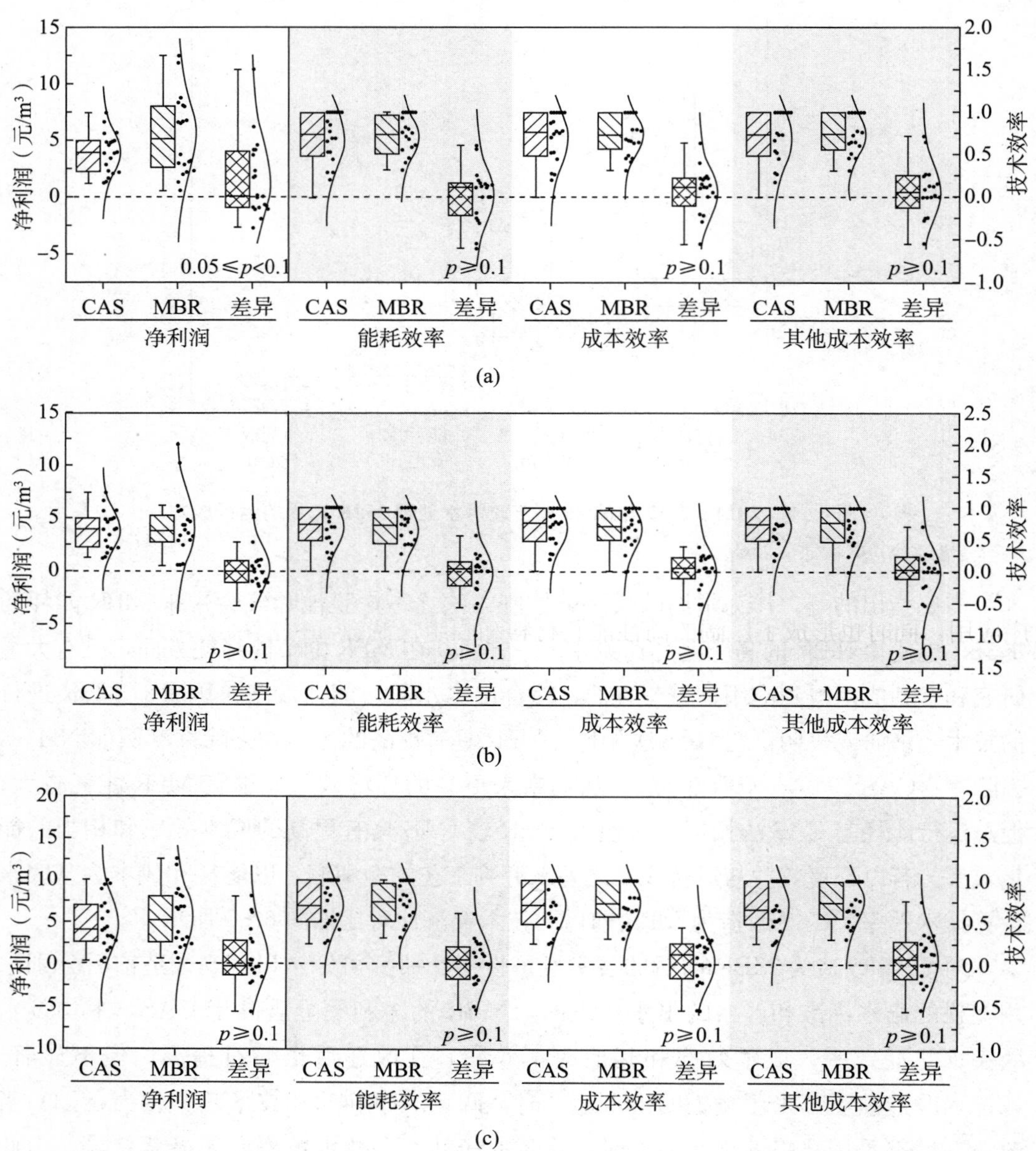

图 6-9　20 座污水处理厂由 CAS 改造为 MBR 前后，净利润和技术效率的分布对比

数据来源：Gao et al.，2022。(a) 分别采用升级改造前后的出水标准作为升级改造前后污染物去除率的计算基准；(b) 均采用升级改造前的出水标准作为污染物去除率的计算基准；(c) 均采用升级改造后的出水标准作为污染物去除率的计算基准。采用 Wilcoxon 符号秩检验评价配对样本之间的差异，$p<0.1$ 说明显著，$p\geqslant 0.1$ 说明不显著。

第五节　MBR 的发展趋势

应对水资源危机和改善水环境质量是中国发展长期面临的环境压力。为治理水污染、缓解水资源危机，国家相继出台了一系列政策和法规，有力推进污水处理和再生，而作为典型的高品质污水净化与再生技术，膜技术的研发也受到了高度关注。这些都成为推动 MBR 研发和应用的动力。

污水排放标准日趋严格，对水资源再生回用的需求日益提升，这些变化要求污水处理工艺具备出水水质优良、占地面积小、便于建设和运营等特点，特别是现有部分污（废）水处理厂需在既有主体建（构）筑物的基础上，对相关污水处理建（构）筑物及附属设施进行提升改造，以满足新的处理水量及出水水质要求。MBR 工艺在保障出水水质的同时，具备结构简单、易于自动化控制、占地面积小、便于改造、利于全地下式建设等特点和优势，满足应对水资源危机和改善水环境质量方面对先进水处理技术的需求。在环境、政策和市场因素的驱动下，MBR 已在中国得到了快速的推广应用，同时也形成了广阔的高性能膜材料和膜组件制造和供应市场，促进了国内膜制造和供应商协同发展，而后者的发展也推进了 MBR 技术进一步推广，MBR 工程应用与膜制造产业得到协同发展。目前国内已形成一系列的 MBR 相关标准，例如《膜生物反应器城镇污水处理工艺设计规程》（T/CECS 152—2017）、《膜生物反应器城镇污水处理厂原位改造技术规程》（T/CECS 1224—2022），以规范 MBR 的工程应用。

在 MBR 研发和推广快速发展的同时，新的生态环境建设与改善要求也对 MBR 技术和工艺的进一步发展提出了要求和挑战。习近平总书记在 2020 年第 75 届联合国大会期间提出，中国二氧化碳排放力争于 2030 年前达到峰值，努力争取 2060 年前实现碳中和。国务院于 2021 年 10 月印发了《2030 年前碳达峰行动方案》，对推进污水资源化利用进行了部署。中共中央、国务院于 2021 年 11 月印发的《关于深入打好污染防治攻坚战的意见》指出，至 2025 年，地表水Ⅰ—Ⅲ类水体比例达到 85%，而部分地区和流域近年来也通过地方标准形式更新了水污染物排放标准，对总氮、总磷提出了更加严格的去除要求，如表 6－3、表 6－4 所示。

在新的生态环境建设与改善要求背景下，水务行业将迎来体量和质量的双重提升，这为成熟市场化应用的 MBR 技术提供了更加广阔的发展和应用空间。“双碳目标”的实现也对 MBR 技术的优化和与相关行业的协同治理提出了要求，特别是 MBR 面临膜污染、高能耗等不利条件的影响，其进一步发展应主要注意如下方面（张姣等，2022）。

表 6-3　部分地区发布的城镇污水处理厂污染物排放标准　（单位：mg/L）

地区	标准编号	COD	NH_4^+-N[a]	TN[a]	TP	说明
北京	DB 11/890—2012	20	1.0	10	0.2	新（改、扩）建执行 A 标准
天津	DB12599—2015	30	1.5	10	0.3	设计规模≥1 万 m^3/d 执行 A 标准
浙江	DB 33/2169—2018	30	1.5	10	0.3	新建城镇污水厂执行标准
湖南	DB 43/T1546—2018	30	1.5	10	0.3	生态环境敏感区内城镇污水处理厂执行一级标准
昆明	DB 5301/T43—2020	30	1.5	10	0.3	特别排放限值区域外，出水排入滇池流域的城镇污水处理厂执行 B 级标准
广东	DB 44/2130—2018	30	1.5	0.3	0.3	茅洲河流域，城镇污水厂出水标准
江苏	DB 32/1072—2018	40	3	10	0.3	太湖流域一、二级保护区内污水处理设施执行标准
安徽	DB 34/2710—2016	40	2.0	10	0.3	巢湖流域接纳污水中工业废水量＜50%的城镇污水厂执行标准
重庆	DB 50/963—2020	30	1.5	15	0.3	梁滩河流域重点控制区域执行标准
四川	DB 51/2311—2016	30	1.5	10	0.3	岷江、沱江流域
河北	DB 13/2795—2018	30	1.5	15	0.3	大清河流域重难点控制区执行标准
河北	DB 13/2796—2018	40	2.0	15	0.4	子牙河流域重点控制区执行标准
陕西	DB 61/224—2018	30	1.5	15	0.3	黄河流域设计规模≥2 000 m^3/d 及新建污水处理厂执行 A 标准

[a]均为水温＞12 ℃时的控制指标。

表 6-4　部分地区石化企业废水排入Ⅴ类水体所执行的污染物排放标准　（单位：mg/L）

	标准编号	COD	NH_4^+-N	TN	TP	说明
国家	GB 8978—1996	120	50	—	1.0	
北京	DB 11/890—2012	100	15	—	1.0	
北京	DB 11/307—2013	30	1.5	15	0.3	
山东	DB 37/3416.4—2018	60	8	20	0.5	适用海河流域
江苏	DB 32/1072—2018	50	5	15	0.5	适用太湖流域
广东	DB 44/26—2001	130	50	—	1.0	

（1）在膜材料和膜元件方面，基于新材料制备原理，研发新型膜材料，使其具备高通量、高选择性、抗污染、长寿命以及环境功能性等特点，从而从源头减少膜污染的发生，确保 MBR 的长期稳定运行。

（2）在MBR技术和工艺方面，以污水和废水处理与资源化为目标，一方面通过新工艺的开发和现有工艺的优化，强化膜过程的作用和效果，并提升膜过程和生物/化学工艺的高效耦合，以适应不同进水水质特征；另一方面，开发高效率、低能耗、低药耗的膜污染防控策略和技术，保障MBR的低碳、稳定运行。

（3）在MBR运行方面，随着数字化、智慧水务等的发展，构建基于AI的智能监测、数据学习、自动控制和远程操作系统，对MBR工艺过程进行精细化管理与调控，使MBR更好地满足未来污废水处理和再生工程应用所需。

（4）在系统性减污降碳方面，为助力双碳目标的实现，MBR工艺的低碳化应包含对污废水中水资源、资源和能源的同步回收。基于此，在获得优良出水水质的基础上，应进一步发挥MBR中膜的截留作用，研发集水资源再生和能源资源回收于一体的低碳膜集成系统（如厌氧膜生物反应器及其组合工艺）并推进其市场化。

未来，环境需求、政策支持和市场驱动等仍将持续推动以MBR为代表的膜技术在中国进一步推广。MBR将在市政污水厂升级改造、工业废水处理与回用等诸多方面继续得到推广应用，其发展前景值得期待。

第七章　膜法典型工程案例

第一节　张家港市第三水厂 NF 深度处理工程

一、项目简介

张家港市第三水厂供水规模为 200 000 m^3/d，水厂深度处理改造工程之前应用"混凝＋沉淀＋过滤＋氯消毒"的常规饮用水处理工艺。在正常原水水质条件下，采用现有常规处理工艺，产水已可满足《生活饮用水卫生标准》（GB 5749—2006）。但为确保张家港市的供水安全，以响应江苏省政府的优质饮用水供应的要求，水厂应具备一定的应急处置能力及满足以提升日常供水水质为目标的处理工艺，因此需针对原有工艺进行升级改造。本次水厂深度处理改造增加纳滤处理工艺，升级改造的工艺路线为"现状常规工艺＋压力罐式微滤（一种可反洗过滤器）＋纳滤"，出水与砂滤出水勾兑。设计的纳滤产水规模为 100 000 m^3/d，主要目标为去除或杀灭水体中的微生物、新型有机污染物、消毒副产物、嗅味物质、色素、重金属离子等，并改善饮用水口感，以保障水质安全与稳定。

二、工艺流程

该项目的进水温度在 4.0℃～30.0℃，浊度≤0.5 NTU，COD_{Mn}≤3.0 mg/L，pH 为 6.0～9.0，氨氮≤0.5 mg/L，氟化物≤1.0 mg/L，其他指标符合《地表水环境质量标准》（GB 3838—2002）Ⅲ类标准。

本项目的工艺流程如图 7－1 所示。贮存于纳滤缓冲进水池的砂滤产水经供水泵提升后，投加还原剂和阻垢剂，通过压力罐式微滤去除较大颗粒的杂质（微滤系统设计参数见表 7－1），保证纳滤系统的进水 SDI 值稳定小于 5，以保护纳滤膜元件；微滤的产水再由纳滤增压泵增压至纳滤运行所需的进水压力后，进入纳滤机组（纳滤系统设计参数见表 7－2），纳滤出水直接进入清水池。

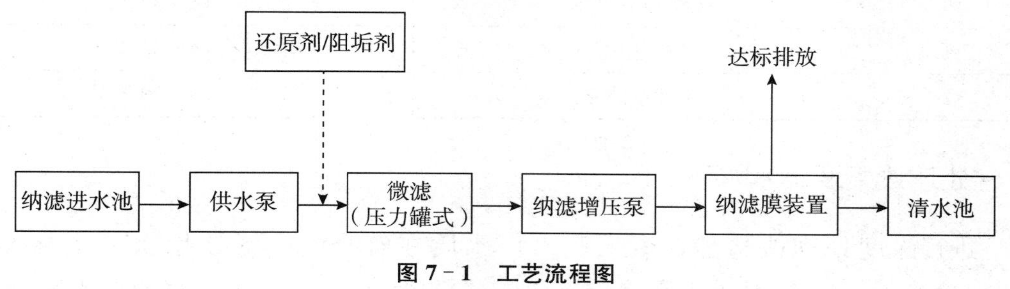

图 7－1　工艺流程图

表 7－1　张家港市第三水厂微滤系统设计参数表

序号	参数名称	数值
1	材质	聚丙烯
2	总产水量	≥11.12 万 m^3/d（4～30 ℃）
3	单支滤芯过滤面积	2.5 m^2
4	过滤孔径	≤6 μm
5	＞1.5 μm 的颗粒去除率	＞95％
6	＞6 μm 的颗粒去除率	＞99.9％
7	出水 SDI	＜5
8	物理清洗周期	≥24 h
9	化学清洗周期	7～15 天

表 7－2　张家港市第三水厂纳滤系统设计参数表

序号	参数名称	数值
1	材质	聚哌嗪酰胺
2	类型	卷式膜
3	总产水量	≥10 万 m^3/d（4～30 ℃）
4	回收率	90％（4～30 ℃）
5	进水压力	6 bar
6	跨膜压差	≤1 bar
7	单支纳滤膜过滤面积	37 m^2

续表

序号	参数名称	数值
8	单支纳滤膜通量	23.9 LMH
9	过滤孔径	1 nm～2 nm
10	硫酸根去除率	≥95%（4～30 ℃）
11	TOC去除率	≥90%（4～30 ℃）
12	色度脱除率	>90%（4～30 ℃）

三、处理效果及出水水质

进行深度处理改造后，该水厂出厂水质在符合《生活饮用水卫生标准》（GB 5749—2006）要求的基础上，可达到《江苏省城市自来水厂关键水质指标内控标准》（长江水源常规处理＋深度处理）相关要求，口感良好，实现高品质供水的同时，提高水厂应对突发污染风险的能力。其中，纳滤系统产水水质如表7－3所示。

表7－3　张家港市第三水厂纳滤系统产水水质

水质指标	单位	限值
COD_{Mn}	mg/L	≤1.0
总有机碳	mg/L	≤0.5
三卤甲烷（主要消毒副产物）	μg/L	≤7
二甲基异莰醇（主要嗅味物质）	ng/L	≤5
土臭素（主要嗅味物质）	ng/L	≤5
叶绿素	μg/L	≤0.2
藻蓝素	μg/L	≤0.3
铁离子	mg/L	≤0.1
硫酸盐	mg/L	≤3

四、经济分析

（一）投资指标

本项目总投资金额为9 695万元，年运行成本约为740.87万元。

（二）运行成本分析

根据表7－4可知，本工程中纳滤单元的年电耗约为7.192 2×10^6 kWh，压力罐式微滤单元的电耗仅由间歇式运行的加药泵产生，电耗较低，吨水电耗约为0.003 kWh，年电耗约为0.109 5×10^6 kWh；电费以0.7元/kWh计，年电耗成本约为511.12万元。

表7－4　张家港市第三水厂纳滤系统电耗计算表

序号	名称	数量	额定功率（kW）	运行功率（kW）	日电耗（kWh）	年电耗（10^4 kWh）
1	还原剂加药泵	2	0.022	0.044	0.95	0.03
2	还原剂加药箱搅拌器	2	1.1	2.2	2.64	0.10
3	阻垢剂加药泵	10	0.022	0.22	4.75	0.17
4	阻垢剂加药箱搅拌器	1	1.1	1.1	1.32	0.05
5	纳滤增压泵	10	132	1 320		
5.1	增压泵（10 ℃）	10	132	1 320	20 946.6	272.31
5.2	增压泵（20 ℃）	10	132	1 320	17 176.2	242.18
5.3	增压泵（30 ℃）	10	132	1 320	13 405.8	126.01
6	一二段段间泵	10	30	300	2 026.96	73.98
7	纳滤冲洗泵	2	55	110	0.00	0.00
8	泵房排污泵	2	4	8	0.00	0.00
9	其他小功率设备	1	5	5	120.00	4.38

根据表7－5可知，本工程中10%次氯酸钠、30%氢氧化钠、99%柠檬酸、98%亚硫酸氢钠和阻垢剂的年药耗分别约为10.585吨、9.49吨、10.585吨、151.84吨和62.05吨；上述药剂的市场价格分别以550元/吨、1 500元/吨、2 000元/吨、2 600元/吨和30 000元/吨计，则年药耗成本约为229.75万元。

表7－5　张家港第三水厂药耗计算表

药剂名称	药剂用途	吨水药耗（kg）	年药耗（t）
10%次氯酸钠	微滤膜碱洗	0.000 29	10.585
30%氢氧化钠	微滤膜碱洗	0.000 26	9.49
99%柠檬酸	微滤膜酸洗	0.000 29	10.585
98%亚硫酸氢钠1	还原剂，防止微滤膜被氧化损坏	0.000 76	27.74
98%亚硫酸氢钠2	还原剂，防止纳滤膜被氧化损坏	0.003 4	124.1
阻垢剂	防止纳滤膜污堵	0.001 7	62.05

第二节　上海闵行 NF 高品质饮用水示范工程

一、项目简介

金泽水库位于上海青浦区金泽镇西部、太浦河北岸，是一座生态调蓄型水库，取水以太浦河为水源。太浦河是太湖流域防洪、排涝、供水和航运的骨干河道，其西起江苏省吴江区庙港镇太湖东岸，东至上海市青浦区练塘镇南大港接西泖河入黄浦江，沿线有支河近百条，与两岸水量交换频繁，流经江、浙、沪 3 省市。金泽水库在主库区经过净化措施处理后，作为原水供给上海西南五区各水厂，由于受上游产业布局和干流航运影响，太浦河突发性水污染事故时有发生。

针对太浦河来水水质不稳定、金泽水库供水规模大等特点，依托“十三五”水体污染控制与治理科技重大专项中“金泽水库高品质饮用水技术研究与应用”课题，一方面，通过原水预处理以及水厂深度处理工艺优化、集成和应用；另一方面，通过国内外纳滤饮用水深度处理研究、工程应用等深入调研，秉承工艺短、效果好的原则，集成应用水厂常规＋纳滤膜工艺，采用功能强化后的微滤（MF）级别的“大流量滤芯集成的压力罐式微滤过滤系统预处理系统”对水厂砂滤池出水进行预处理，建成 1 万吨/天高品质饮用水纳滤（NF）技术集成示范区，并于 2020 年 7 月 15 日并网供水。

二、设计工艺流程与水质

纳滤机组一共四套，每套均为三段式过滤，即一段纳滤浓水作为二段纳滤进水，二段纳滤浓水作为三段纳滤进水，一段、二段、三段的产水混合作为纳滤机组的最终产水。每套机组配置三段 6 芯纳滤膜壳，一段纳滤膜壳 13 根，二段纳滤膜壳 7 根，三段纳滤膜壳 3 根，总产水率为 85％。设计纳滤系统出水水量在质保期内能在最不利工况条件（水温 4 ℃）下，满足总系统总净产水量不低于 1 万 m^3/d、单个机组净产水量不低于 2 500 m^3/d 的要求，回收率不低于 85％，运行压力 0.4～0.6 MPa，且出水水质满足相关要求，化学清洗频率 3～5 月/次。纳滤化学清洗步骤为：(1) 非氧化性杀菌剂和碱洗：补水→配药（非氧化性杀菌剂 0.05％）→一段循环→二段循环→三段循环→一段循环→配药（碱性药剂 2.0％）→三段循环→二段循环→一段循环→浸泡→一段循环→三段冲洗→二段冲洗→一段冲洗。(2) 酸洗：补水→配药（酸性药剂 1.0％）→三段循环→二段循环→一段循环→三段循环→一段冲洗→二段冲洗→三段冲洗。上述所有步序阀门操作不变，只是调整步序顺序。所有循环步序时间为 30 分钟，浸泡时间为 2 小时。

纳滤产生浓/废水以 1/14～1/7 比例排入所在水厂总废水管与水厂废水统一处理。工艺流程如图 7－2 所示。纳滤膜设计参数见表 7－6。

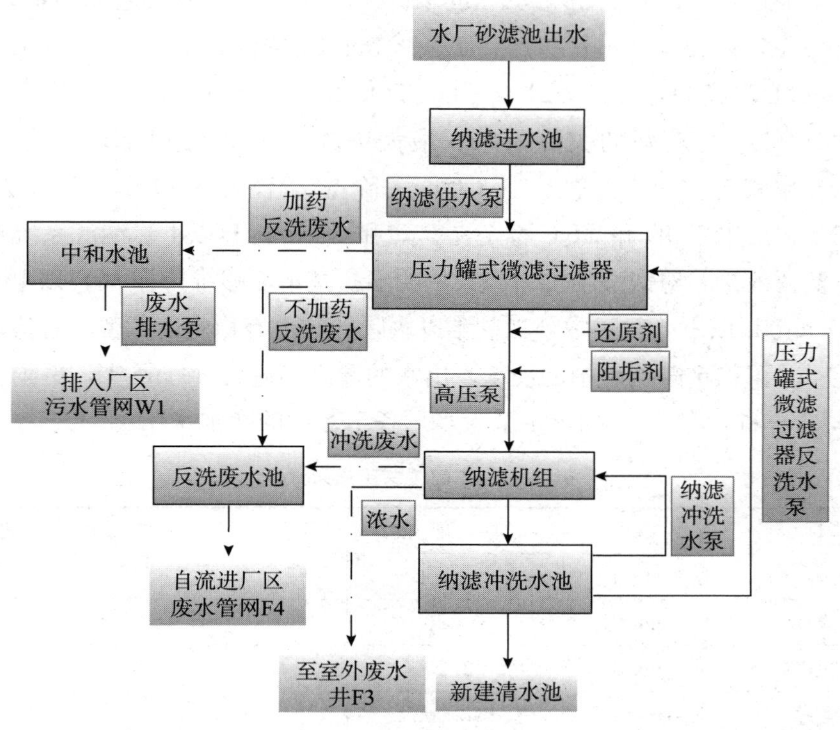

图 7－2　工艺流程

表 7－6　纳滤膜设计参数

纳滤系统	参数
回收率	85％（4～30 ℃）
纳滤套数	4 套
纳滤膜型号	奥斯博
设计通量	21 L/(m^2·h)
进水压力	0.4～0.6 MPa
段间级配	13：7：3

三、处理效果

闵行水厂常规处理工艺出水的浊度在0.13～0.27 NTU，pH为7.3～8.0，溶解性总固体（TDS）在270～350 mg/L，电导率在430～580 μS/cm，氟化物0.32～0.47 mg/L，氯化物38～65 mg/L，硫酸盐60～100 mg/L，锑0.001 4～0.003 5 mg/L，镁4～10 mg/L，钙32～43 mg/L，铝0.02～0.07 mg/L，总硬度97～142 mg/L，COD_{Mn} 1.7～2.1 mg/L，TOC 2.4～3 mg/L。

纳滤对TDS有较好的去除效果，最大去除率在90%以上，平均去除率为30%；电导率稳定降低32%以上；COD去除率为73%～80%，TOC去除率为83%～86%，出水COD和TOC稳定在0.6和0.8 mg/L以下。纳滤系统对氯化物基本没有截留效果，对硫酸根的去除效果明显，基本能够维持在90%以上；铝可去除到0.01 mg/L以下，对于常规工艺难以去除的锑也有稳定的截留，总体截留率在80%以上；并可稳定降低水中的硬度，出水的硬度不超过80 mg/L，平均去除率能够达到50%左右。表7-7列举了某天水厂各工艺段的产水水质。

表7-7　不同工艺段产水水质

指标	单位	常规处理出水	臭氧活性炭+超滤出水	纳滤出水
砷	mg/L	0.000 2	/	0.000 2
氟化物	mg/L	0.326	/	0.263
硝酸盐氮	mg/L	1.4	/	1.52
溴酸盐	mg/L	<0.002	<0.002	<0.002
色度	度	<5	<5	<5
浊度	mg/L	0.18	0.13	0.12
pH	/	7.35	/	7.38
铝	mg/L	0.02	0.06	0.01
氯化物	mg/L	48.7	/	50.5
硫酸盐	mg/L	75.7	/	9.2
溶解性总固体	mg/L	258	251	164
总硬度	mg/L	125	121	76
COD_{Mn}	mg/L	1.95	1.55	0.58
氨氮	mg/L	0.1	0.12	0.1
电导率	μS/m	509	/	360

续表

指标	单位	常规处理出水	臭氧活性炭＋超滤出水	纳滤出水
溴化物	mg/L	0.012	0.008	0.01
镁	mg/L	5.9	6.1	2.9
钙	mg/L	40	38	26
总有机碳	mg/L	3.55	3.17	0.74

纳滤工艺出水水质相比于臭氧活性炭改善较为明显。臭氧活性炭仅仅对水中的有机物有一定的去除效果，而纳滤能有效控制水中的钙、镁、铝和硫酸根，对氟也有一定的去除效果。经过纳滤处理之后，水中有机物含量大大下降，已远远低于上海《生活饮用水水质标准》（DB 31/T 1091—2018）。

四、经济分析

高品质饮用水纳滤系统具体项目工程投资及运行成本受到项目工程规模、系统商务技术要求和业主运行管理习惯等多种因素影响，相关数据仅供参考。

（一）投资指标

纳滤系统工程投资分为土建投资和设备投资，初步设计概算中纳滤膜车间的工程造价一般为：土建 2 000 万元、设备及安装费用 8 000 万元，总投资为 10 000 万元，即 1 000 元/m^3 产水。1 000 元/m^3 产水的吨水投资仅包括纳滤膜系统，不包括纳滤的预处理工艺和浓水处理处置部分。在设备安装费用中，纳滤膜组件 330 元/m^3 产水，配套仪表阀门 250 元/m^3 产水，电气自控（不包括高压部分）100 元/m^3 产水，配套管道、支架及电缆等 70 元/m^3 产水，安装调试 50 元/m^3 产水。

（二）运行成本

纳滤系统直接运行成本的组成主要包括电耗、药耗、膜组件折旧和其他设备折旧及易耗耗材。经统计系统运行成本见表 7－8，运行成本总计 1.2 元/吨，其中设备折旧费占比最高，为 38.33%；其次为膜更换费、维修维护费和能耗费用，均占比超过 10%，分别为 21.67%、15.83%和 11.67%。

表 7－8　运行成本分析

序号	费用名称	费用
1	人工	0.03
2	药剂	0.12
3	能耗	0.14

续表

序号	费用名称	费用
4	膜更换费用	0.26
5	设备折旧	0.46
6	维修维护	0.19
7	合计	1.2

（三）经济性评价

纳滤系统的投资成本相比于超滤要高，但纳滤可有效改善饮用水水质，提高水厂的抗风险能力，因此在对提高居民生活水平和供水安全问题上，纳滤的投资是今后水厂深度处理改造的一个方向。此外，纳滤工艺运营的关键是膜污染和运营能耗的控制。膜污染是膜工艺运行的必然结果，也是纳滤膜工艺发展的重要制约因素。原水水质、纳滤膜工艺前的预处理工艺选择、膜材料、膜工艺设置等对于膜污染均有不同程度影响。膜污染直接表现为膜装置中污染物的形成和膜表面结垢，导致膜工艺运行中膜通量下降、跨膜压差增大、膜工艺运行能耗增加、产水水质变差、膜清洗程序频繁启动，进而限制纳滤膜处理效率和膜工艺应用，提高纳滤的运营成本。因此，在适用纳滤时，应根据水源水质特点设计纳滤的预处理工艺和选择合适的纳滤膜，进而降低纳滤的运营成本。

第三节　南通狼山水厂 UF 升级改造工程

一、项目概况

南通狼山水厂作为 20 世纪 80 年代具有一定典型代表性的现代化水厂，是服务于南通市主城区的关键供水单位，随着生活饮用水卫生标准以及江苏省地方标准《江苏省城市自来水厂关键水质指标控制标准》（DB 32/T 3701—2019）对水质要求的进一步提高，水厂的深度改造工作自 2008 年组合工艺的验证开始至 2019 年超滤膜产品性能的验证结束，旨在于通过试验研究验证适应于 $30\times10^4\ m^3/d$ 级的大型市政水厂的工艺的可行性及产品的可靠性。最终，南通狼山水厂升级改造采用臭氧活性炭及超滤膜技术组合工艺，项目的投运实现了长江水流域规模最大的全流程水厂示范效应。

南通狼山水厂总规模 $60\times10^4\ m^3/d$，改造工程将原一期工程移动罩滤池升级为 $30\times10^4\ m^3/d$ 浸没式超滤膜池，同时增加 $60\times10^4\ m^3/d$ 臭氧活性炭工艺，是目前长江流域规模最大的全流程水厂，整个改造工程自 2020 年 6 月底开始运行。

二、设计工艺流程与水质

南通狼山水厂直接从长江取水，江苏段水质基本达到国家Ⅱ类地表水水质标准。原水浊度在雨季时超过100 NTU，夏季高温时有机物含量略高，高藻。水厂进水为原水主要水质指标见表7-9。

表7-9　狼山水厂原水主要水质指标

项目	数值
水温（℃）	6～29
pH	6.99～8.94
总大肠菌群（MPN/100 mL）	108～1 600
耐热大肠菌群（MPN/100 mL）	50～540
菌落总数（CFU/mL）	23～400
浊度（NTU）	11～126
硝酸盐（以N计）（mg/L）	1.28～2.31
COD_{Mn}（mg/L）	0.15～3.72
氨氮（mg/L）	0.05～0.26
铝（mg/L）	0.01～0.30
铁（mg/L）	0.01～0.26
氯化物（mg/L）	11～126
总硬度（mg/L）	102～163
亚硝酸盐（mg/L）	0.001～0.078

针对微生物、浊度、有机物和高藻问题，狼山水厂采用全流程工艺，具体工艺流程如图7-3所示。

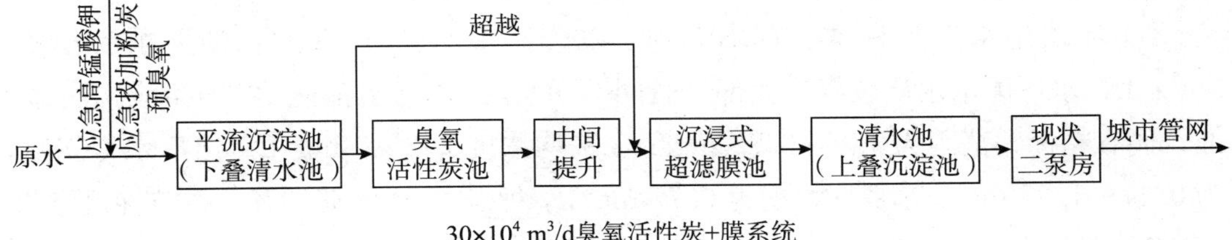

图7-3　狼山水厂工艺流程图

南通狼山水厂浸没式超滤膜系统设计产水能力为30×10^4 m^3/d，总共16格膜池，每格膜池内设12组浸没式超滤膜设备，超滤膜设计通量为23.48 L/(m^2·h)。浸没式超滤膜系统分为进水系统、抽真空系统、产水系统、反洗系统、化学清洗系统及完整性检测系统等几个系统组成。超滤膜系统组成如图7－4所示。

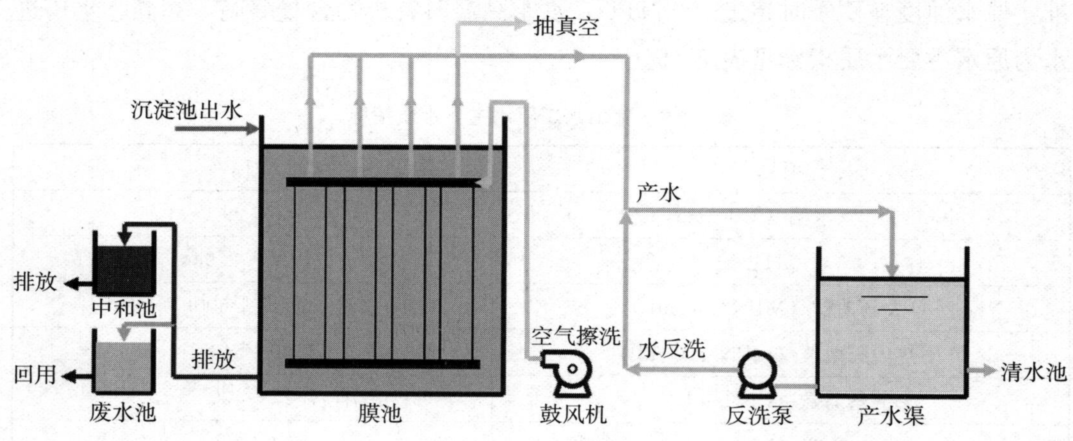

图7－4　狼山水厂膜系统流程示意图

三、处理效果

（一）浊度的去除效果

水厂原水日常浊度在20～60 NTU，改造后，膜系统运行期间，根据在线浊度仪的检测，膜系统出水浊度的变化如图7－5所示。原水浊度为11～126 NTU，沉淀池出水为0.5～2.96 NTU，超滤膜池出水为0.02～0.06 NTU，始终稳定0.1 NTU以下。

（二）COD_{Mn}的去除效果

通过COD_{Mn}来评价中有机物和还原性无机物污染的情况，通过水厂日检数据分析进厂水和出厂水的水质变化情况，如图7－6所示。

《生活饮用水卫生标准》（GB 5749—2006）中对指标COD_{Mn}的要求为小于3 mg/L，水厂原水水质较好，大部分时间COD_{Mn}指标基本都能达到生活饮用水标准，偶有超标，范围为1.0～3.72 mg/L，平均浓度为2.26 mg/L。出厂水COD_{Mn}为0.17～1.37 mg/L，平均浓度为0.77 mg/L，平均去除率65.9%。季节性藻类与COD_{Mn}较高时，臭氧活性炭与超滤膜技术联用，水质较好时，可超越臭氧活性炭工艺运行，出厂水COD_{Mn}指标稳定。本工程实际运行过程中，臭氧活性炭工艺平均运行电耗约0.005 kWh/m^3，当运行超越臭氧活性炭工艺时（沉淀池出水直接进入浸没式超滤膜系统），既可节省运行费用，也可延长活性炭的使用寿命。

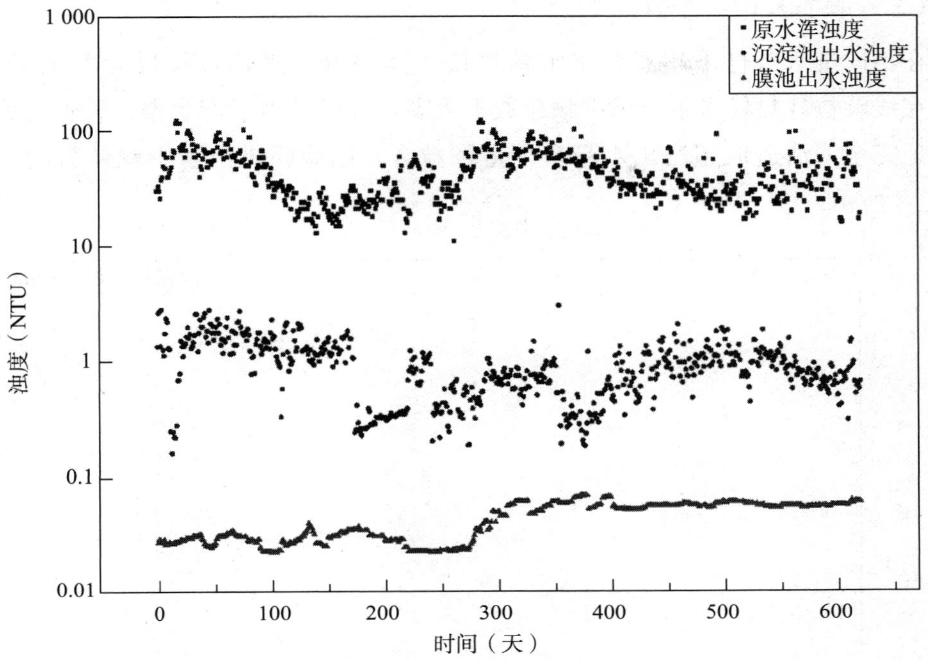

图 7-5　狼山水厂超滤膜对浊度的去除效果

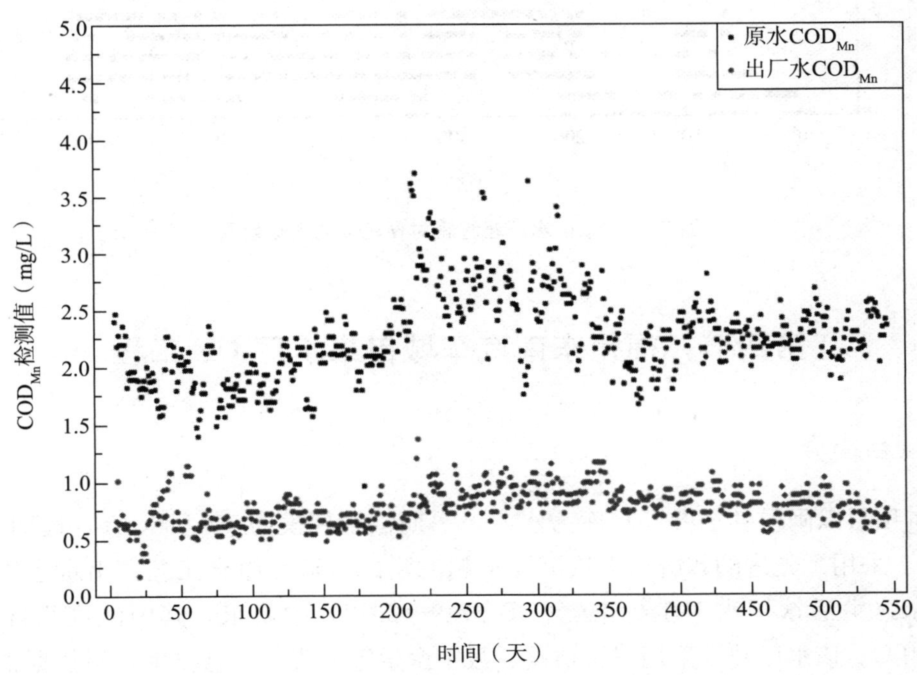

图 7-6　狼山水厂超滤膜对 COD_{Mn} 的去除效果

（三）颗粒数的去除效果

在不同进水条件下超滤膜出水颗粒数（≥2 μm）平均颗粒数为 10 个/mL 以下。在线颗粒计数仪显示膜出水颗粒数不为零，分析是由于产水渠、管道等元件未能保证完全清洁造成超滤出水带有少量颗粒数。超滤膜进出水中颗粒数的变化如图 7－7 所示。

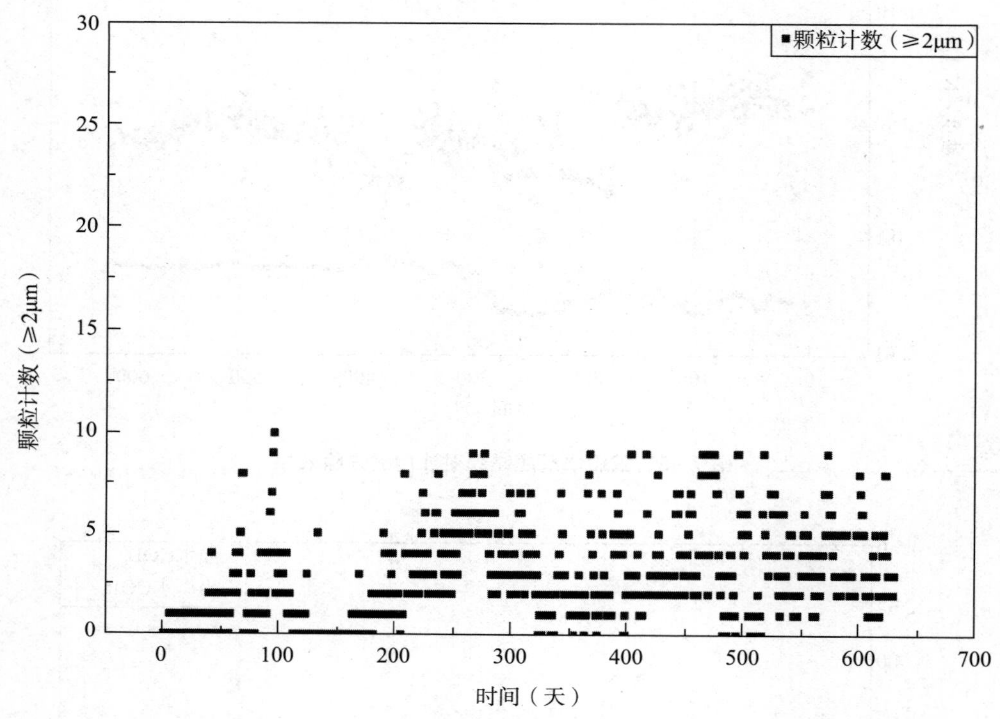

图 7－7　狼山水厂超滤膜对颗粒数的去除效果

第四节　福州东南汽车城自来水厂 UF 工程

一、项目简介

本项目以闽侯县三溪口水库为水源，一期供水规模为 10 万吨/天，远期 20 万吨/天，采用了先进的絮凝＋平流沉淀＋超滤膜的短流程组合工艺，出水水质远优于国家《生活饮用水卫生标准》（GB 5749—2022）的要求，其中浊度指标低于 0.1 NTU。该水厂建设采用三维仿真、数字孪生等现代化信息技术，用数据指导生产决策，融合物联网技术等现代化信息技术，打造智能化高品质自来水厂，水厂建设充分体现了技术应用的先进性，创建了城乡供水一体化全新模式，在福建省具有标杆性和示范性作用，有效带动了区域现代化水厂建设的发展。

二、设计工艺流程与水质

东南汽车城水厂采用的净水工艺流程如图 7－8 所示。

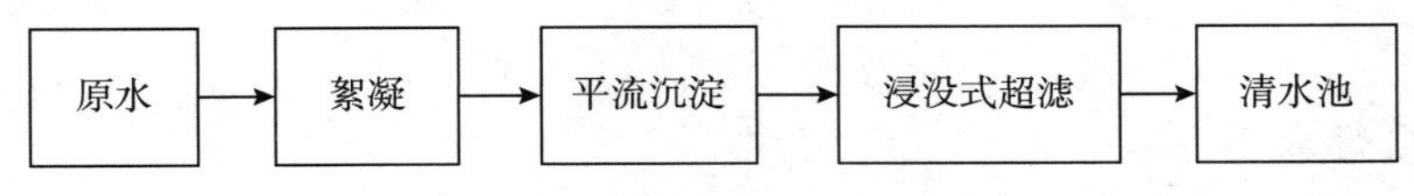

图 7－8　东南汽车城水厂净水工艺流程图

该水厂设计产水规模为 10 万吨/天，其中超滤膜车间采用 8 格膜池，每格膜池内填装 10 组浸没式超滤膜，8 格膜池共 80 组超滤膜。每格膜池独立虹吸产水。膜池共设 1 套反冲洗、化学清洗系统，运行时依次进行反冲洗及化学清洗。此外膜系统另设 1 套压缩空气及真空系统，以满足膜系统运行需求。

浸没式超滤膜选用江苏诺莱智慧水务装备有限公司自主生产的膜元件，膜组件产品为 NL@2000DII—52 型膜架，该型号膜架可安装 52 帘 NL@2000DII 型膜元件（膜面积为 40 m^2/帘），单个膜架膜面积为 2 080 m^2，总膜面积为 166 400 m^2，运行通量为 25 L/(m^2·h)。

三、处理效果

东南汽车城水厂净水工艺处理效果见表 7－10。净水工艺出水水质符合国家《生活饮用水标准》（GB 5794—2006）与《提升城市供水水质三年行动方案》（闽政办〔2018〕78 号）的要求。

表 7－10　东南汽车城水厂净水工艺处理效果

项目	指标	处理能力
处理能力	产水量（水温 5 ℃）	10 万 m^3/d
	水力系统处理能力	10 万 m^3/d
	水回收率	≥95%
出水水质	浊度	≤0.2 NTU（100%）
	两虫、细菌、藻类去除率	≥99.99%

超滤膜可以有效去除水体中的悬浮物、胶体等，使出水浊度低于 0.1 NTU，同时超滤膜能够几乎完全去除水体中的细菌、病毒、藻类等，去除率可以达到 99.99%，

出水水质优异，微生物安全性问题得到彻底解决，保障饮水的微生物安全。

四、经济分析

（一）投资指标

本项目设备采购及安装工程及调试总投资为 1 亿元，其中超滤系统投资约 4 000 万元。

（二）运行成本

本项目采用浸没式超滤处理方式，超滤膜产水可利用超滤膜池与清水池之间的液位差实现重力虹吸产水，微动力运行，能耗明显降低，运行成本极低。在确保处理效果的前提下，最大限度地实现节能降耗，降低运行成本。在运行管理上实现自动化控制，全程在线监测，集中控制，自动进行加药清洗等操作，强化系统信息管理，易于操作、控制和维护，同时也减少了人工运维成本。

超滤系统运行成本主要包括人工费、药剂费、能耗、膜更换费用、设备折旧费、维修维护费等，具体成本见表 7-11。吨水运行成本约为 0.16 元/吨水。

表 7-11　东南汽车城水厂超滤系统运行成本

序号	费用名称	数量	单位	计算依据
1	人工费	32	万元/年	人均工资 8 万元/年
2	药剂费	150	万元/年	
3	能耗	180	万元/年	电费按 0.6 元/kWh 计
4	膜更换费用	160	万元/年	膜更换周期按 10 年考虑
5	设备折旧费	80	万元/年	
6	维修维护费	10	万元/年	

第五节　河北高阳 UF-RO 双膜法再生水工程

一、项目概况

高阳县污水处理厂坐落于传统的纺织之乡——河北省高阳县，京津冀协同发展区的中心位置，该污水综合处理工程、再生水工程是高阳县循环经济园区的重点配套基础设施，负责高阳县全部工业污水、城区生活污水的处理，并为园区内企业提供再生水循环使用。目前污水处理总体设计 26 万吨/日，再生水设计进水 6 万吨/日。

厂区分为一二三期及深度处理工程四部分。深度处理工程即再生水利用工程，采用超滤＋反渗透工艺，产能为4.05万m^3/d，化学水工程采用二级反渗透＋EDI工艺，设计产能1万m^3/d。

二、工艺流程

（一）系统设计概述

高阳县污水处理厂再生水设计除盐率为99%以上，RO产水率为75%，锅炉补给水设计产水电阻达到15兆欧左右，EDI产水率为90%。具体要求与再生水用作印染用水的水质标准见表7－12、表7－13。

表7－12 系统要求及设计水质

系统要求	产水用途	燃煤锅炉补给水、印染企业用水
	系统设计处理污水规模	6万吨/天
	系统设计产水量	40 500 m^3/d
	系统总设计回收率	≥70%
	系统配置	超滤系统＋反渗透系统及相关辅助设备
设计水质	原水水源	污水厂出水
	原水水质	TDS含量：800～1 000 mg/L

表7－13 再生水用作印染用水的水质标准

控制项目	标准值
pH	6.5～8.5
色度	≤10
透明度	≥30
铁	≤0.1 mg/L
锰	≤0.1 mg/L
SS	≤10 mg/L
高锰酸钾指数	≤20 mg/L
总硬度（以$CaCO_3$计）	≤150 mg/L

（二）工艺流程概述

高阳县污水处理厂再生水处理系统来水为厂区工业污水处理厂出水，采用双膜法处理后，部分回用于印染企业，部分经二级反渗透＋电去离子（EDI）工艺出水达到燃煤锅炉补充水水质要求，并用于锅炉补水。

再生水系统采用双膜处理工艺。为保证双膜系统的稳定运行，在超滤前面采用前加氯进行氧化杀菌。从水质资料来看，来水的COD含量较高，如不采取措施预先除去，会在后续膜处理部分发生有机污染和生物污染，而且这种污染几乎是不可逆的，很难通过膜清洗恢复其过滤性能。经大量工程实践和调研经验，强化氧化杀菌措施以抑制微生物滋生，保护后续膜装置的长期稳定运行，在实际工程中应用效果较好。

经加氯预处理的水，通过双膜系统处理，二级反渗透＋EDI产水可满足燃煤锅炉补充水要求。超滤反洗水及双膜系统清洗水在中和池中和后通过泵提升至污水处理厂前端，反渗透浓水进入芬顿系统进行处理，出水汇入曝气生物滤池与污水混合进一步经超滤、消毒排放。

（三）工艺流程图

高阳县污水处理厂工艺流程见图7-9。

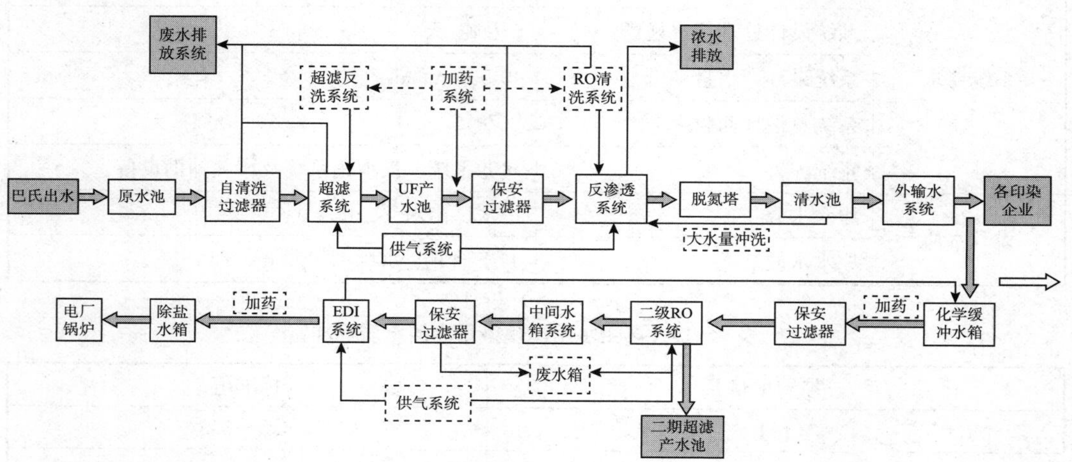

图7-9 高阳县污水处理厂工艺流程

（四）水量平衡图

高阳县污水处理厂水量平衡图见图7-10。

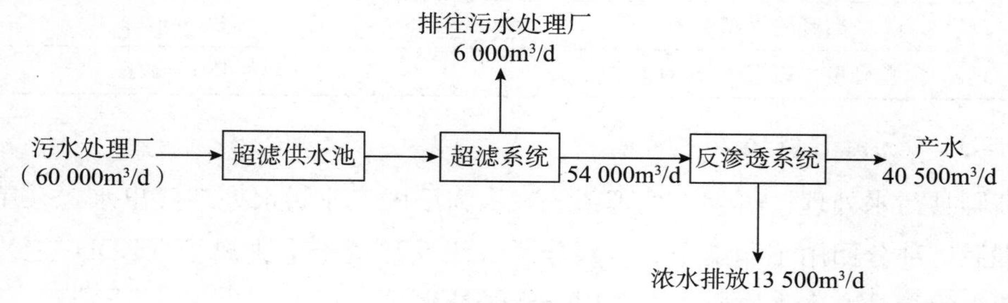

图7-10 高阳县污水处理厂水量平衡图

三、核心技术

再生水深度处理系统前端采用超滤预处理，使用中信环境的PVDF中空纤维膜，过滤精度可达0.03 μm，有效去除自污水系统夹带而来的悬浮物和部分胶体，使产品水质澄清，同时去除大部分微生物，缓解后端膜污染。再生水回用超滤系统部分一期运行共10套，单套产水流量220/300 t/h，采用全流过滤方式，日处理水量达6吨。经超滤系统产出的水再供给反渗透部分，反渗透同样采用美能卷式反渗透RO膜元件，可脱除99%以上的离子，完全脱除色度和细菌微生物，有效降低水质硬度，利于园区企业生产和生活用水。目前在运行RO膜组共10套，单套产水量140/185 t/h，日处理污水水量可达60 000吨。RO系统回收率为75%，余下25%含盐量较高水作为浓水排放至污水处理厂处理。再生水深度处理前后浓度对比见表7－14。

表7－14　高阳污水处理厂再生水深度处理前后浓度

	COD (mg/L)	氨氮 (mg/L)	总磷 (mg/L)	总氮 (mg/L)	硬度 (mg/L)	电导率 (μS/cm)
原水	24	0.5	0.04	3	300	4 500
UF产水	—	—	—	—	—	4 500
RO产水	5	未检出	未检出	未检出	8	150

部分一级RO产水再通过后端的二级RO+EDI，产出高品质除盐水。EDI是一种将传统的离子交换和电渗析相结合的新兴超纯水处理技术，在低能耗的条件下也能极高效率地去除水中溶解性盐分，其产水电阻率优于传统混床，且省去了频繁的化学再生。二级RO盐分脱除率≥98%，EDI盐分脱除率≥99.5%。EDI产水电导率可稳定在0.1 μS/cm以下，SiO_2含量≤20 ppb，产品水质远高于供水限值。脱盐水产水指标见表7－15。

表7－15　高阳县污水处理厂脱盐水产水指标

序号	项目	单位	数值
1	电导率	μS/cm（25 ℃）	≤0.1
2	SiO_2	mg/L	≤20
3	铁	μmol/L	≤0.1
4	pH		～7
5	硬度	μmol/L	0

目前在运行 EDI 系统供 4 套，单套超纯水制备能力 125 t/h，每日提供超纯水超过 6 000 t。通过双膜＋EDI 工艺产水电阻率长期稳定达到 12 兆欧，满足国家电子级水Ⅰ级标准，为工业园区的安全稳定生产提供了水源保障。

四、处理效果

（一）出水水质

再生水项目出水满足印染用水时设计出水标准。经第三方检测，相关指标检测结果如表 7－16 所示。

表 7－16　再生水出水指标

检测项目	检测结果	平均值
色度（度）	5	5.00
浊度（度）	3	3.00
pH	7.05（17.5 ℃）	7.05（17.5 ℃）
总硬度（以 $CaCO_3$ 计）（mg/L）	6.8～14.3	9.63
SS（mg/L）	4	4.00
COD（mg/L）	8～9	8.67
BOD_5（mg/L）	2.6～2.8	2.77
溶解性总固体（mg/L）	91～173	141.00
NH_3-N（mg/L）	0.025～0.048	0.03
总磷（mg/L）	0.01～0.04	0.03
粪大肠菌群数（CFU/L）	10	10.00
氯化物（mg/L）	42～49	45.67
总碱度（mg/L）	17.2～78.8	49.60
硫酸盐（mg/L）	16～24	19.00
石油类（mg/L）	0.22～0.78	0.59
阴离子表面活性剂（mg/L）	0.05	0.05
总铁（mg/L）	0.03	0.03
总锰（mg/L）	0.01	0.01
总余氯（mg/L）	0.005	0.01

（二）运行能耗与药耗

高阳县污水处理厂再生水车间平均总运行能耗在 2021 年和 2022 年分别为 1.204 kWh/m^3 和 1.345 kWh/m^3；2021 年的药剂成本在月际之间波动较大，3 月份最低，为 0.14 元/吨，6 月份最高，为 0.39 元/吨；2021 年平均药剂成本为 0.25 元/吨。2022 年药剂成本的月际波动与 2021 年相比明显更小，绝大多数月份的药剂成本同比下降；2022 年平均药剂成本为 0.17 元/吨，较 2021 年下降了 32%。具体见图 7－11、图 7－12。

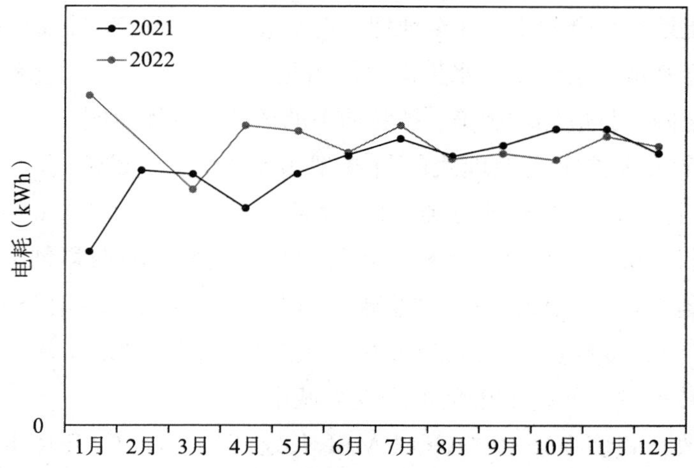

图 7－11　高阳县污水处理厂再生水运行能耗（2021—2022 年）

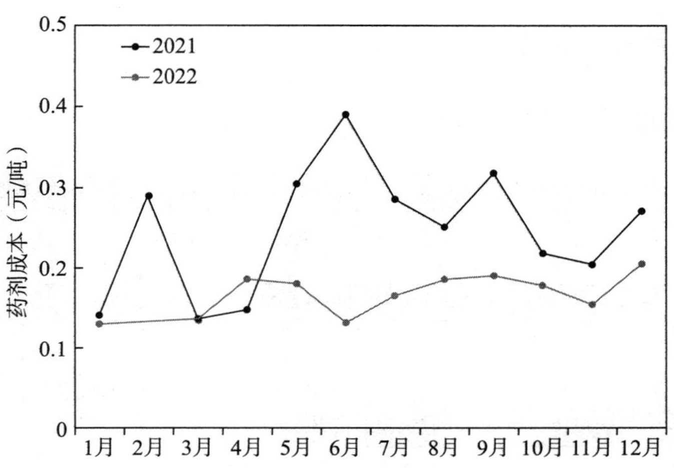

图 7－12　高阳县污水处理厂再生水药剂成本（2021—2022 年）

第六节　杭州余杭地埋式 MBR 回用工程

一、项目简介

余杭污水处理厂四期位于杭州市余杭区余杭塘河以南，数云路以东、智溢路以西，处于余杭区未来科技城中心地带，临近中国人工智能小镇、5G 产业园、余杭区政府、杭州西站，具有显著的区位优势。秉承人本主义理念，助力余杭区生态文明建设，充分考虑土地的复合利用，在全地埋式污水处理厂上部空间打造余杭塘河水生态公园及环保教育基地，余杭塘河水生态公园占地 52 000 m^2，通过塑造绿色自然、丰富多样的园区空间，打造环境优美、智慧前卫的环境教育展示园。

该项目是余杭区首座全地埋式的科技型污水处理厂，总投资 9.8 亿元，占地 78 亩，一阶段土建建设规模 15 万吨/日，设备 7.5 万吨/日，2021 年 5 月 1 日正式运营，出水执行一级 A＋标准。余杭污水处理厂四期位于城西科创大走廊未来科技城板块的中心地带，土地价值高，“全地下双层加盖＋地上绿地公园”建设形式，不仅解决传统污水厂占地大、环境不友好两大矛盾，同时解决了城市公共休闲空间少、零散不连片问题，使得城市负资产变为城市正资产。

项目采用改良式多点进水“A^2O＋MBR”处理工艺，其 MBR 主体工艺段由杭州求是膜技术公司设计实施，系统出水的污染指标优于地表准Ⅳ类水标准的要求，直排余杭塘河，有效改善水环境。

二、设计工艺流程与水质

余杭污水处理厂工艺流程如图 7－13 所示。

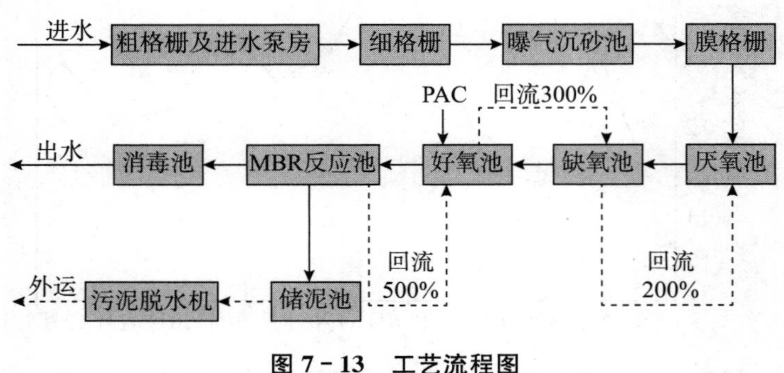

图 7－13　工艺流程图

本工程出水执行地表准Ⅳ类水标准，主要指标如表 7－17 所示。

表 7-17　设计进出水水质表

	COD_{cr} (mg/L)	BOD_5 (mg/L)	SS (mg/L)	TN (mg/L)	NH_3-N (mg/L)	TP (mg/L)	pH	粪大肠菌群数（个/L）
进水水质	≤350	≤150	≤250	≤45	≤35	≤4	6～9	—
出水水质	≤30	≤6	≤10	≤15	≤1.5	≤0.3	6～9	≤1 000

该污水处理厂设计总规模为 150 000 m^3/d，其中一阶段 75 000 m^3/d，二阶段 75 000 m^3/d（设备安装阶段），相关设计参数见表 7-18。膜配套的主要辅助设备包括产水泵、反洗泵、混合液回流泵、剩余污泥泵、真空系统、空压机系统、加药系统、控制系统等等，MBR 膜工艺包的深化设计、供货、安装和调试均由求是膜实施。

表 7-18　一阶段设计参数

参数	值
处理量（m^3/d）	75 000
设计小时流量（m^3/h）	3 125
峰值变化系数（Kz）	1.33
膜片参数	UFLW-3080P-PVDF30，PVDF
膜架	UFLW-30GF-56，SS304（集成专利新型一体式脉冲曝气装置）
膜组器数量（套）	126
总膜面积数（m^2）	211 680
膜池分组数（组）	9
运行通量（LMH）	17.66
峰值运行通量（LMH）	23.49
膜池-生化池回流比（%）	500%

三、处理效果

余杭污水厂的来水以生活污水为主，污水水质应属于典型生活污水水质。根据现状工程运行的实测水质资料及统计分析，并考虑为将来的发展考虑适当余量，经综合考虑，确定本工程设计进水水质的主要指标如表 7-19 所示。

表 7-19　余杭污水厂设计进水水质限值　　（单位：mg/L）

序号	项目	进水指标
1	COD_{cr}	300
2	BOD_5	150

续表

序号	项目	进水指标
3	SS	250
4	总氮 TN（以 N 计）	45
5	氨氮 NH_3-N（以 N 计）	35
6	TP	4

根据环太湖流域统筹考虑的要求，本工程出水执行一级 A+的标准，即 CODcr、BOD_5、NH_3-N 和 TP 执行地表Ⅳ类水标准外，其余指标执行一级 A 标准，见表 7-20。以下简称为一级 A+标准。

表 7-20　余杭污水厂设计出水水质　（单位：mg/L）

	COD_{cr}	BOD_5	SS	NH_3-N	TN	TP	粪大肠杆菌群数
设计值	≤30	≤6	≤10	≤1.5	≤15	≤0.3	≤1 000

项目自 2019 年 9 月调试运行至今，出水水质稳定优于设计标准，污染物去除率均能高于设计要求，详细数据见表 7-21。

表 7-21　余杭污水厂运行进、出水水质　（单位：mg/L）

指标	COD_{cr}（mg/L）	BOD_5（mg/L）	氨氮（mg/L）	总氮（mg/L）	总磷（mg/L）
进水	23～412	121～160	36.1～46.1	44.9～44.9	4.3～5.1
（平均值±方差）	303.83±98.94	141.42±11.94	42.43±2.73	48.98±2.71	4.73±0.26
出水	12～18	2～29	0.18～0.46	7.2～8.9	0.05～0.08
（平均值±方差）	14.75±1.76	4.60±7.69	0.29±0.10	7.83±0.54	0.06±0.01
去除率%	34.78～96.30	76.03～98.67	98.96～99.57	82.26～85.50	98.14～99.02
（平均值±方差）	90.44±17.53	96.48±6.44	99.32±0.22	84.00±1.01	98.72±0.30

本工程的实施对缓解杭州市水环境污染状况有积极的促进作用。作为一项重要的城市基础设施，污水处理工程的建设将有效地改善城市的环境条件，对改善居民生活条件、提供市民健康水平有十分重要的作用。余杭污水处理厂四期项目的实施将有效地削减工程服务范围内的污染物排放量，有助于该地区的水质改善。污染物削减量表见表 7-22。工程实施后，排入余杭河塘的 COD_{Cr}、BOD_5、氨氮和总磷得到相应的削减，将大大改善下游水体的水质。

表 7-22　余杭污水厂污染物削减量表（7.5 万 m^3/d）

项目	COD_{Cr} (mg/L)	BOD_5 (mg/L)	SS (mg/L)	NH_3-N (mg/L)	TN (mg/L)	TP (mg/L)
进水水质	300	150	250	35	45	4
出水水质	≤30	≤6	≤10	≤1.5	≤15	≤0.3
年消减量（t/a）	7 391.25	3 942	6 536.48	975.23	879.91	101.25

四、经济分析

（一）投资指标

项目总投资为 98 000 万元，年运营费用约 3 000 万元。

（二）运行成本

运行成本包括人工费、药剂费、能耗、膜更换费用、设备折旧费、维修维护费等直接成本，其中人工费每吨 0.15 元，药剂费每吨 0.30 元，能耗费每吨 0.60 元，三种费用合计每吨 1.05 元。具体见表 7-23。

表 7-23　余杭污水厂吨水运行成本

序号	费用名称	费用
1	人工	0.15 元/m^3
2	药剂	0.30 元/m^3
3	能耗	0.60 元/m^3
4	膜更换费用	/
5	设备折旧	/
6	维修维护	/
7	合计	1.05 元/m^3

第七节　浙江某 PTA 废水 MBR 回用工程

一、项目简介

浙江逸盛新材料有限公司位于宁波市石化经济技术开发区，是国内外知名 PTA 生产龙头企业之一，该中水回用项目建设于 2020 年，系统设计处理水量 15 000 m^3/d，进水水源为厂内循环冷却水排水及厂内蒸发后的冷凝水，经收集处理后作为循环水补水回用。

中水回用项目进水水质按照正常循环水排放工况设计，采用“高级氧化＋生化＋MBR＋RO”系统工艺，为保证厂内生产的稳定性并考虑到极端条件下超负荷水质冲击，其中MBR膜系统采用浙江净源膜科技有限公司生产的聚四氟乙烯-芳纶（PTFE-PPTA）中空纤维复合膜。MBR系统出水满足《石油化学工业污染物排放标准（GB 231571—2015）》特别排放限制和《工业循环冷却水处理设计规范（GB/T 50050—2017）》再生水用于间冷开式循环水系统补水的水质标准。

二、设计工艺流程、水质及设备参数

（一）工艺流程

收集的废水由于温度在40～50 ℃，因此在进入生化前设置冷却塔，使水温维持在30～32 ℃以下，保证微生物处于最佳的活性状态。冷却塔出水进入臭氧氧化池，经臭氧氧化提高废水可生化性。之后进入生化系统，在微生物作用下对污染物进行降解。曝气池出水通过水泵提升至MBR池，在产水泵的作用下通过MBR膜组件，使泥水完全分离。通过膜的高效截留作用，全部细菌和大分子有机物均被截流在曝气池中，通过延长其在反应器中的停留时间，使之得到最大限度的降解。MBR出水一部分进入反渗透系统进行脱盐处理，产水直接压力送至外界产水池利用，浓水与部分MBR出水混合排放至外界排放监测池。具体工艺流程见图7-14。

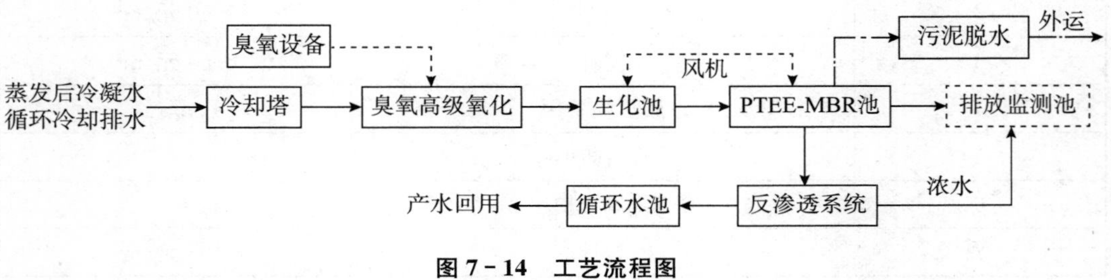

图7-14　工艺流程图

（二）设计系统进水水质

系统进水水质见表7-24。

表7-24　系统进水水质

序号	项目名称	单位	进水水质
1	MLSS	mg/L	≤8 000
2	COD	mg/L	≤100（300）

续表

序号	项目名称	单位	进水水质
3	浊度	NTU	—
4	矿物油	mg/L	≤3
5	动植物油	mg/L	≤5
6	温度	℃	≤40
7	pH	—	6～9
8	硫酸根	mg/L	110
9	铁	mg/L	≤1
10	二氧化硅	mg/L	25
11	总硬度	mg/L	300
12	电导率	μS/cm	≤2 000
13	锰	mg/L	0.15
14	锌	mg/L	0.5

（三）主要设备参数

主要设备参数见表 7-25。

表 7-25　主要设备参数

序号	项目名称	参数
1	设计处理能力	15 000 m^3/d
2	MBR 膜设计通量	17.8 L/m^2h
3	膜型号	CFP-A4-PTFE
4	膜面积	33 864 m^2
5	膜组器数量	24 套
6	膜池数量及单个膜池尺寸	4 座（单个尺寸 L＊W＊H=18 m＊2.7 m＊4 m）
7	产水泵	Q=185～245 m^3/h，H=8～15 m，N=7.5 kW，数量 5 台
8	反洗泵	Q=340 m^3/h，H=15 m，N=22 kW，数量 2 台
9	剩余污泥泵	Q=10 m^3/h，H=15 m，N=1.1 kW，数量 2 台
10	曝气风机	Q=70 m^3/min，H=5 m，N=84 kW，数量 3 台

三、MBR 处理效果

（一）处理效果

如图 7-15 所示，2022 年 PTA 废水中水回用项目进水 COD_{cr} 基本在 80～

110 mg/L，部分时段的进水 COD_{cr} 达到 200 mg/L 以上。经过 MBR 系统处理后，出水 COD_{cr} 基本维持在 20～30 mg/L，即使在受到水质冲击时，也能保持稳定达标，具有一定的抗冲击能力和系统稳定性。本项目 COD_{cr} 平均去除率达到 72%以上，符合设计出水要求。

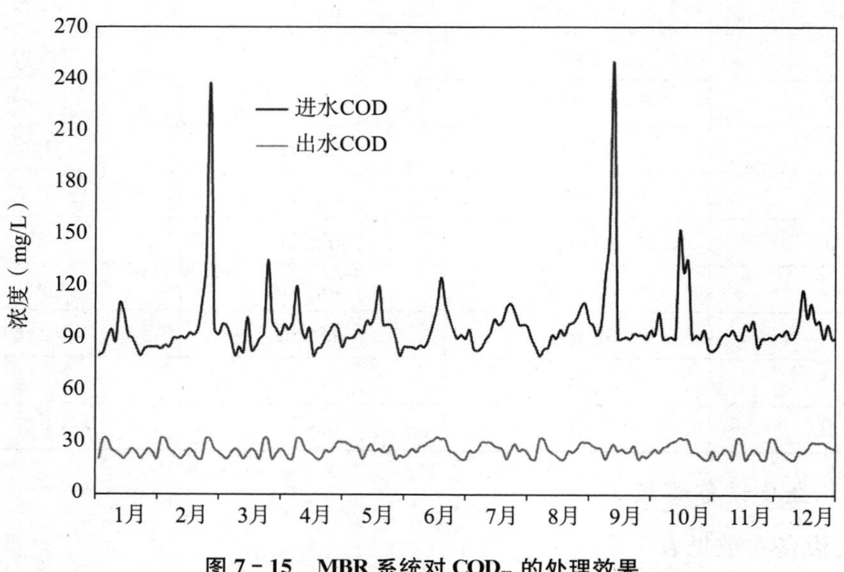

图 7－15　MBR 系统对 COD_{cr} 的处理效果

经过 MBR 系统处理后，出水浊度基本维持在 0.2～0.5 NTU，完全符合设计出水小于 1 NTU 的要求。具体见图 7－16。

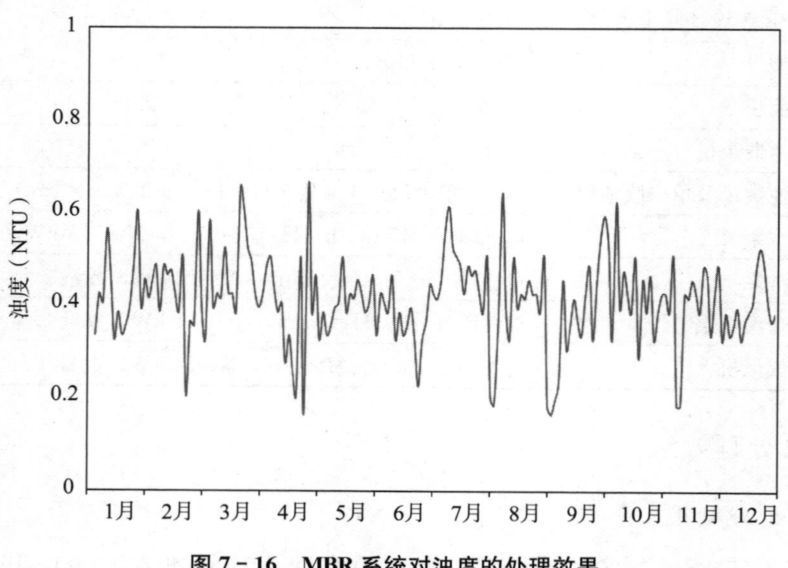

图 7－16　MBR 系统对浊度的处理效果

（二）抗冲击负荷及清洗效果

在MBR系统运行期间，经受过多次严重的水质负荷冲击，尤其是有机物、油污和含锰离子等污染因子在短时间进入废水处理系统后，MBR膜系统受到严重冲击，跨膜压差异常快速上升，且产水量异常衰减。后经过高浓度的NaOH碱洗和HCl酸洗，污染物质得以清洗干净，通量恢复到原先水平，体现出PTFE膜极强的抗强酸强碱能力及抗氧化能力，以及易清洗恢复性好的优异特性。

四、经济分析

（一）投资指标

PTA废水中水回用项目MBR系统总投资约1 500万元，年运营费用约330万元。

（二）运行成本

运行费用主要包括人工费、药剂费、能耗、膜更换费用、设备折旧费、设备系统维修维护费用等直接成本。其中人工费0.17元/吨，药剂费0.07元/吨、能耗费0.19元/吨、设备折旧费0.16元/吨、维修维护费0.06元/吨，总计0.64元/吨。能耗费、人工费和设备折旧费占比均超过20%，分别为29.17%、26.05%和25.43%，是运行费用的主要构成成本。见表7－26。

表7－26　PTA废水中水回用项目运行成本

序号	费用名称	费用（元/吨）	计算依据
1	人工	0.167	每人按照6 000元/月计
2	药剂	0.068	按2022年药剂价格计
3	能耗	0.187	电价按照0.7元/kW·h
4	膜更换费用	0	5年内无更换费用
5	设备折旧	0.163	按照7年折旧
6	维修维护	0.056	按年运行345天计
7	合计	0.641	

（三）经济性评价

PTA废水中水回用项目MBR系统总投资约1 500万元，年运行费用约330万元。从运行费用分布上看，动力费用占废水处理成本的比例达到29.17%，其中气擦洗占大部分比例，人工费用和折旧费分别占到总成本的26.05%和25.43%，三者加起来占据总处理成本的80.65%。由于采用PTFE/PPTA中空纤维复合膜，因其具有抗污染能力强及易清洗的特性，膜清洗费用相比较传统中空纤维膜工艺更低，只占到10.6%。同时项目得益于PTFE膜的高性能，5年内没有膜更换费用。因此，总体来说，运行成本相对较低，投入产出比高。

第八节　北京城西MBR再生水工程

一、项目概况

首创城西再生水厂位于延庆区西屯村西侧，毗邻2019年北京世界园艺博览会园区，占地面积90亩，服务范围覆盖延庆城区、世园会及周边区域。城西再生水厂2015年5月开工建设，2017年7月投产，2019年1月1日进入商业运营，中水项目于2020年11月1日正式进入商业运营。

二、规模和工艺

城西再生水厂处理规模为6万 m^3/d，用AAO＋MBR＋臭氧活性炭工艺，该厂工艺流程图见图7-17。出水水质执行北京市地方标准《城镇污水处理厂水污染物排放标准》（DB 11/890—2012）中的A标准，是目前国内乃至国际最为严苛的水质标准。同时根据再生水用户的需求，满足《城市污水再生利用城市杂用水水质》（GB 18920—2002）或《城市污水再生利用景观环境用水水质》（GB/T 18921—2002）标准。

污水经外部收集管网送至厂区，进入提升泵房前设置粗格栅截留污水中的悬浮污染物，以保护后续处理系统正常运行。污水经提升后依次进入细格栅、曝气沉砂池，去除污水中的无机性砂粒。为了保护膜处理单元，细格栅沉砂池后的污水要再经过一道膜格栅，进一步降低水中SS的含量和纤维状物质。

生物池采用 A^2O 形式，污水依次经过厌氧区、缺氧区、好氧区进行生物处理，去除N、P及有机物后，进入膜池实现泥水分离。膜池产水经臭氧氧化、活性炭吸附，进一步去除微量污染物后，通过退水管道排放至妫水河。

具体工艺流程图见图7-17。

三、单元设计和运行参数

粗格栅、进水泵房及废水池合建为一座构筑物，均为地下式钢筋混凝土结构。

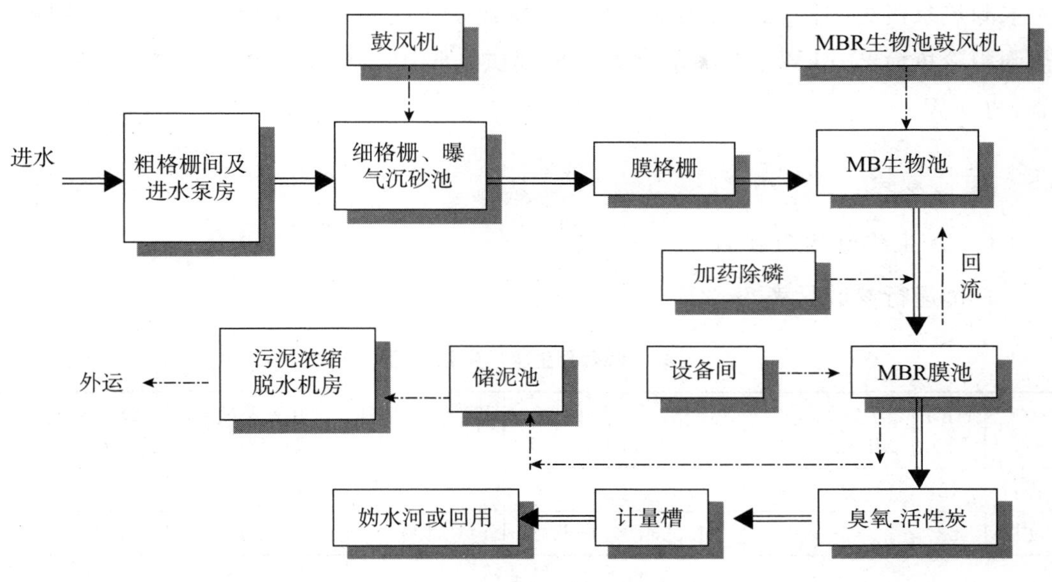

图 7－17　城西再生水厂工艺流程图

经进水泵提升的污水进入到细格栅及曝气沉砂池进一步去除水中的固体颗粒，减轻后续处理设备的损坏。细格栅、曝气沉砂池及膜格栅合建，均按峰值流量设计。系统重要的单元设计如下：

● **生物池：** 生物池分三个系列，每系列分别设厌氧区、缺氧区和好氧区，总水力停留时间 14.8 h，其中厌氧池 2 h，缺氧池 6 h，好氧池 6.8 h。池型均采用循环流，为推动水流循环流动。为保证脱氮除磷效果及污泥浓度，分别设置缺氧区至厌氧区、好氧区至缺氧区、膜池至好氧区的回流系统，回流比分别为 200％、400％、600％。好氧区采用水下曝气系统，出水设固定堰，堰后预留混凝剂（PAC）投加点，用于化学除磷。为了解决臭味问题，在好氧区设置生物除臭罐。

● **膜池：** 生物池内的混合液自流进入膜池进水渠，通过 800×800 手电动板闸进入 12 座膜池，每座膜池内均安装有 7 个膜组件。膜池总水力停留时间 1.36 h，设计污泥浓度 10 g/L。

● **臭氧接触池：** 设接触反应池 1 座，接触池分为 2 级，每级均布置微气泡曝气系统，两级的投加比例为 60％和 40％。接触池内设置隔板，以利于臭氧与水的混合和接触，提高臭氧转化率，总停留时间为 32.3 min。

● **活性炭滤池：** 活性炭滤池设 6 格，空床停留时间 26 min，滤层高度 3.5 m，平均流量滤速 6.31 m/h，反冲洗强度 13 $L/m^2 \cdot s$。

● **冷热源系统：** 厂区再生水冬季温度最低为 12 ℃，夏季水温超过 20 ℃，可作为水源热泵机组的低位冷、热源。设置水源热泵机组两台，夏季为综合办公楼提供空调用冷负荷 210 kW，在冬季为各厂房提供采暖用热水及综合办公楼空调用热负荷 520 kW。

四、运行效果

（一）生化池运行参数

具体运行参数见表 7－27。

表 7－27　城西再生水厂生化池运行参数

	HRT (h)	好氧池 MLSS（g/L）	污泥龄 (d)	好氧池 DO（mg/L）	膜池-好氧池回流比（%）	好氧至缺氧回流比（%）	缺氧至厌氧回流比（%）
设计	15	8～9	18.6	—	600	400	200
实际	22	6～8	31.5	1～3	400	250	200

（二）实际进出水水质

实际进出水水质可参考表 7－28。

表 7－28　城西再生水厂实际进出水水质（2020 年 1—6 月）

指标	COD	BOD	NH_3-N	TP	TN	SS
进水水质（mg/L）	280～364	77～185	29.5～39.5	4.00～6.21	35.7～46.9	72～82
进水平均（mg/L）	339	115	36.0	5.22	41.9	79
出水水质（mg/L）	10～14	1～2	0.139～0.21	0.063 4～0.105	5.38～6.65	1～2
出水平均（mg/L）	12	2	0.203	0.081 6	5.92	

五、中水回用

城西再生水厂共安装中水外供泵 3 台，平均每小时可供再生水 514 m^3。目前，延庆区共建成再生水主管网 45.44 公里，支管网 6.71 公里，已经投入运行 5 座再生水智能加水站。再生水项目自正式开展以来，已经签约水车运输的预付费客户 33 家，管网直供的后付费用户 6 家，月最大供水量超过 30 万吨。再生水用途主要为园林绿化、中央空调用水、道路洒水、除尘、洗车、道路清洗、厕所冲厕、景观水池补水。

城西再生水厂污水处理量每年 730 万 m^3/a，进水 COD 3 343.4 t/a，出水 COD 142.35 t/a，消减量 3 201.05 t/a；进水氨氮 248.2 t/a，出水氨氮 6.93 t/a，消减量 241.27 t/a；大幅减少了延庆城区及水厂周边农村废水和污染物的排放量。

另外，再生水出厂水温常年保持在 16 ℃左右，可充分利用水温取暖和制冷，最大限度地开发污水中的能源。目前龙庆首创已为北京市延庆区人民法院、北京市公安局延庆分局以及公司办公楼提供了两个供暖季的中央空调循环用水，供暖面积3万余平方米，节省标煤1 500吨。

第九节　云南洱源MBR-NF双膜法新水源工程

一、项目简介

洱源县新水源厂位于洱海上游云南大理洱源县茈碧湖镇东南部，收集处理洱源县城地区生活污水，采用MBR工艺，处理规模1.0万 m^3/d。为保护“苍山不墨千秋画、洱海无弦万古琴”的高原湖泊景观，于2019年初完成提标改造。该项目采用低压纳滤技术，主体工艺为“MBR-低压纳滤”，设计产水水质主要指标达到国家《地表水环境质量标准》(GB 3838—2002) 中Ⅲ类（湖、库）标准。该项目于2019年5月调试结束，8月通过环保验收，正式投产运行。洱源县新水源厂为洱海流域首座出水严格达到地表水Ⅲ类（湖、库）标准的污水处理厂提标示范项目，也是目前全国出水水质最高的纳滤污水资源化工程，出水作为洱海的优质补水，有效保障洱海入湖水质，对洱海等高原湖泊的保护治理实现质的飞跃具有重要示范意义。

二、设计工艺流程与水质

污水经过预处理后，进入强化脱氮AOA-MBR系统进行有机物、氮、磷等去除，出水达到地表水Ⅳ类（TN≤1 mg/L），其出水再进入低压纳滤系统进一步高效去除微量有机物、氮、磷等污染物。低压纳滤系统产生的少量浓水（≤10%），经“混凝-沉淀-高级氧化”单元处理后与低压纳滤产水混合，出水达到地表水Ⅲ类（湖、库）标准，作为新水源补充至洱海（出水水质见表7-29）。工艺流程如图7-18所示。

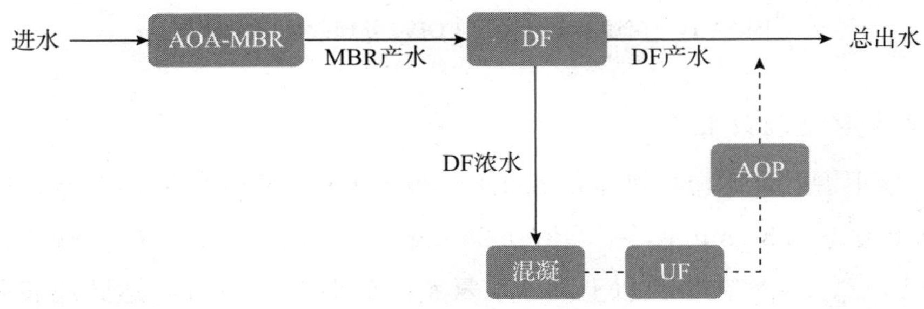

图7-18　洱源县新水源厂工艺流程图

表 7-29　洱源县新水源厂设计进出水水质

项目	BOD_5（mg/L）	COD_{Cr}（mg/L）	SS（mg/L）	TN（mg/L）	NH_3-N（mg/L）	TP（mg/L）
设计进水	150	280	240	35	15	3
设计出水	≤4.0	≤20	≤5	≤1.0	≤1.0	≤0.05
处理效率	97.3%	92.9%	97.9%	97.1%	93.3%	98.3%

三、处理效果

（一）COD_{Cr} 处理效果

2020 年洱源县新水源厂进水 COD_{Cr} 在 41～206 mg/L，平均值在 76 mg/L，MBR 出水 COD_{Cr} 在 7～30 mg/L，平均值 21 mg/L，总出水 5～19 mg/L，平均值 13 mg/L，总去除率在 90%以上，总出水 COD_{Cr} 稳定小于20 mg/L，达到地表Ⅲ类水标准。具体见图 7-19。

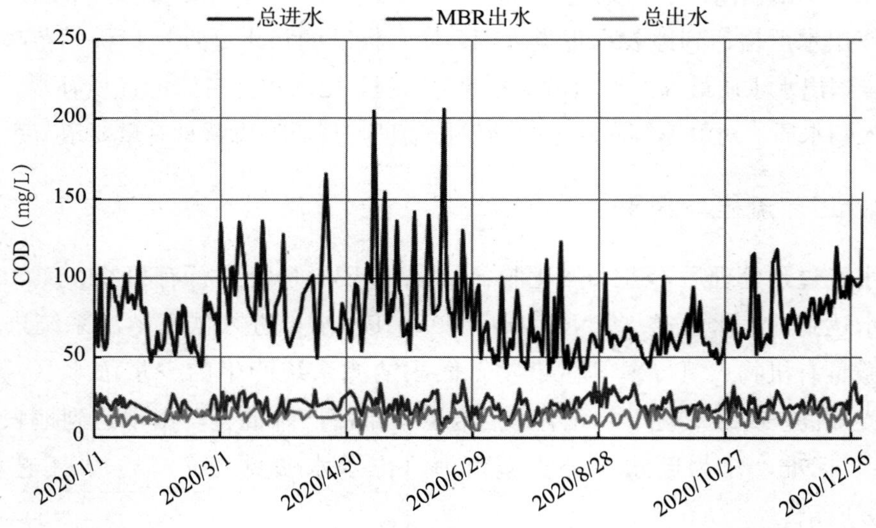

图 7-19　洱源县新水源厂 COD_{Cr} 处理效果（2020 年）

（二）氨氮处理效果

2020 年洱源县新水源厂进水氨氮在 6～29 mg/L，平均值在 13.4 mg/L，MBR 出水氨氮 0.02～0.87 mg/L，平均值 0.25 mg/L，总出水 0.01～0.7 mg/L，平均值 0.13 mg/L，总去除率在 98%以上，出水氨氮稳定小于 1 mg/L，达到地表Ⅲ类水标准。具体见图 7-20。

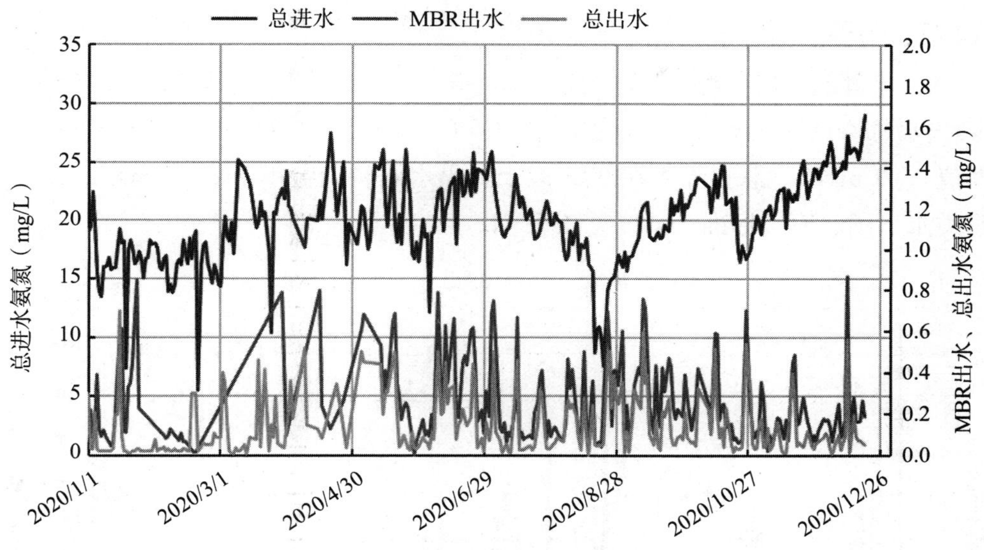

图 7－20　洱源县新水源厂氨氮处理效果（2020 年）

（三）总氮处理效果

2020 年洱源县新水源厂进水总氮在 9～46 mg/L，平均值在 23.5 mg/L，MBR 出水总氮在 0.2～2.0 mg/L，平均值 0.89 mg/L，总出水 0.1～1.0 mg/L，平均值 0.59 mg/L，总去除率在 97%以上，出水总氮稳定小于 1 mg/L，达到地表Ⅲ类水标准。具体见图 7－21。

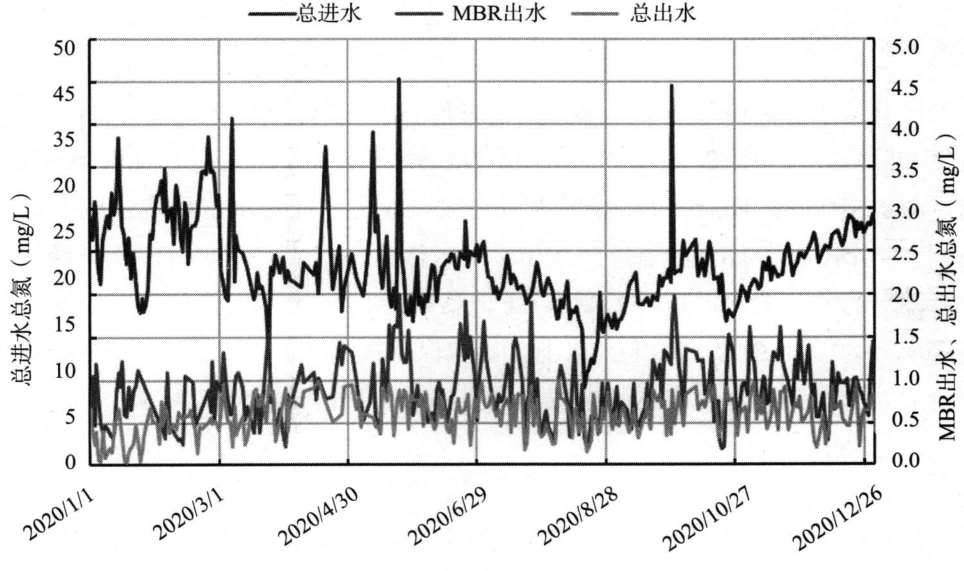

图 7－21　洱源县新水源厂总氮处理效果（2020 年）

（四）总磷处理效果

2020 年洱源县新水源厂进水总磷在 0.85～8.27 mg/L，平均值在 3.06 mg/L，MBR 出水总磷在 0.03～0.39 mg/L，平均值 0.24 mg/L，总出水 0.01～0.05 mg/L，平均值 0.03 mg/L，总去除率在 99%以上，出水总磷稳定小于 0.05 mg/L，达到地表Ⅲ类水（湖、库）标准。具体见图 7－22。

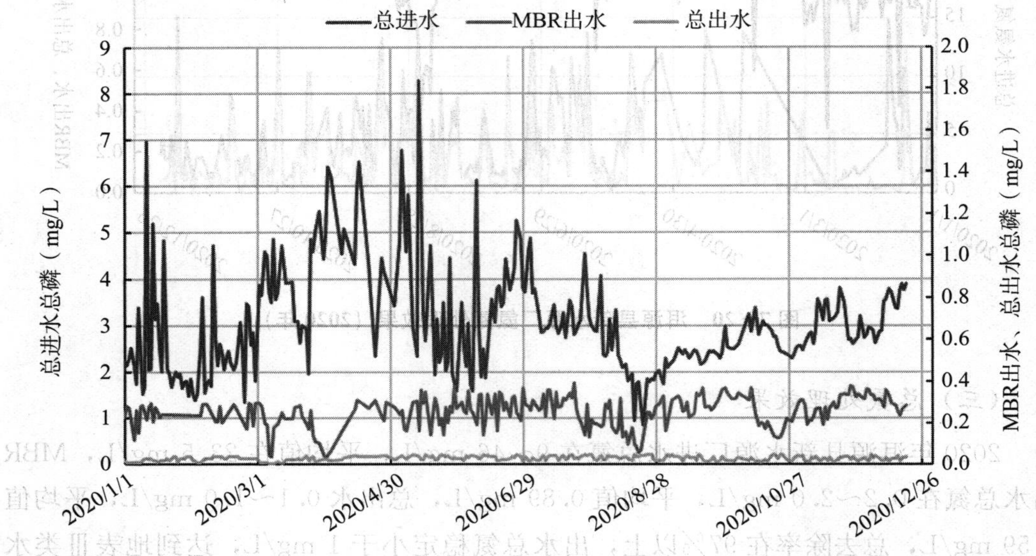

图 7－22　洱源县新水源厂总磷处理效果（2020 年）

四、MBR-纳滤工艺节点水质

洱源县新水源厂由于要求出水达到地表Ⅲ类水（湖、库）标准，其重点难点在于脱氮和除磷，其中脱氮主要依靠 MBR 段实现深度脱氮，通过外加碳源 MBR 实际出水总氮接 1 mg/L，经过纳滤的少量去除，最终保证总出水稳定达到总氮小于 1 mg/L。MBR 出水 COD_{Cr} 在 7～30 mg/L、总磷在 0.03～0.39 mg/L，经过纳滤单元浓缩分离后，浓水通过“混凝＋UF＋臭氧催化氧化”工艺处理，COD_{Cr} 去除达到 10%～30%，总磷去除 90%以上，出水保持在 0.3 mg/L 以下，浓水与纳滤产水混合后，可保持出水稳定达到地表Ⅲ类水标准。具体见图 7－23。

五、运行能耗

2020 年洱源县新水源厂 MBR-纳滤工艺月平均总运行能耗在 0.55～0.80 kW・h/m³，平均 0.67 kW・h/m³，其中 MBR 段运行能耗在 0.4～0.55 kW・h/m³，纳滤段运

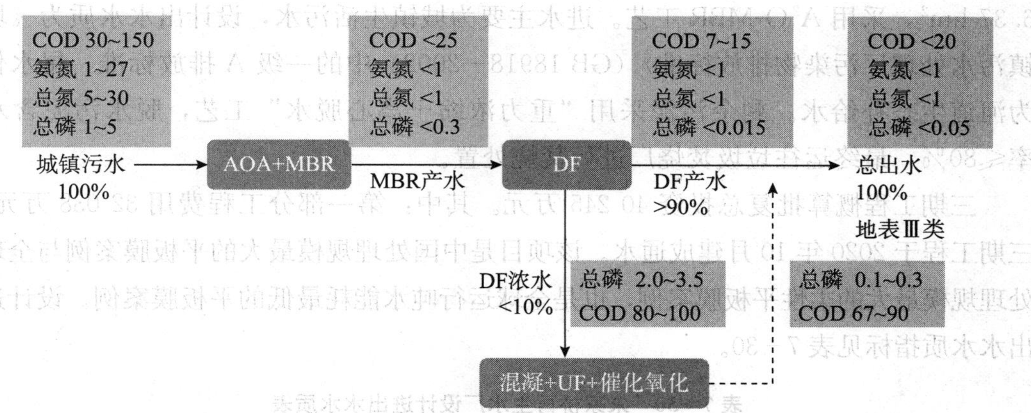

图 7－23　洱源县新水源厂 MBR－纳滤工艺节点水质

行能耗 0.2～0.25 kW・h/m³。2、3 月份由于进水运行负荷较低，运行能耗偏高。具体见图 7－24。

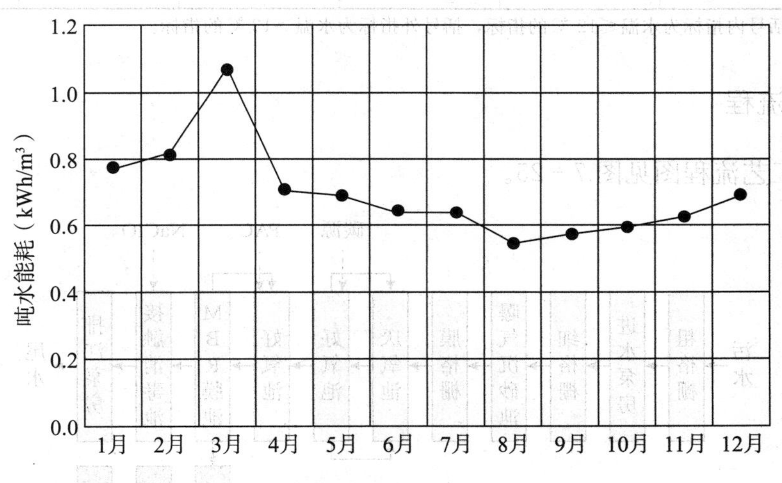

图 7－24　洱源县新水源厂 MBR-纳滤工艺运行能耗（2020 年）

第十节　芜湖朱家桥平板膜 MBR 再生回用工程

一、项目概况

芜湖市朱家桥污水处理厂位于芜湖市长江路与齐落山路交口西侧，总占地面积约 22.3 hm²，规划总处理规模 45 万吨/天，其中，一期、二期工程处理规模各为 11 万吨/天，采用传统 A²O 工艺；三期工程处理规模为 11.5 万吨/天，占地面积

6.37 hm^2，采用 A^2O-MBR 工艺。进水主要为城镇生活污水，设计出水水质为《城镇污水处理厂污染物排放标准》（GB 18918—2002）中的一级 A 排放标准，尾水作为河道生态补给水。剩余污泥采用“重力浓缩＋离心脱水”工艺，脱水污泥含水率≤80％，最终运往垃圾焚烧厂进行焚烧处置。

三期工程概算批复总投资 40 245 万元。其中：第一部分工程费用 32 038 万元，三期工程于 2020 年 10 月建成通水。该项目是中国处理规模最大的平板膜案例与全球处理规模最大的柔性平板膜案例，也是全球运行吨水能耗最低的平板膜案例。设计进出水水质指标见表 7－30。

表 7－30　朱家桥再生水厂设计进出水水质表

指标	COD_{cr} (mg/L)	BOD_5 (mg/L)	SS (mg/L)	氨氮 (mg/L)	总氮 (mg/L)	总磷 (mg/L)
进水	≤350	≤160	≤200	≤30	≤40	≤4.5
出水	≤50	≤10	≤10	≤5（8）	≤15	≤0.5

注：氨氮括号内指标为水温≤12 ℃的指标，括号外指标为水温＞12 ℃的指标。

二、工艺流程

具体工艺流程图见图 7－25。

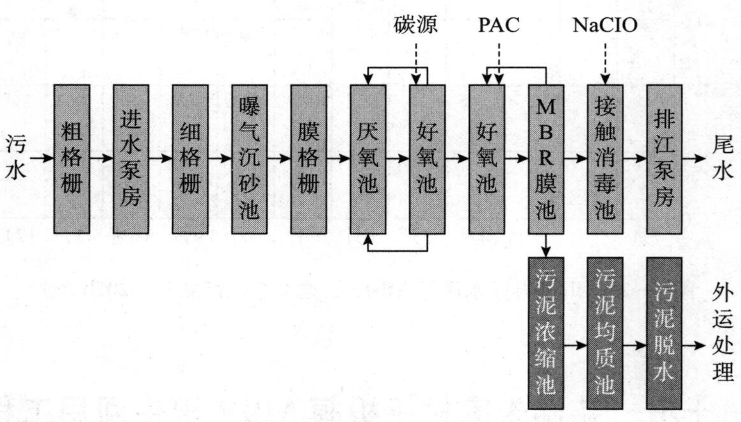

图 7－25　朱家桥再生水厂工艺流程图

三、膜系统设计

本项目共设计 16 个膜廊道，每个廊道设计安装 8 套 1 800 平方米超滤平板膜组，膜孔径 0.03 微米，全厂共设计安装 128 套 1 800 平方米超滤平板膜组，总计膜面积

230 400 平方米，设计平均膜通量 20.8 LMH，设计平均瞬时膜通量 23.1 LMH（按抽 9 分钟停 1 分钟），设计高峰膜通量 27.0 LMH（按总变化系数 1.3）。

膜吹扫原设计是按传统刚性平板膜采用穿孔管曝气形式配置的鼓风机，共配置了 5 台（原设计为 4 用 1 备）膜吹扫鼓风机，单台鼓风机参数为：Q＝14 400 Nm^3/h，H＝6 m，N＝300 kW。但由于实际安装的是装填密度高于传统刚性平板膜的世浦泰柔性平板膜，同时膜吹扫采用的是节能脉冲曝气器，项目实际运行只开 2 台鼓风机，每台实际运行风量 13 200 m^3/h（供膜吹扫和配水渠道的防沉积曝气），其中膜吹扫部分的气水比为 4.8∶1。

四、处理效果

朱家桥再生水厂运行后，通过表 7－31 的进出水水质指标对比，可知其效果。

表 7－31　朱家桥再生水厂进出水水质表（2021 年 1—11 月）

指标	COD_{cr} (mg/L)	BOD_5 (mg/L)	氨氮 (mg/L)	总氮 (mg/L)	总磷 (mg/L)
进水	131.6～295.5	55.8～139.8	14.0～16.5	20.1～27.2	1.9～3.0
（平均值±方差）	217.3±58.5	102.8±28.0	15.4±0.9	22.5±2.1	2.4±0.4
出水	10.0～14.2	4.9～6.4	0.1～2.0	7.6～11.9	0.2～0.4
（平均值±方差）	11.5±1.4	5.2±0.6	0.5±0.5	9.6±1.4	0.3±0.0
去除率％	90.9～96.1	91.5～96.3	86.5～99.1	45.4～65.2	82.0～91.7
（平均值±方差）	94.7±1.7	94.9±1.6	96.7±3.4	57.9±5.8	87.2±2.6

五、运行成本

三期工程全厂吨水运行电耗约 0.38 kW·h，吨水运行电费 0.25 元；吨水药剂费 0.1 元（其中，化学除磷吨水药剂费约 0.035 元，碳源吨水药剂费约 0.05 元，膜清洗吨水药剂费约 0.015 元）。

第十一节　煤基乙醇项目合成气膜分离工程

一、项目背景

陕西延长石油榆神能源化工有限责任公司 50 万吨/年煤基乙醇项目是延长石油集团陕北煤化工战略实施的重要内容，该园区是延长石油集团正在推进的四大工业园区之一，旨在依托西湾井田丰富的煤炭资源、优质的煤炭质量，走资源综合利用发展之路。西湾煤化工园区项目配套煤矿为西湾井田，西湾井田南北平均长16.9 km，东西平均宽3.25 km，面积54.94 km^2，地质储量15亿吨，开采规模可达1 500万吨/年，煤种品质优良，是化工及动力用煤。

陕西延长石油榆神能源化工有限责任公司50万吨/年煤基乙醇项目，初期规模年产50万吨乙醇。项目以西湾煤为原料，经煤气化、变换及热回收、净化、气体分离、甲醇装置等获取合成乙醇所需的原料甲醇、氢气和一氧化碳，原料进入乙醇装置合成乙醇产品，生产规模为50万吨/年乙醇，净化装置产生的酸性气送往硫黄回收装置，获得副产品硫黄。气体分离装置膜分离单元：来自低温甲醇洗的合成气，利用膜分离技术，尾气侧提纯一氧化碳产品供下游乙醇装置合成反应使用，渗透气侧预提纯的氢气去PSA系统深度提纯。

二、设计规模及技术参数

原料气（合成气）的规格参数见表7-32，其操作弹性为30%～110%，操作时间为8 000小时/年。

表7-32　原料气（合成气）规格参数

组分	单位	设计值
CO	vol%	70.13
H_2	vol%	29.21
CH_4	ppmv	300～430
N_2	vol%	0.51
Ar	vol%	0.12
CO_2	ppmv	30
H_2O	ppmv	traces
MeOH	ppmv	≤30
总气量	Nm^3/h	70 801.6
温度	℃	30注
压力	MPa.G	3.48注
最低压力	MPa.G	3.37

注：产品氢气：纯度≥99.5%。产品一氧化碳气：纯度≥98.2%，CO收率≥76.7%。

三、装置说明

（一）工艺说明

来自低温甲醇洗的合成气（以下称原料气）以～3.48 MPaG（最低3.37 MPaG）

的压力和～30 ℃的温度进入装置界区。为避免前序工段中携带粉尘、不饱和液滴，原料气首先进入气液分离器以及过滤器除去夹带杂质。由于原料气比较干净，故此本装置在气液分离器内装有不锈钢丝网除沫器。过滤器选用过滤精度 1 μm 的滤芯。

经过过滤器的原料气含有该温度、组成下的蒸汽，考虑到蒸汽在膜分离器渗透侧浓缩后凝结，同时为使膜分离器处于最优化的工作状态，设计一个进料加热器将原料气升温至 50 ℃左右，该加热器加热介质为低压蒸汽，通过调节阀进行温度调节，并设有原料气温度高低报警及高高联锁。

加热后的原料气离开装置的预处理单元进入膜分离部分，为提高 CO 纯度，膜组件采用二级方式串联设置，在各级膜渗透侧得到压力～0.15 MPaG 的渗透气，加压后送往外界。膜非渗透侧得到提纯后的 CO 气，按要求送出膜分离装置界区。

（二）装置特点

（1）集成膜分离技术。利用膜两侧气体的分压差为推动力，通过溶解-渗透-扩散-解析等步骤，利用中空纤维膜对各种气体的选择透过性不同，从而达到分离的目的。如氢气在膜表面渗透速率是甲烷、乙烷、氮气及氩气的几十倍。氢气进入每根中空纤维管内、汇集后从膜分离器渗透气出口排出。未渗透的气体如 CO 等从膜分离器的尾气口排出。

（2）为充分发挥膜分离单元中膜分离器的性能，延长其使用寿命，结合膜分离技术的特点，对生产过程中压力、温度、液位、流量等工艺参数，进行自动检测、调节、显示、报警、联锁，由中控室集中控制。

（3）装置内设有多处控制点，并可传送至 DCS 集中控制系统，使操作更加方便，能够详细及时地了解整个装置的运行状态及各节点的参数。

（4）现场检测及控制仪表选用进口或国内高品质产品，以保证硬件的高度可靠性和稳定性。

（5）工艺流程简单、设备少，操作方便、开停车灵活。

（6）装置为三个撬装设备，无动设备，占地面积小、安装工期短。

（7）无“三废”，不会对环境造成危害。

（三）公用工程消耗

具体公用工程消耗见表 7 - 33。

表 7－33　公用工程消耗

序号	项目	规格要求	单位	消耗指标	使用情况	备注
1	电	0.38 kV　50 Hz	kWh/h	5	连续	照明
		0.38 kV　50 Hz	kWh/h	5	连续	仪表
2	仪表空气	压力：0.70 MPaG 温度：AMB ℃ 露点：＜－40 ℃@0.7 0 MPaG	m^3/h	40	连续	仪表用
3	低压氮气	0.4 MPaG	Nm^3/次	3 000	间断	开车置换用
	低压氮气	0.4 MPaG	Nm^3/次	5	间断	取样置换用
4	高压氮气	5.2 MPaG	Nm^3/次	～	间断	气密用
5	低压蒸气	0.5 MPaG，18 0 ℃	T/h	0.9	连续	换热器用
6	循环水给水	0.45 MPaG，32 ℃	T/h	～	连续	取样箱用

（四）装置投运情况

天邦膜技术国家工程研究中心有限责任公司设计并供货的陕西延长石油榆神能源化工有限责任公司 50 万吨/年煤基乙醇项目气体分离装置膜分离单元，于 2021 年 12 月到达项目现场后，进行三个撬装设备吊装就位，设备间管线复位，吹扫及充氮保护等工作，已完成投运前的开车准备工作。

该项目于 2020 年 6 月奠基动工。经过 2 年多建设，2022 年9 月该项目投料试车。这是全球规模最大的煤基乙醇项目，标志着乙醇生产迈入大规模工业化时代，奠定了我国煤制乙醇技术的国际领先地位。

榆神 50 万吨/年煤基乙醇项目建成投产后，每年可节约生物乙醇原料粮 150 万吨，相当于榆林市全年粮食产量的 65％。

四、工程应用展望

煤基乙醇技术不但可以以煤为原料，也能以天然气、生物质、钢厂煤气为原料生产乙醇，为煤炭资源的清洁、高效、低碳利用和国家“双碳”目标的实现提供强有力的技术支撑。该项目气体分离装置膜分离单元，既适用于成套的新建项目，又适合于老厂改造应用，并且膜分离技术具有低能耗、零污染的技术特点。

伴随煤基乙醇技术的发展与推广，合成气膜分离，也将得到广泛的工业应用，产生巨大的经济效益和社会效益。

第十二节　某制药厂 PTFE 膜脱氨工程

一、项目简介

某制药厂在生产过程中会产生 300 m^3/d 高浓度氨氮废水，氨氮含量 3 000～5 000 mg/L、COD≤8 000 mg/L、含盐量≤10 000 mg/L，属于典型的“三高”（高氨氮、高盐、高有机物）废水。为避免废水中的氨氮对后续生物处理的冲击及保证最终出水氨氮指标合格，需要先脱除废水中大部分氨氮，以满足后续工艺对氨氮的进水要求，即：出水氨氮要求≤300 mg/L。

二、工艺流程

脱氨系统采用的工艺流程如下：来水→湿式氧化→MVR→换热降温→加碱→超滤→原水罐→原水泵→PTFE 膜脱氨装置（三级）→生化池。来水经湿式氧化、MVR、换热降温、加碱、超滤等处理后首先进入原水罐，经原水泵提升至 PTFE 膜脱氨装置（三级）进行氨氮脱除，脱氨后产水送至生化池进一步处理。

三、PTFE 膜脱氨系统

PTFE 膜脱氨系统主体为 PTFE 膜脱氨装置，同时还需配套预处理系统、加碱系统、酸循环系统、铵盐处置系统、清洗系统等。

（一）PTFE 膜脱氨装置

级数：三级串联；

数量：1 套；

膜数量：12 支/级；

膜外形尺寸：8″×40″；

膜材质：外壳 UPVC，封头环氧树脂，膜丝 PTFE 中空纤维膜。

（二）加碱系统

液碱储罐→计量泵→碱加药点。液碱储罐中的氢氧化钠溶液由计量泵送至碱加药点，调整进水 pH 值，采用计量泵＋在线 pH 计方式自动加碱。

（三）酸循环系统

浓硫酸储罐→计量泵→硫酸循环罐→硫酸循环泵→硫酸保安过滤器→PTFE 膜

脱氨装置→硫酸循环罐。

硫酸循环罐中的稀硫酸通过硫酸循环泵经硫酸保安过滤器保护性过滤后送入PTFE膜脱氨装置吸收废水中的游离态氨氮，然后返回硫酸循环罐循环使用。

当硫酸循环液浓度下降后通过计量泵将浓硫酸储罐中的98%浓硫酸打入硫酸循环罐进行补酸，该过程由计量泵＋在线pH计自动控制。

（四）铵盐处置系统

硫酸铵溶液→铵盐回收罐→铵盐回收泵。当硫酸铵溶液达到一定浓度（25%～30%）后需定时排出至铵盐回收罐，由铵盐回收泵抽出另作他用。

（五）清洗系统

清洗溶液→溶液箱→化学清洗泵→清洗保安过滤器→PTFE膜脱氨装置→溶液箱。清洗溶液由化学清洗泵经清洗保安过滤器保护性过滤后送入PTFE膜脱氨装置，然后返回溶液箱循环使用。

（六）系统性能

经过调试，出水氨氮可稳定在300 mg/L及以下，得到的硫酸铵浓度可达26%及以上。

四、投资及运行成本

该制药厂产生的废水为典型的“三高”废水，高氨氮、高盐、高有机物，水量为300 m^3/d，氨氮含量在3 000～5 000 mg/L、COD≤8 000 mg/L、含盐量≤10 000 mg/L。为保证出水氨氮合格，同时避免氨氮对后续生物处理的冲击，需要预先脱除大部分氨氮，膜脱氨系统由于其无二次污染、占地面积小、设备矮、投资运行省等，成为高氨氮治理手段的重要选择，制药厂原有传统膜脱氨系统存在使用寿命短、出水氨氮无法保证、硫酸铵量大浓度低等问题，制约正常生产，PTFE膜脱氨系统因其使用寿命长、脱氨效率高、可清洗再生、不易断丝润湿等特点，成为该厂高氨氮废水改造的首选，经调试及后期的长时间运行证明，PTFE膜脱氨系统不仅可以保证出水氨氮合格，也可以保证硫酸铵量稳、浓度高，该制药厂废水处理经验可知PTFE膜脱氨系统可适用于不限于制药行业的“三高”废水处理。

原有传统膜脱氨系统投资约为180万元，本次更换为PTFE脱氨膜投资为126万元，PTFE脱氨膜系统运行成本主要包含：电费、加碱费用、硫酸费用等，因PTFE膜脱氨系统操作简单，仅需原废水处理站操作人员兼职即可，无须新增人员，综合运行成本为35.40元/吨。大致运行成本见表7-34。

表 7-34　PTFE 脱氨膜系统运行成本

电费（元/吨）	加碱费用（元/吨）	硫酸费用（元/吨）	运行总成本（元/吨）
1.0	25.83	8.57	35.40

第十三节　青海察尔汗盐湖膜法卤水提锂工程

一、项目简介

青海精源藏金盐湖有限公司卤水精制精炼项目，位于格尔木市开发区金属镁一体化项目工业园区，隶属于青海省海西州蒙古族藏族自治州。该项目主要围绕盐湖资源综合开发利用，针对海西州格尔木市察尔汗盐湖的卤水资源，以钾盐为龙头，重点发展卤水源水的精制精炼和锂资源提取，其中精制精炼卤水规模为 300 万 m^3/年，碳酸锂产出规模为 1 500 吨/年。主要采用“吸附-膜”组合工艺实现卤水中锂资源提取，所得碳酸锂产品达到最新国家标准《卤水碳酸锂》（GB/T 23853—2022）指标。该项目于 2021 年 10 月建成，占地 100 亩，一期总投资 15 000 万元，于 2021 年 12 月投产运行，目前运行稳定，碳酸锂产品成功投放于市场。

二、工艺流程

本项目采用了“高效吸附＋膜分离浓缩＋沉锂”分布式绿色卤水提锂工艺，具体工艺流程如图 7-26 所示。

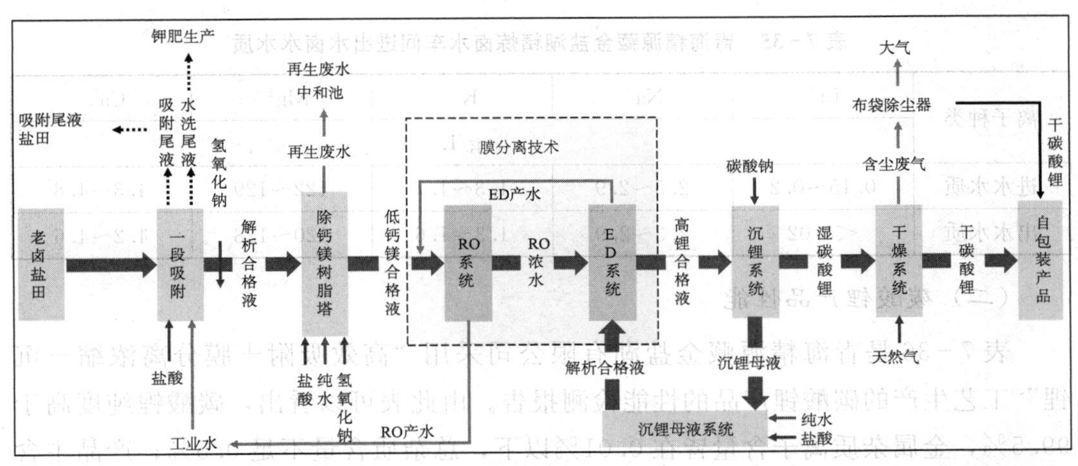

图 7-26　青海精源藏金盐湖卤水精制工艺流程图

首先将卤水用高压泵送入吸附工段系统，通过专用锂离子吸附树脂，吸附卤水中锂离子，此阶段可大幅度降低卤水中杂质金属离子的含量，实现卤水中锂离子的富集，达到卤水精制精炼目的；解吸后将浓缩液进入除钙镁树脂塔，降低浓缩液中硬度离子，出水镁离子低于 1 ppm，实现锂离子的纯化，获得高纯度锂溶液；在此基础上，依次通过反渗透和电渗析（ED）进行锂离子的浓缩，获得浓度 15～17 g/L 的锂合格液；最后采用化学沉淀法获得电池级碳酸锂产品。

该工艺采用锂离子选择性吸附剂可排除卤水中共存杂质离子的干扰，具有吸附容量高、选择性好及强度高等特点，适用于高镁低锂卤水中锂的分离（镁锂比为 500∶1 或更高），也适用于锂含量相对比较低的卤水（锂含量通常在 100 mg/L 以上）。此外，进入膜分离系统的高纯度锂溶液杂质含量极低，大幅度减缓了运行过程膜污染速率及不可逆结垢等问题。

三、处理效果

（一）卤水中锂回收率

表 7-35 是青海精源藏金盐湖有限公司精炼卤水车间进出水卤水水质。由此表可以看出，盐湖卤水源水中 Li^+ 离子浓度为 0.15～0.2 g/L，出水中 Li＋离子浓度降低到 0.02 g/L 以下，Li^+ 离子回收率达到 80%以上；而 Na^+、K^+、Ca^{2+} 及 Mg^{2+} 离子含量的变化幅度很小，实现了盐湖卤水锂资源提取与除杂的目的。经吸附和膜分离系统形成的锂合格液中 Li^+ 离子浓度达到 15～17 g/L，而 Mg^{2+} 含量从＞120 g/L 降低到 0.2 g/L 以下，说明该工艺对卤水中锂离子具有良好的选择分离性。

表 7-35　青海精源藏金盐湖精炼卤水车间进出水卤水水质

离子种类	Li^+	Na^+	K^+	Mg^{2+}	Ca^{2+}
	g/L				
进水水质	0.15～0.2	2.5～2.9	1.3～1.7	122～129	4.3～4.8
出水水质	＜0.02	2.3～2.9	1.3～1.6	120～128	4.2～4.6

（二）碳酸锂产品性能

表 7-36 是青海精源藏金盐湖有限公司采用“高效吸附＋膜分离浓缩＋沉锂”工艺生产的碳酸锂产品的性能检测报告。由此表可以看出，碳酸锂纯度高于 99.5%，金属杂质离子含量皆在 0.01%以下，总杂质含量不足 0.5%；产品主含量及杂质离子符合最新国家标准《卤水碳酸锂》（GB/T 23853—2022）的Ⅱ型指标。

表 7-36　青海精源藏金盐湖生产碳酸锂性能参数

项目		标准指标			检测结果
		Ⅰ型	Ⅱ型	Ⅲ型	
碳酸锂（Li_2CO_3）（干基），W% ≥		99.6	99.2	99.0	99.7
硫酸根（SO_4），W% ≤		0.01	0.05	0.10	0.01
氯化物（以 Cl 计），W% ≤		0.02	0.05	0.10	0.01
盐酸不溶物，W% ≤		0.005	0.01	0.01	0.003
干燥减量，W% ≤		0.4	0.5	0.6	0.001
金属离子	钠（Na），W% ≤	0.03	0.05	0.05	0.01
	钾（K），W% ≤	0.002	0.005	0.005	0.001
	钙（Ca），W% ≤	0.005	0.01	0.02	0.003
	镁（Mg），W% ≤	0.005	0.01	0.02	0.01
	铁（Fe），W% ≤	0.001	0.002	0.005	0.001
	锰（Mn），W% ≤	0.001	—	—	—
	铜（Cu），W% ≤	0.005	—	—	—
硼（B），W% ≤		0.005	0.01	0.03	0.01
硅（Si），W% ≤		0.002	—	—	0.004
磁性物质，W% ≤		0.000 01	—	—	—
粒径分布 D50/μm		3～8	—	—	39.98

四、经济分析

（一）投资指标

项目一期总投资为 15 000 万元。所有工艺段相关设备总投资费用 8 419 万元，达到总建设投资的 56%，其中 RO 系统和 ED 系统的设备总投资约为 1 000 万元，占设备总投资的 12%。

（二）运行成本

运行成本主要包括水费、电费、蒸汽费、人员工资、设备修理及维护费、折旧费及其他费用，其中能耗动力费用主要包括电力、蒸汽和新鲜水，吨碳酸锂产品的消耗量分别约为 6 000 kWh、6～8 m^3 和 400 t。

第十四节　青海冷湖膜法卤水提锂工程

一、项目简介

西安金藏膜新材料有限公司青海冷湖年产 3 000 吨碳酸锂生产项目，位于青海省北部海西州，阿尔金山南麓的戈壁滩上冷湖镇大盐滩 1 号，冷湖滨地钾肥有限公司钾肥厂厂区内。该项目主要以冷湖滨地钾肥有限公司生产钾肥后排出的高镁锂比、低品位的老卤为原料，采用“固相离子束缚＋多级膜分离”耦合盐湖卤水绿色提锂工艺，进行锂资源的提取。该项目于 2020 年 5 月建成，厂房面积 10 200 m^2，于 2020 年 7 月投产运行，一期碳酸锂生产规模为 3 000 吨/年，目前稳定运行 3 年多，所得碳酸锂产品纯度达到 99.5%以上，符合《电池级碳酸锂》（YS/T 582—2013）行业标准，产品成功投放于市场。

二、工艺流程

本项目采用“固相离子束缚（SPIB）＋多级膜分离”耦合盐湖卤水绿色提锂工艺，其中固相离子束缚技术为陕西省膜分离技术研究院专有技术，具体工艺流程如图 7－27 所示。

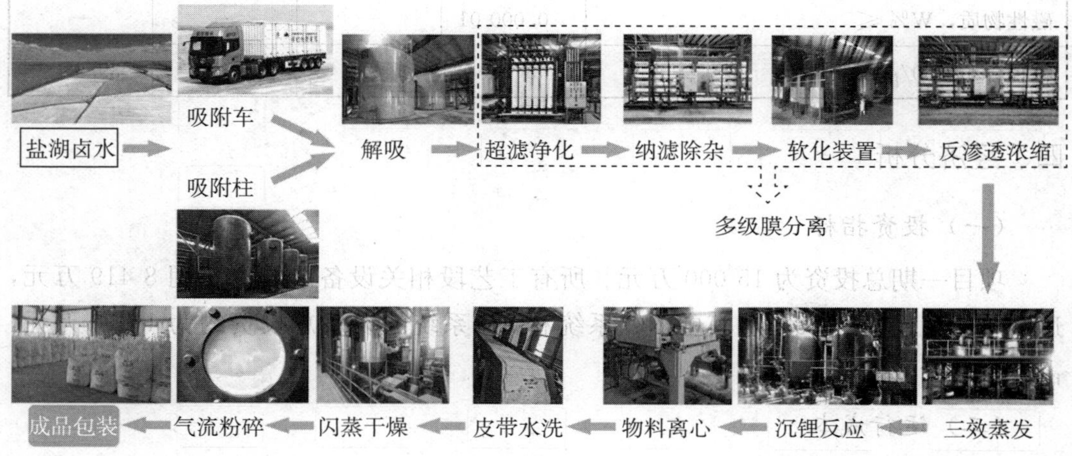

图 7－27　青海冷湖年产 3 000 吨碳酸锂项目生产工艺流程图

本项目主要以冷湖滨地钾肥有限公司生产钾肥后排出的老卤为原料，采用固相离子束缚技术对其中锂资源进行吸附；同时针对盐湖卤水分布广的特点，提出了

"航母式"盐湖提锂新模式，即以冷湖生产线作为母港，采用搭载固相离子束缚技术的吸附车对青海地区无法建厂的盐湖卤水进行锂资源吸附提取，提取后回到冷湖进行解吸。上述解吸液首先采用"超滤-纳滤"膜分离系统进行镁锂的高度分离，镁离子去除率达到99%，接着采用反渗透技术进行锂离子的浓缩富集，最后进入碳酸锂的生产。

镁离子与锂离子水合半径相当、物理化学特性非常接近，二者的有效分离一直是盐湖卤水提锂领域面临的主要技术难题之一。该工艺在固相离子束缚技术实现卤水中锂资源初步分离的基础上，依靠纳滤技术将镁离子浓度降低到 100 ppm 以下，进一步的反渗透将锂离子浓度提升至 6 g/L 以上，多级膜分离系统有效实现了卤水中锂离子的纯化和富集，是高镁锂比、低品位盐湖卤水中锂资源提取的关键技术保障。此外，以膜分离技术为核心的锂资源提取工艺操作灵活、工艺流程简单、生产过程中无废弃物产生、无二次污染等问题。

三、处理效果

（一）卤水中锂回收率

以冷湖滨地钾肥有限公司生产钾肥后排出的老卤为原料，固相离子束缚和多级膜分离系统进出水中主要金属离子的浓度见表 7－37。由此表可以看出，冷湖滨地钾肥有限公司生产钾肥后排出的老卤中锂离子浓度范围为 0.05～0.08 g/L，远小于传统工艺进水卤水锂含量期望值 0.2～0.3 g/L；而镁离子浓度高达 90～105 g/L，最高可是锂离子浓度的 2 000 倍以上。经固相离子束缚技术选择性吸附解吸后，锂离子浓度增加到 1.5 g/L 以上，而镁离子浓度降低到 1.5 g/L 以下；经多级膜分离系统进一步处理后，锂浓度达到 6.0 g/L，而镁含量降低到 5 ppm，多级膜分离系统有效实现了低品位卤水中锂资源的纯化和富集，实现镁锂的深度分离，锂回收率≥90%。

表 7－37　青海冷湖-年产 3 000 吨碳酸锂项目各主体处理单元进出水水质

离子种类	Li	Na	K	Mg	Ca
	g/L				
进水水质	0.05～0.08	6.2～8.7	6～9.3	90～105	0.098～0.13
吸附解析液	1.5	<0.2	0.1	<1.5	0.2
反渗透浓缩液	6.0	<0.7	0.4	<5 ppm	<5 ppm

（二）碳酸锂产品性能

表 7－38 是采用该工艺生产的碳酸锂产品性能参数，其中碳酸锂纯度达到

99.5%；总杂质含量为0.5%，其中镁离子含量为0.002%，其他金属离子含量皆在0.02%以下。碳酸锂产品达到中国有色金属行业标准《电池级碳酸锂》（YS/T 582—2013）电池级碳酸锂指标。

表7-38　青海冷湖-年产3 000吨碳酸锂项目生产碳酸锂性能参数

检验项目名称	实测值	备注
外观	白色粉末，无可见杂质	/
镍（Ni），w/%	未检出	检出限：0.003 mg/kg
铜（Cu），w/%	0.000 1	/
硫酸盐（以SO_4^{2-}记），w/%	0.04	/
硅（Si），w/%	0.000 3	/
锰（Mn），w/%	0.000 1	/
氯化物（以Cl^-记），w/%	0.003	/
铝（Al），w/%	0.000 04	/
铁（Fe），w/%	0.000 2	/
水分，w/%	0.15	/
锌（Zn），w/%	未检出	/
铅（Pb），w/%	未检出	检出限：0.05 mg/kg
钙（Ca），w/%	0.02	检出限：0.05 mg/kg
钾（K），w/%	0.000 1	/
镁（Mg），w/%	0.002	/
含量（Li_2CO_3），w/%	99.5	/
钠（Na），w/%	0.004	/
磁性物质，w/%	0.000 02	/
其他	/	

四、经济分析

（一）投资指标

项目总投资18 000万元；其中设备总投资约8 000万元，多级膜分离系统的投资费用约2 000万元，占到总投资的11%。

（二）运行成本

运行成本主要包括原辅材料、水费、电费、蒸汽、工资、设备维修和其他费用，耗能主要为电力、蒸汽和新鲜水，吨碳酸锂产品的年消耗量分别约为 8 000 kWh、10 t 和 500 m^3，见表 7－39。

表 7－39　项目吨碳酸锂耗能种类和数量

项目	单位	年用量	备注
电力	kWh	8 000	由钾肥厂变电站接入
蒸汽	t	10	由钾肥厂热电厂接入
新鲜水	m^3	500	由钾肥厂主水管接入

第十五节　重庆长生桥渗滤液全量化处理工程

一、项目背景

重庆市长生桥垃圾填埋场占地面积约 820 亩，高峰期日处理垃圾约 3 000 吨/天，2016 年 5 月关停时已填生活垃圾 1 043 万吨，该填埋场位于重庆市南岸区茶园新区，离市区仅不到 3 公里距离，填埋场长期的恶臭等污染问题对周边市民居住区及商业区造成的较大的影响，填埋场中的渗滤液对重庆长江流域及周边地下水系统造成潜在严重威胁。为此重庆市政府在 2018 年启动了长生桥垃圾填埋场生态修复工程。该修复工程总投资估算约 18.7 亿元，一期工程采用“厌氧规范封场＋生态修复”的方式实施封场工作；二期工程待封场 8 年后在垃圾填埋场原位打造市政生态主题公园。

二、问题及挑战

垃圾渗滤液是指来源于垃圾填埋场中垃圾本身含有的水分、进入填埋场的雨雪水及其他水分，扣除垃圾、覆土层的饱和持水量，并经历垃圾层和覆土层而形成的一种高浓度的有机废水。垃圾渗滤液中有机污染物多，高达 77 种，其中促癌物、辅致癌物 5 种，被列入我国环境优先控制污染物“黑名单”。垃圾渗滤液对周边水生态环境和人体危害极大，必须对其做好收集和处理工作。

重庆长生桥渗滤液浓缩液处置项目是长生桥填埋场修复工作的重要组成部分，项目任务是对积存及新增的垃圾渗滤液及浓缩液进行无害化处理，项目启动时填埋区内已存储约 3.8 万方的垃圾渗滤液，填埋区外已存储约 14 万方的混合浓缩液，同时填埋场库区每天还在新增渗出的大量垃圾渗滤液。

垃圾渗滤液作为高浓度、高难度、高污染的“三高”特种污废水，特别是垃圾渗滤液浓缩液因盐度高，难降解有机物浓度高，可生化性很低，无法用生化处理工艺进行处理，处理难度很大，对技术工艺水平要求很高。

三、渗滤液浓缩液处理概述

重庆长生桥渗滤液浓缩液处置项目的修复目标是：对封场后填埋场调节池积存渗滤液及浓缩液约17.8万吨实现全量化处理，同时持续全量化处理填埋场新产生的渗滤液，运营期限8年，有效解决重庆长生桥垃圾填埋场渗滤液潜在污染风险问题。该目标是实现填埋场整体修复目标重要支撑，最终实现变“毒土”为“净土”，变“毒水”为“净水”的土地资源再生修复和可持续利用生态修复目标，打造重庆市政生态主题公园，从而进行生态修复和城市功能恢复，实现城市土地的循环再利用。

本项目修复的战略方针是原址生态修复，将渗滤液浓缩液全量化处理，不产生二次污染，彻底消除填埋场渗滤液对环境的潜在威胁。该项目资金全部来自厦门嘉戎技术股份有限公司企业自筹资金，项目按达标产水计费，中标价格为：308元/m^3。

四、项目实施过程

2016年5月23日，重庆市政府决定于正式对长生桥填埋场封场停用。2018年4月，启动长生桥垃圾填埋场生态修复工程。该修复工程总投资估算约18.7亿元，一期工程采用“厌氧规范封场＋生态修复”的方式实施封场工作；二期工程待封场8年后在垃圾填埋场原位打造市政生态主题公园。2020年10月，确定厦门嘉戎技术股份有限公司作为本项目的中标单位，嘉戎负责建设和运营处理积存浓缩液和新增浓缩液，运营期：8年（暂定）。2020年12月，厦门嘉戎技术股份有限公司进场施工建设浓缩液处置系统工程项目；2021年4月项目建成投产试运营；2021年6月，该项目完成正式验收。整套处置系统处理渗滤液浓缩液规模为1 000吨/天，液体全量达标排放，少量固体尾渣，装袋堆存后交由业主另行无害处置。具体实施过程见图7-28。

截至2022年5月，项目已累计处理渗滤液及浓缩液产水共316 838 m^3，全部实现全量化处理，达标排放，而且实际产水水质远优于排放标准。

五、项目技术工艺

本项目处理工艺：预处理＋预浓缩＋低温负压MVR＋干燥＋除臭系统的处理工艺，实现浓缩液全量化处理。

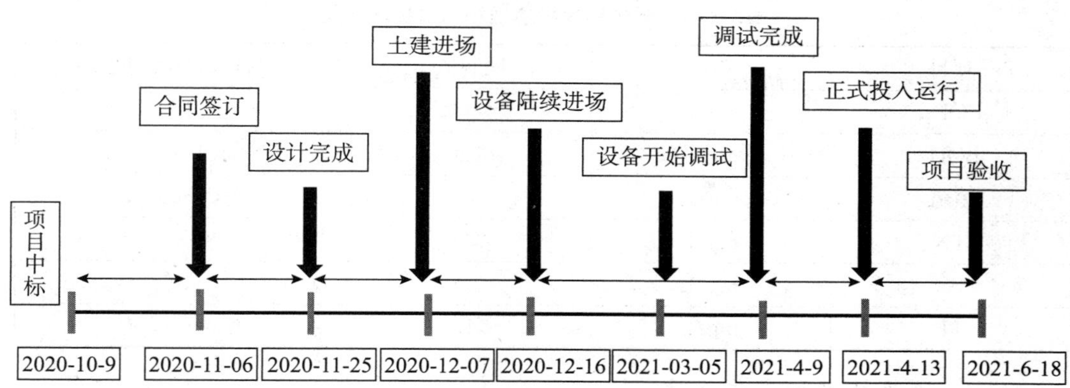

图 7－28 长生桥垃圾填埋场项目实施过程

（一）项目进水水质

本项目设计进水水质如表 7－40 所示。

表 7－40 长生桥垃圾填埋场项目设计进水水质

项目	单位	设计值
电导率	μS/cm	≤50 000
总硬度（碳酸钙计）	mg/L	≤4 000
总碱度（碳酸钙计）	mg/L	≤1 500
Ca^{2+}	mg/L	≤900
Mg^{2+}	mg/L	≤450
BOD_5	mg/L	≤3 000
COD_{cr}	mg/L	≤4 500
氨氮	mg/L	≤3 000
TN	mg/L	≤3 500
SS	mg/L	≤150
SiO_2	mg/L	≤100
硫化物	mg/L	≤30
pH	—	6～9
温度	℃	20～38

（二）出水标准

根据本项目要求，渗滤液处理后出水执行《生活垃圾填埋场污染控制标准》（GB 16889—2008）。具体出水水质要求见表 7－41，其中排放口检测报告数值为 2021 年 5 月 14 日与 2022 年 4 月 22 日第三方检测结果。

表 7-41　长生桥垃圾填埋场项目出水水质

项目	单位	限制值	排放口检测值
COD_{cr}	mg/L	≤60	12
BOD_5	mg/L	≤20	1.1～3.2
氨氮	mg/L	≤8	0.20～0.47
TN	mg/L	≤20	0.84～5.42
SS	mg/L	≤30	10
TP	mg/L	≤1.5	0.04～0.06

（三）项目技术和实施总结

本项目工艺有以下技术优势：设计三级加离交产水保障单元，出水水质稳定达标；污染物做精细化分离，保障蒸发器的稳定运行；低温负压 MVR，无臭气抗污染，浓缩倍数高；模块化设计，处理规模可以根据产水量调整，节约投资。

第八章　超滤/微滤膜市场竞争主体

第一节　北京碧水源科技股份有限公司

一、企业概况

碧水源（300070.SZ）创办于2001年，是中关村国家自主创新示范区高新技术企业，于2010年作为中关村自主创新知名品牌在深交所创业板上市，成为创业板上市公司龙头股之一。2020年9月，中央企业中交集团全资子公司中国城乡控股碧水源，从而国务院国资委成为碧水源公司的实控人，目前公司总资产逾700亿元。

碧水源以自主研发的膜技术，围绕解决中国"水脏、水少、饮水不安全"三大问题，持续为我国城乡生态环境建设提供整体解决方案。逐步成长为世界一流的膜技术企业之一，围绕科技创新和高质量发展两条主线，凭借集膜材料研发、膜装备制造、膜工艺应用于一体和数字化水务运营两大优势，目前已发展为中国环保行业、水务行业标杆企业、全球领先的膜装备生产制造商和供应商之一，水务业务收入位列"全球水务50强"第36名。

碧水源在北京、天津、南京、昆明和无锡等地建有膜研发、制造基地，核心技术包括微滤膜（MF）、超滤膜（UF）、超低压选择性纳滤膜（DF）和反渗透膜（RO）等，年生产能力为微滤膜和超滤膜1 800万 m^2、纳滤膜和反渗透膜1 200万 m^2。依托自主研发的核心膜技术，碧水源开发出了系列超微滤膜产品、工业纳滤膜产品、工业反渗透膜产品、工业零排放膜产品和系列一体化产品，其中，高性能低能耗膜生物反应器（MBR）、双膜新水源工艺（MBR-DF）、智能一体化污水净化系统（ICWT）等污水深度净化技术和产品已获得广泛认可和应用。碧水源目前已形成污水资源化、高品质饮用水、海水淡化、工业零排、盐湖提锂五大主要业务板块。

二、工程业绩

截至2022年底，碧水源参与了长江流域、黄河流域、首都水系、海河流域、太湖流域、巢湖流域、滇池流域、洱海流域、南水北调丹江口水源地等多个水环境敏感地区的治理，累计建成数千项膜法水处理工程、数百个国家水环境重点治理工程、数十座地下式再生水厂、多个高品质饮用水工程和海水淡化工程。目前，碧水源占据中国MBR水处理领域50%以上的市场份额，每年可为国家新增高品质再生水超过50亿吨。近年来，积极拓展盐湖提锂新能源赛道，也成为“一带一路”的积极参与者，发力布局国际市场。

在过去20年，碧水源的足迹已经遍布全国二十多座省市，特别集中在华北的北京地区、华东的环太湖地区、西南的环滇池地区、西北部缺水地区、华中地区等我国水环境敏感地区都有污水处理厂新建、扩容改造或是提标升级的工程项目。

随着中交集团全资子公司中国城乡成为碧水源控股股东，中交集团成为碧水源的间接控股股东，国务院国资委成为碧水源实际控制人。碧水源与中交集团在战略协同、市场开拓、体制机制等方面的协同效应都得到了进一步的释放。2022年是碧水源管理正式纳入中交体系、公司治理向混合所有制转变的首个完整实施年。碧水源以自身水务行业品牌与技术优势为基础，结合中国城乡旗下的中国市政工程西南设计研究总院有限公司、中国市政工程东北设计研究总院有限公司在规划设计上的优势，在区域内提供产业资源整合，逐步提升污水处理整体盈利能力和市场份额。水务业务现已成为中国城乡核心业务板块之一，是中交集团“十四五”发展规划的重大发展战略，碧水源发展前景看好。

碧水源成为中交集团中国城乡水务板块骨干力量后，自2019年10月碧水源与中国城乡控股集团等联合中标为碧水源带来约51亿元稳定收入的哈尔滨城镇污水项目之后，在三年多的时间内，中交集团和碧水源共同斩获近二十项大水处理项目，这些主要集中在黑龙江、河北、山西、海南、山东、湖北等地区，总投资额逾300亿元。武汉长江新城起步区基础设施工程PPP是双方携手中标投资额的最大项目，总投资近80亿元。

碧水源与中交集团内多家企业开展环保、水务、城市光环境建设等相关项目合作，近百个环保项目正在实施，使碧水源获得大量的新订单和长期稳定的收益。与此同时，国有企业的资金实力、项目资源等与环保企业的研发创新、技术咨询服务能形成优势互补，所产生协同效应逐步得到释放。

三、经营情况

碧水源主要业务包括环保整体解决方案、运营服务、市政与给排水工程以及科技整体解决方案。其中，污水处理整体解决方案及运营服务是碧水源最核心的业务，这两项业务已超过 20 年，成为碧水源主要经营支柱，2021 年、2022 年以及 2023 年，环保整体解决方案及运营服务主营业务收入占碧水源主营业务收入分别为 76.31％、90.22％和 92.31％。

2019 年，碧水源通过引入国有资本，使股权结构得到优化，公司治理能力和经营业绩得到提升，企业融资能力大幅增强，资金链断裂风险有效降低。继碧水源引入中国城乡后，碧水源快速“回血”，2023 年年报显示，碧水源实现营业收入 89.5 亿元，同比增长 2.99％；实现归属于公司股东的净利润 7.65 亿元，同比增长 8.05％，取得了较好的利润增长。

2023 年按业务分布的营业收入见图 8－1，2017—2023 年营业收入与研发费用占比见图 8－2。

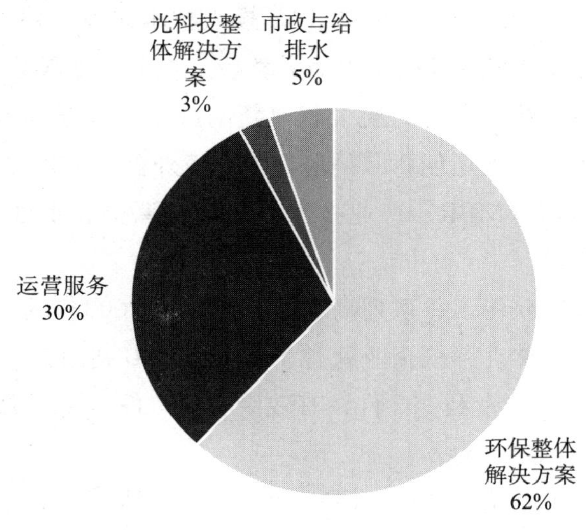

图 8－1　按业务分布的营业收入（2023 年）

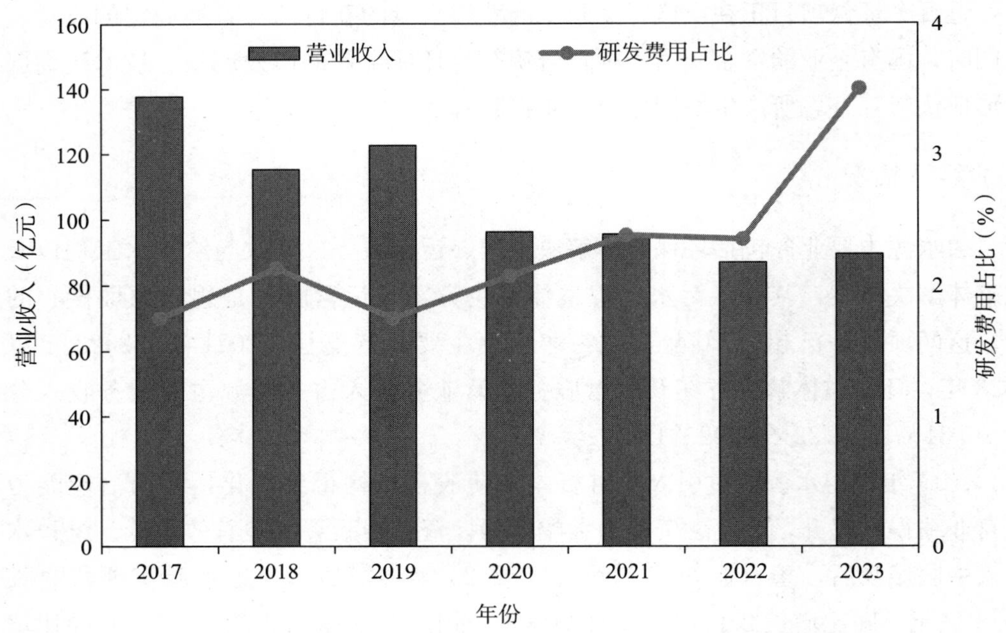

图 8-2　碧水源营业收入与研发费用占比（2017—2023 年）

四、核心竞争力分析

碧水源每年将归属母公司净利润的 10%投入技术研发，建有院士专家工作站、博士后工作站、美国工程院士 David Waite 教授工作站、李锁定创新工作室、国家工程技术中心，先后与清华大学、澳大利亚新南威尔士大学等成立联合研发中心，澳大利亚新南威尔士大学火炬创新园是落户中国境外首个火炬创新园区。碧水源牵头组建了膜生物反应器（MBR）产业技术创新战略联盟、水处理膜材料及装备产业技术创新战略联盟等。

碧水源自成立以来获得了一系列高级别荣誉，于 2009 年和 2017 年两次获得国家科学技术进步奖二等奖。荣获企业荣誉 117 项。就专利而言，截至 2022 年 12 月 31 日，碧水源集团共申请专利 992 件，有效专利 577 件，专利数量领先国内众多的膜法水处理公司。

碧水源 2023 年研发费用占比达到 3.50%。虽然近年来碧水源营业收入存在一定波动，但其研发费用占比仍保持整体上升趋势（见图 8-3）。碧水源在科创属性明显的创业板上市公司知识产权价值中排名第一，领先于其他科创公司。

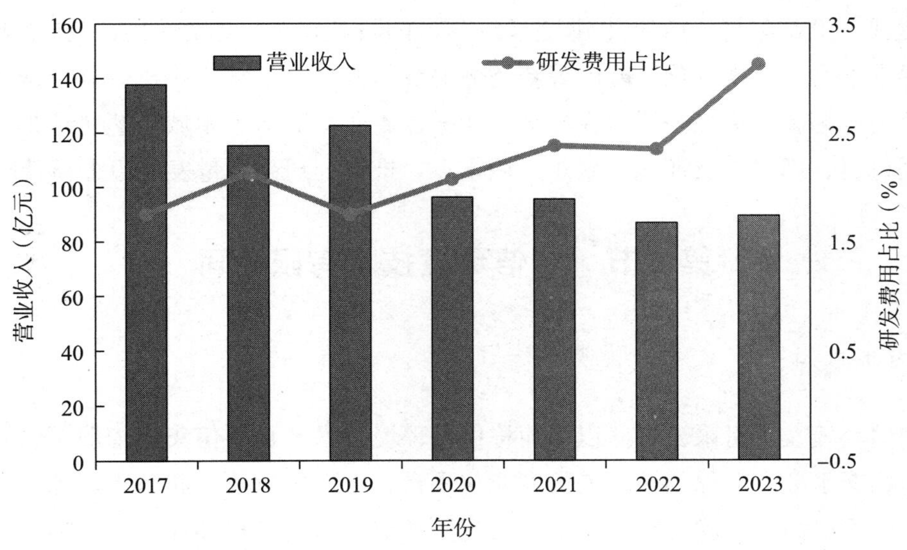

图 8-3　碧水源营业收入与研发费用占比（2017—2023 年）

五、公司布局与发展战略

MBR 技术是当今世界公认的先进的污水处理及资源化利用技术之一，可以同时解决水污染与水资源短缺问题。在水环境日益恶化和水资源短缺日益严重的双重压力下，我国政府逐步加大了节能减排和生态建设力度，并将进一步提高污水排放标准，推动更多再生水厂建设，为 MBR 技术及 DF 技术在我国的大规模普及应用提供了千载难逢的机会。碧水源积极推动“MBR-DF”技术，在污水资源化利用的市场下发挥自有技术优势，为未来破解我国水资源匮乏及保障水安全提供强有力的技术支撑。

“十四五”时期，碧水源围绕新型城镇化建设、城乡融汇发展、水厂运营向更高要求迈进、科技创新助力转型升级四个方面践行国家战略。同时紧抓国家深化实施节能减排、发展循环经济等政策的良好机遇，发挥碧水源在核心技术和市场地位方面的领先优势，将碧水源发展成为一家具有国际竞争实力的膜技术高科技环保企业，全面参与全球水处理技术市场的竞争，并成为我国解决水污染特别是为黄河以北地区解决水资源短缺和实现全国污水资源化及提供饮用水安全保障的强有力支撑力量，努力打造成为国内行业技术领军，国际享有一定知名度和影响力的水务环保旗舰。

碧水源将面向国家重大需求，面向市场，加大科技投入，聚焦硬核科技攻坚突破，在保持污水资源化、海水淡化、高品质饮用水等领域技术优势的同时，加大对盐湖提锂、工业零排、数字化建设等新赛道的科技研发。继续加强在新领域的布局，寻求电力、钢铁、化工园区等新领域的合作机会，培育市场机会并形成经营成果，全力开拓新赛道。公司将在社会、业务、专业、资本等领域重塑企业形象，把握发展机遇、理清发展环境、聚焦发展重点，推动公司高质量发展迈上新台阶。

第二节 中信环境技术有限公司

一、企业概况

中信环境技术有限公司（以下简称中信环境技术）是中信集团控股子公司，是中信集团在水务及环保领域拓展的专业化平台。中信环境技术起源于新加坡联合环境，是一家以高性能膜材料研发制造及应用为核心的高科技环保公司，拥有全球领先的环境整体解决方案。

中信环境技术凭借自身环保领域全产业链的业务模式和一流的膜产品及先进的技术工艺，为客户提供从投资到规划设计、高端环保装备集成、工程建设、设备安装调试、项目托管运营等环境治理整体解决方案，并积累了丰富的环保投资、建设、运营管理经验和业绩，业务已涵盖绿色工业环保、水资源、水环境和水生态治理、高端环保技术及装备制造、环境综合治理、循环经济产业园、工程建设等领域。

中信环境技术成功将膜生物反应器（MBR）技术、连续膜过滤（CMF）技术和反渗透（RO）技术应用于各种水处理项目，特别是对高难度的工业废水、高标准的大型市政污水以及供水深度处理等领域具有丰富经验；同时在供水和污水处理系统设计、建设、安装、调试及技术服务方面实力雄厚。

中信环境技术经营概况见表 8－1。主营业收入超过 60 亿元/年，公司资产总额超过 300 亿元，拥有子公司 100 余家、膜基地 5 个、员工 3 000 余名，掌握的核心技术超过 100 个，膜产能达 1 500 万 m^2/年，膜装机容量达 1 500 万吨/天，每天污水处理量达 600 万吨，每年危固废治理量达 180 万吨。

表 8－1 中信环境技术有限公司经营概况

项目	数据
主营收入（亿元/年）	＞60
资产总额（亿元）	＞300
子公司数（家）	＞100

续表

项目	数据
员工数（名）	＞3 000
污水处理量（万吨/天）	＞600
危固废治理（万吨/年）	＞180
膜生产基地（个）	5
核心技术（个）	＞100
膜产能（万 m^2/年）	1 500
膜装机容量（万吨/天）	1 500

二、公司发展历程

中信环境技术自成立以来，发展迅速，依次经历的四个阶段如图 8－4 所示。

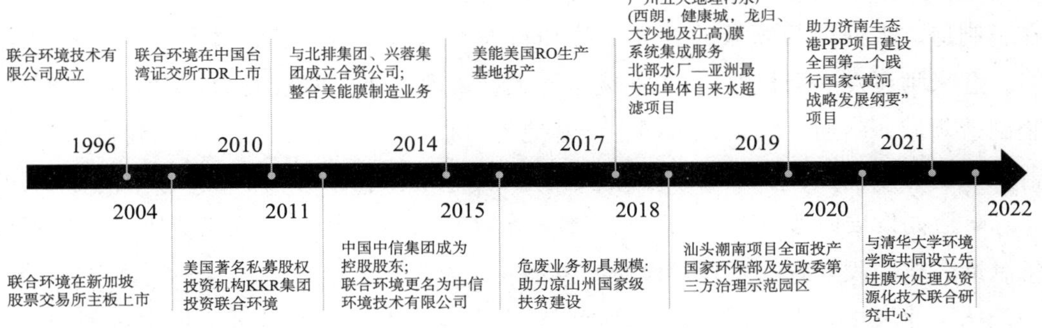

图 8－4　中信环境技术发展历程图

● 起步阶段（1996—2010）：中信环境技术成立并在新加坡完成上市，广泛涉足中国高浓度、难降解工业废水处理领域

1996 年，联合环境技术有限公司在新加坡成立，开始拓展中国业务，并于 2004 年在新加坡证券交易所挂牌上市。与国内大部分环保企业多从门槛较低的市政污水起步不同，中信环境技术（联合环境）选择从高难度工业废水起步。在这期间，中国第一个石化废水双膜回用项目、己内酰胺废水 MBR 项目、化纤废水 MBR 项目、石化园区 MBR 项目、COD 小于 40 mg/L 的精细化工园区污水项目、全地下式市政污水 MBR 项目等相继建成。

● 成长阶段（2011—2014）：于台湾二次上市，引入国际投资者 KKR，并购新加坡美能。围绕膜技术为核心，拓展工业废水应用行业，开始涉足城市市政污水处

理以及大型供水领域

2010 年，联合环境在中国台湾证券交易所挂牌上市，实现了 S＋T 股两地上市。2011 年，KKR 公司向联合环境认购 1.14 亿美元可转换债券；2013 年，KKR 公司额外向联合环境股权投资 4 000 万美元；2014 年 4 月，并购新加坡美能材料科技有限公司，开始将膜制造技术作为公司的核心业务；同年，还与北排集团、兴蓉集团合资，共同生产或推广应用旗下的美能 MBR 膜装备，实现了公司 MBR 业绩向市政污水厂领域的成功突破。在业绩方面，从石油化工废水治理拓展到印染废水治理；投资领域主要集中为工业废水 MBR 用膜项目或 UF＋RO 再生水项目，同时开始涉足城市市政污水以及超滤膜供水项目。

● 突破阶段（2015—2017 年）：中信集团控股，膜制造、工程建设与投资运营三足鼎立

2015 年，中国中信股份有限公司与美国私募股权公司 KKR 联手，收购联合环境技术，中信集团成为控股股东。联合环境更名为中信环境技术有限公司，凭借其在膜制造、水处理等领域的领先优势和行业经验，结合中信的雄厚实力和庞大网络，迎来腾飞发展新机遇。“工业废水＋大型市政污水”双线发力，树立行业标杆；膜制造领域，南通、北京、美国生产基地先后投产，形成膜制造-工程建设-投资运营产业链三足鼎立。2017 年，美能美国 RO 生产基地投产。

● 协同发展阶段（2018 年—至今）：水处理及资源化、绿色工业服务、环保装备制造、危固废处置、工程建设协同发展

从工业废水处理向行业前端延伸，打造工业生产、污水处理、再生水利用、集中供热、清洁能源发电、危废处理“六位一体”循环经济产业园经营模式，升级绿色工业服务；新增危固废处置业务，危废处置产能位列央企前列；水资源、水环境和水生态治理，高端环保技术及装备制造等业务质量在科研力量支持下不断提升；美能膜产品更新迭代，开发出第四代热法膜产品（4G-TIPs）并实现量产。

2019 年，广州北部水厂建成投产，为亚洲最大的单体自来水超滤项目；2021 年，为助力济南生态港 PPP 项目建设，全国第一个践行国家《黄河流域生态保护和高质量发展规划纲要》的项目正式签约。2023 年 1 月，清华大学环境学院-中信环境技术有限公司“先进膜水处理及资源化技术联合研究中心”揭牌，该中心致力于突破膜材料制备方法，持续提升膜材料和膜元件的性能，优化和创新膜法水处理工艺，旨在打破膜法水处理的现有技术瓶颈，开发具备核心竞争力的先进膜材料与膜组件，以及构建绿色低碳的高品质水处理膜工艺，在水资源绿色低碳可持续利用领域发挥行业领军作用。

三、业务业绩

（一）“膜制造及应用”业务

“膜制造”是中信环境技术最为核心的业务板块，旗下的美能膜品牌拥有超滤、微滤、纳滤和反渗透产品制造与应用技术，可提供系列浸没式膜产品和压力式膜产品及其集成膜系统，同时为世界知名企业提供ODM产品定制服务。美能公司同时拥有NIPS和TIPS制造技术、严格的生产管理体系以及经验丰富的生产管理团队。

美能在新加坡、中国南通、绵阳、北京等世界各地建立了世界先进的膜生产基地，产能可达3 300万m^2/年，全球膜应用规模逾2 000万m^3/d，生产产能及应用规模均居世界前列。2018年，美能美国生产基地正式投产，该工厂并非中国或新加坡任何类似工厂的延伸，它在材料选择、制作流程和布局配置、机械设计等方面融入了美能先进的新技术，致力于打造品质卓越的纳滤及反渗透新产品。新产品主要应用于水净化、海水淡化等高价值领域。美能也成为世界上少数可以大规模高质量生产超微纳滤及反渗透全系列膜产品制造商。产品销往中国、东南亚、中东、印度、欧洲、非洲和美洲，在中国10万吨级以上MBR项目中，市场占有率快速上升。

美能在膜制造工艺上，既掌握了溶液相转移法（NIPS）为基础的PVDF中空纤维膜的生产工艺，同时也是屈指可数能够以热致相分离法（TIPS）大规模生产PVDF中空纤维膜丝的厂商之一。

美能膜产品矩阵，包括微滤、超滤、纳滤和反渗透全系列膜产品。通过一系列的实验优化，从小试，中试，到大规模生产，美能可以稳定生产出不同特性，适用于不同场景的膜产品。中信环境技术在膜制造领域已经具备了相当成熟的业务布局链条，拥有近百项膜产品及膜技术核心发明专利、实用新型专利技术、专有生产技术和产品设计等一系列知识产权，膜技术已应用于全国市政/工业污水、城市供水排水、海绵城市、海水淡化、纯水制备、气体分离、材料分离等多个领域。

（二）水处理业务

中信环境技术凭借在工业污水、大型市政污水及城市供水领域积累多年的成功经验，在拓展国内水处理和环境治理业务的同时还大力拓展海外市场，在埃塞俄比亚、苏丹、巴基斯坦、哈萨克斯坦、印度尼西亚等国家积极参与水处理设施的建设和投资。

● 工业污水处理业务。在2003年，MBR技术尚未在中国规模化应用之前，中信环境技术就已经开始尝试使用MBR技术解决高难度工业污水处理的难题。2003年8月，随着中信环境技术承建的中石化广州分公司污水净化回用项目完工，正式开启了膜技术在全国规模以上工业污水处理领域的商业化应用进程。2004—2009年，中信环境技术接连承建中石化、中石油、中海油和广东、江苏等诸多工业园区的大型膜法水处理工程，涵盖炼油含油废水、含盐废水、PTA 废水、己内酰胺废水、精细化工废水、农药废水、医药中间体废水等领域，为中石化、中海油、中石油、广东大亚湾石化工业区等石油化工、精细化工、医药化工企业及园区提供废水处理及回用技术服务。

此后，中信环境技术凭借所积攒的丰富经验，攻克了福建石狮、河北无极、广东潮南、广州小虎岛、惠州大亚湾、江苏大丰等多种高难度化工污水处理及回用难题。2018 年，福建石狮政府引入中信环境技术高效低能耗的 MBR 技术对石狮伍堡印染污水处理进行提标改造，投产并稳定达标排放后，结束石狮伍堡集控区近一年的限量生产，推进了石狮印染业可持续发展。在“世界皮革之都”河北无极县，中信环境技术四次中标无极县污水处理厂提标改造项目，成功解决了皮革废水达标排放难题并实现了污水回用，为牛皮革之都的发展注入绿色能量。中信环境技术工业领域典型工程案例见表 8－2。

表 8－2　中信环境技术工业领域典型工程案例（2020—2024 年）

项目名称	应用领域	规模（m^3/d）	投运时间（年）
广东省汕头市潮南印染环保园污水处理厂	工业废水	155 000	2020
河北无极县制革厂	皮革废水	50 000	2020
四川成凉污水厂	工业废水	30 000	2021
安德园区第二污水处理厂项目	工业废水	25 000	2023
湘南印染产业园项目	工业废水	80 000	2024

● 市政供水及排水业务。2010 年后，国内进入膜法技术全面推广阶段，中信环境技术凭借多年积累的膜法水处理技术经验，成功将 MBR 技术、超滤膜技术、反渗透膜技术等从高难度的工业废水处理领域拓展到大型地埋式市政污水、大型城市饮用水等领域，成就了中国第一个全地埋式大型市政污水处理项目——广州京溪地下净水厂（10 万 m^3/d）、亚洲最大的全地埋式 MBR 再生水厂——北京槐房再生水厂（60 万 m^3/d）、国内最大的超滤膜自来水厂——广州北部水厂（一期工程 60 万 m^3/d）等多个行业标杆项目。

近年来，中信环境技术在市政污水布局上多点开花，在福建、湖北、广东、甘肃等地的市政污水处理市场布局也逐步推开，如拿下了福建最大的 MBR 市政污水处理提标改造项目——福州洋里项目，在湖北乡镇污水处理示范项目得到湖北省住建厅大力推广等。中信环境技术市政领域典型工程案例见表 8－3。

表 8-3　中信环境技术市政领域典型工程案例（2021—2023 年）

项目名称	废水类型	工艺	生产规模（万 m^3/d）	运行时间
济南（国际生态港 PPP 项目）综合污水处理厂	市政综合污水	粗细格栅＋曝气沉砂池＋A^2/O＋MBR	5.5	2023 年 4 月
河北无极县提标厂	市政	滤前水池→活性炭吸附→滤后水池→消毒池→巴氏计量槽	5	2021 年 12 月
开封市北区净水厂	市政	A^2/O＋MBR 膜工艺	5	2022 年 2 月
兰州七里河安宁污水处理厂改扩建	市政	全地埋式 A^2/O＋MBR	30	2021 年 12 月
茂名水东湾新城水质净化厂	市政	粗细格栅＋曝气沉砂池＋A^2/O＋MBR	4.5	2021 年 7 月
大清河水质提标工程	市政＋工业	水解酸化＋悬挂链曝气＋气浮＋臭氧＋BAF	20	2021 年 11 月

（三）循环经济工业园区建设运营业务

中信环境技术利用自身先进环保技术及资金优势，引进国际领先的环保产业发展理念，着力打造循环经济产业园区，实现园区污染物零排放的目标，探索建立起了工业生产、污水处理、再生水利用、集中供热、清洁能源发电、危废处理“六位一体”循环经济产业链。目前，中信环境技术这种先进的环保理念模式已在河北高阳、广东汕头潮南等地区得到实践。

● 发改委、生态环境部深入推进园区环境污染第三方治理示范单位，“六位一体”循环经济产业模式实践典范：汕头潮南纺织印染环保综合处理中心，污水处理设计规模为 15.5 万吨/天，再生水规模为 8 万吨/天，中低压蒸汽规模为 1 000 吨/小时。

● 全国第一个县级循环经济产业示范项目/全国第一个印染工业园区污水、污泥循环处理与综合利用项目/“六位一体”循环经济产业模式实践典范：高阳循环经济产业园，污水处理规模为 26 万吨/天，再生水规模 8 万吨/天。

● 国内领先、国际一流的“领头羊”和“风向标”：河北无极皮革循环经济产业园：2023 年全县近 300 家皮革后整饰企业全部搬迁入驻园区进行高标准升级改造，实现清洁化生产，从根本上解决皮革后整企业污水、固废危废、VOCs 污染问题。

● 广东省重点建设项目：清远市印染行业综合整治搬迁安置区污水处理及热电

联产项目，主体采用预处理＋水解酸化＋A/O＋MBR 工艺，深度处理增加反渗透工艺实现中水回用，回用率不小于 60%。

● 湖南省百大重点工程项目之一、衡阳市 12 条优势产业链的重要载体：湘南纺织产业基地项目，污水处理规模为 15 万吨/日，中水回用及工业供水规模达 16 万吨/日。

（四）环保工程建设业务

中信环境技术是国内为数不多的集环保装备制造、应用及环保工程设计、施工建设、运营为一体的环保企业，拥有环境工程设计专项乙级、建筑工程施工总承包壹级、市政公用工程施工总承包壹级、机电工程施工总承包壹级等资质，承建大型市政供排水、工业污水、危废处置等各类环保 EPC 项目数百项。

● 西北地区最大全地埋式 MBR 市政污水处理厂：兰州七里河安宁污水厂改扩建工程，污水处理规模为 40 万吨/天。

● 广东省最大地埋式 MBR 市政污水处理厂：广州西朗污水处理厂提标改造工程，污水处理规模为 30 万吨/天。

● 亚洲第一个大型全地埋式市政污水 MBR 项目：广州京溪地下净水厂，市政污水 MBR 项目 10 万吨/天。

● 新疆最大规模危废处置项目：新疆库尔勒危废（固废）处置中心工程，年危废处理量 55 万吨。

● 福建省最大市政污水 MBR 项目：福州洋里污水厂提标改造工程，污水处理规模为 60 万吨/天。

● 河南省唯一一家获得省政府审批的印染产业园：安阳市印染工业园建设项目，项目总用地 530 亩。

● 湖南省乃至国家智慧能源示范工程：湘南纺织产业基地项目，污水处理规模为 15 万吨/日，中水回用及工业供水规模达 16 万吨/日 项目占地 2 390 亩。

四、公司核心竞争力分析

中信环境技术通过充分发挥五大核心优势，实现业务可持续增长，在水处理、危废处理、膜制造、工程建设四大业务板块取得卓越成就。

（一）优势一：绿色工业环保优秀服务商

● 智慧平台：产业深度融合的源头治理模式和园区管理的一张图模式。

● 中国最大的工业污水集成运营商之一。

● 整体解决方案服务商及高标准设备供货商。

依靠深耕工业废水处理多年来积累的深厚技术和丰富案例经验，业务能力进一步升级，往产业链前端延伸，投资建设运营循环经济产业园，还对传统循环化产业园进行改造升级，在广东汕头、清远、四会，河北高阳，河南安阳以及湖南常宁等地已有成功案例，引领高污染产业转型走上绿色发展道路，优化产业布局，改善城市环境，创造就业机会，促进社会和谐稳定，实现经济效益、社会效益、生态效益多赢。

（二）优势二：先进环保技术和环保装备集成应用

这体现在污水综合解决方案＋再生水系统解决方案＋膜处理设备及工程方面。

“京溪模式”：2010 年，中信环境技术建成全国首座全地埋式污水处理厂——广州京溪地下净水厂，将主要构筑物全部转移到了地下 20 米深的空间，将全部工艺组团化、集成化，组拼成预处理区、污泥区、生化区、膜区等 6 个矩形模块，充分利用地下两层空间完成全部污水处理过程。厂区地面做了园林建设，绿化面积大于 50%。周围居民可以到这里休闲，周围土地也得到增值。

“成都模式”：中信环境技术在成都市第三、四、五、八污水厂的提标改造成功为城市污水处理提标改造项目提供标杆性样板。在不增加土地、不停产的情况，中信环境技术运用“多相组合膜生物反应器工艺（MP-MBR）”污水处理技术对污水处理厂进行升级改造。项目实施完成后，成都市第三、四、五、八污水厂总处理能力从 40 万吨/天提升至 75 万吨/天，每日污水处理能力增加了 35 万吨。

“潮南模式”：中信环境汕头潮南纺织印染产业园是国内“环保治理＋减污降碳＋产业发展”的典型案例。中信环境技术以“六位一体”循环经济产业治理模式，最大化减污降碳效果，为练江流域实现长治久清及中央环保督察摘帽做出了突出的贡献。单位环保投入带动十倍以上的产业收入，成为地方经济发展的新引擎，改变了传统环保企业成本附庸的属性，成为产业发展的助推器，有效实现绿水青山向金山银山的转化。

（三）优势三：微滤、超滤、纳滤和反渗透全系列膜产品研发和制造

美能是全球极少数拥有微滤、超滤、纳滤和反渗透全系列膜产品研发和制造能力的膜系统供应商，自主研发的 PVDF 中空纤维膜丝经由英国知名的 O_2 环保技术评估集团认定，综合性能排名全球前三。

美能拥有 150 多项发明专利，产品齐全，涵盖微滤、超滤、纳滤与反渗透全系列膜产品，制造技术有 TIPs 与 NIPs，可提供浸没式、压力式膜产品及膜系统集

成，应用范围宽，包括水处理、材料分离、气体分离等领域，应用行业包括石化、印染、冶金、医药、造纸、皮革、电镀、食品等。

美能在美国、新加坡、中国四川绵阳、江苏南通和北京平谷拥有 5 个膜装备研发和制造基地，膜产能达 1 000 万平方米/年。

（四）优势四：中信品牌优势

- 国务院直属三家正部级大型央企集团之一。
- 中国最大的金融与实业并举的大型综合性跨国企业集团。
- 国内领先、国际一流的科技型卓越企业集团。

中信集团业务涵盖 56 个行业，深耕综合金融、先进智造、先进材料、新消费和新型城镇化五大业务板块。中信拥有多元业务布局，实体经济与金融服务并驾齐驱，传统动能与新经济共生共存，境内与境外布局相辅相成。正因为这些，中信拥有独特的综合优势，对内倡导协同共享，对外开放资源广泛合作，通过资源整合与产业协同，不断打破发展的边界，提升服务的境界，创造共同施展的舞台。

（五）优势五：环保＋协同优势

协同是中信集团的经营哲学，产融结合和实业协同提供“环保＋”的综合服务。可以充分发挥中信集团综合金融服务优势和实业板块协同投资优势。

综合金融服务协同：中信旗下有比较齐全的金融门类，联合开发创新产品。

区域业务和专题协同：组织有关联业务需求的子公司围绕战略重点，联合开拓市场。

产业链协同：围绕产业链开展协同，有效推动产业技术升级和业务模式转型。

战略合作协同：通过联合营销模式，建立业务对接，为客户提供综合解决方案。

客户协同：“以客户为中心”，是中信集团协同的出发点。

“走出去”协同：在海外有广泛业务布局。

第三节　海南立昇净水科技实业有限公司

一、企业概况

海南立昇净水科技实业有限公司（下文简称“立昇”）成立于 1992 年，目前已形成集超滤膜及其组件、家庭净水设备生产、销售与服务为一体的高新技术企业集团，是全球范围内少数较早能自主开发高性能超滤膜并达到产业化生产的大型超滤膜及其组件供应商之一。

立昇主营业务为销售自主研发的超滤膜、膜组件等净水产品，产品已在市政供水、污水处理及其回收利用，政企服务，家庭饮水，农村改水等诸多领域得到了广泛应用。截至 2020 年，立昇超滤膜占全国超滤膜水厂处理规模的 36%，在全国应用的村镇供水项目超过 5 000 项，国外将近 4 000 项，应用的企业包括多家世界 500 强企业在内的国内外 1 000 多家企业，家庭用户超过 300 万户。

二、工程业绩

立昇应用工程累计设计规模约 500 万 m^3/d。近三年大型工程案例见表 8-4。

表 8-4 立昇典型工程案例

项目名称	应用领域	规模（m^3/d）	投运时间（年）
河北唐山地表水厂	市政自来水	60 250	2019
南通狼山水厂	市政自来水	300 000	2020
张家港第四水厂	市政自来水	210 000	2020
廊坊市地表水厂一期	市政自来水	150 000	2021
济宁运河水厂	市政自来水	100 000	2022
西安某市政污水厂	市政污水	54 000	2020
成都某应急污水项目	生活污水	20 000	2021
成都某工业园区污水处理项目	工业废水	25 000	2020
福建漳平某工业园区	工业废水	10 000	2021

三、经营情况

立昇九年的营业收入呈整体增长的趋势。除 2021 年营业收入较前一年有所下降，其余年份均较上一年有所增长。从 2014 年的 1.4 亿，到 2022 年的 4.2 亿，九年间营业收入增长到近 3 倍，详见图 8-5。

四、公司核心竞争力分析

立昇目前拥有 175 项国内外核心专利，其中发明专利 84 件，实用新型专利 60 件，国际 PCT 专利十余项。近三年授权专利见表 8-5。

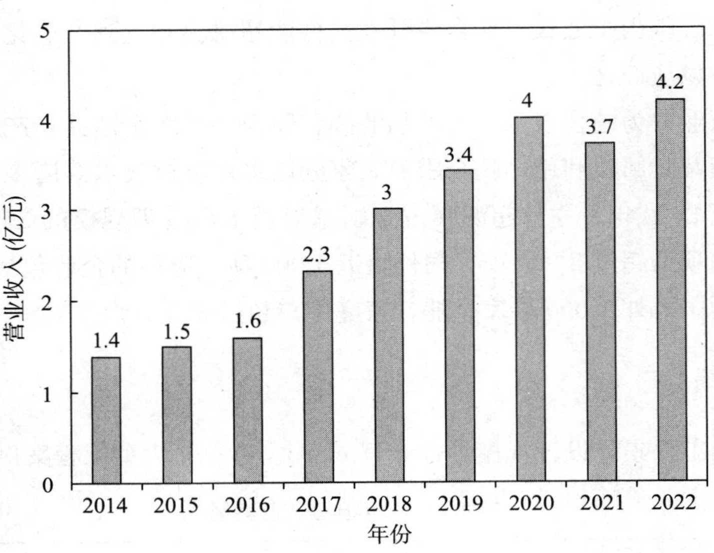

图 8-5　海南立昇营业收入年度变化

表 8-5　海南立昇授权专利状况（2020—2022 年）

专利名称	申请时间（年）	授权时间（年）	专利类别
密封装配壳体及其包含的过滤器	2016	2020	发明专利
自由组合式水路板单元及净水器	2016	2020	发明专利
一种基于层间共价作用增强的荷负电型含氟聚合物基复合膜及其制备方法	2018	2020	发明专利
一种基于层间共价作用增强的荷负电型含氯聚合物基复合膜及其制备方法	2018	2021	发明专利
净水膜组件清洗方法及净水膜组件清洗装置	2017	2020	发明专利
含管状支撑网的双分离层中空纤维超滤膜及其制备方法	2018	2020	发明专利
一种利用多巴胺和功能化碳纳米管共涂覆改性超滤膜的制备方法	2018	2020	发明专利
一种非离子型含氟两亲聚合物及包含该聚合物的分离膜	2018	2021	发明专利
光催化材料及其制备方法和应用	2019	2022	发明专利
净水装置及其过滤模块	2020	2022	发明专利
膜丝膜壳脱落性抗疲劳测试设备	2020	2022	发明专利
一种抗菌抗污染过滤膜的制备方法	2021	2022	发明专利
可更换过滤膜组件的罐型过滤设备	2021	2022	发明专利

五、未来发展布局战略

近年来，伴随“一带一路”建设的脚步，立昇已经将产品和服务覆盖到全球70多个国家和地区。在“一带一路”沿线的日本、俄罗斯、马来西亚以及欧洲等地都有立昇的“足迹”。在日本，立昇超滤膜设备已在超过2 000座小型自来水厂运行，为当地居民输送汩汩清流。立昇也在菲律宾开展相应的项目，利用公司自主研发的具有出水优质、供水规模灵活、占地面积小等优点的超滤膜技术和标准化安装、自动化运行的模式，给当地带去安全、实用的净水设备及管理模式，帮助解决当地用户的饮水安全健康问题。在欧洲市场，立昇将超滤技术应用于意大利威尼斯污水处理厂，运行结果优于国外知名品牌；该技术也在俄罗斯索契冬奥会污水处理厂得到应用，在世界舞台上证明自身的竞争实力。

为了融进当地、扎根当地，立昇开始寻求的是与当地建立深度且长久的合作关系。2015年，立昇以技术入股方式与俄罗斯知名环境企业签订合作协议，积极帮助当地发展经济、增加就业、改善民生的同时也代表中国在新材料、新技术领域实现“中国智造”增添精彩的一笔。

紧抓“一带一路”建设为企业带来参与高层次的竞争格局的机会，努力提升研发及技术水平，与世界分享来自中国的先进科技和产业经验。立昇将进行从核心技术供应向市场推广和提供技术服务的角色转变。从源水净化、应用场景净化到环保净水再利用，打造完整的净水生态链，为海外众多地区和重大项目提供量身定制的“立昇方案”。

六、公司大事记

2020年1月，董事长陈良刚被中共海南省委人才发展局授予“海南省领军人才”荣誉证书。

2020年4月，立昇新一代集装箱式超滤膜设备在柬埔寨柴桢自来水厂扩容项目中正式通水使用，年产水超百万吨，为超1万户当地居民提供高品质、安全健康的饮用水。

2020年9月，立昇与苏州市自来水公司展开战略合作，立昇直饮水台走进苏州街头投入使用，保障来往行人饮水的安全健康。

2020年11月，在中国膜工业协会成立二十五周年庆典上，董事长陈良刚获得“中国膜行业推动力领袖奖”，海南立昇荣获“中国膜行业杰出企业奖”。

2020年12月，在中国科研院所领导者跨界创新论坛上，海南立昇获国家级博士后科研工作站授牌。

2021年10月，海南立昇净水科研项目“农村供水水质净化关键技术研究与应用”获得农业节水科技奖一等奖，获得中国农业节水和农村供水技术协会授予的获奖证书。

2022年2月，立昇荣获2021年度江苏省专精特新小巨人企业认证。

2022年10月，立昇凭借立升牌中空纤维超滤膜产品，荣获中国膜工业协会颁发的“企业标准领跑者”证书。

第四节　金科环境股份有限公司

一、企业概况

金科环境股份有限公司（以下简称“金科”）是专业从事给水深度处理以及污废水资源化的国家高新技术企业，主营业务为依托膜通用平台装备技术、膜应用技术、膜运营技术等三大核心技术，向客户提供水处理技术解决方案、运营服务以及资源化产品；金科业务所属的细分领域为膜法水深度处理及资源化领域，深耕上述细分领域15年，在全球水淡化和水再利用项目开发商中位列全球第九。

二、发展状况

金科的主导产品为地表微污染水及污废水膜组合深度处理及资源化技术，可应用于饮用水纳滤深度处理、市政污水超滤深度处理、双膜法（超滤 + 纳滤/反渗透）污废水深度处理及资源化等方向。该细分领域2022年全国新增总产水规模为169.99万吨/日，金科主导产品2022年新承接项目的总产水规模为39.70万吨/日，中国市场占有率达到23.35%。其中，关键分支技术“饮用水深度处理纳滤技术”属于“补短板”产品，首次填补了国内地表微污染水纳滤深度处理领域的空白；服务于主导产品的膜通用平台实现了膜元件通用互换和单体设备大型化，解决了行业内不同膜厂家的膜元件不能通用互换的行业问题，为国内首创，可替代国外进口产品。

金科的主导产品和核心技术已在行业大型客户/建设方、大型市政项目产业实践以及高难度资源化产业实践中得到广泛应用，其中，大型客户/建设方包括北京市自来水集团、北控水务集团、中铁十八局集团、中建安装集团有限公司、中国节能环保集团、长江三峡集团、张家港市城市投资发展集团、厦门市政工程有限公司、唐山三友集团、包钢集团等；大型市政项目包括雄安新区新建1号水厂（15万吨/日）、石景山水厂（20万吨/日）、张家港三厂扩建（10万吨/日）、张家港四厂二期（20万吨/日）、成都天府空港新城给水厂及输水干管工程（20万吨/日）等。在污废水深度处理和资源化领域，典型项目为唐山南堡污废水资源化项目、无锡锡山再生水项目、北控水务济南高新再生水厂项目、乌拉特后旗紫金矿业疏干水零排放及资源循环利用项目等，其中，唐山南堡污废水资源化项目将14万吨/日废水全部深度处理并再生利用的同时对浓缩液进行资源化处理，最终生产得到约4.1万吨/日高品质再生水、3.54万吨/年二水合硫酸钙等资源化产物。金科环境在细分领域经典工程案例见表8-6。

表8-6 金科环境细分领域经典工程案例

项目名称	污水/给水类别	工艺类型	规模（万吨/日）	建成年份
无锡新城水处理二厂提标工程	市政污水	超滤	17	2020
中宁县第一污水处理厂地表水准四类水提标改造工程	市政污水	MBR	3	2020
绵阳永兴污水处理厂扩建项目	市政污水	MBR	6	2020
张家港市第四水厂扩建工程	饮用水	纳滤	10	2020
贵阳市南明河流域水环境系统提升工程-六广门污水处理厂工程	市政污水	MBR	12	2021
唐山市南堡经济技术开发区污水处理厂提标工程	污废水	双膜	4	2021
厦门乐亭经济开发区污水处理厂提标改造工程	市政污水	超滤	2	2021
石景山水厂工程	饮用水	超滤	20	2021
张家港市第三水厂深度处理改造10万吨纳滤扩建项目	饮用水	纳滤	10	2022
长江大保护（宜城示范区）先导项目猇亭污水厂网改扩建工程	市政污水	MBR	4	2022
库尔勒市应急生活水厂工程	污废水	双膜	5	2022
成都天府空港新城6号、9号、15号再生水厂及污水干管工程	市政污水	MBR	10	2022
张家港市第四水厂深度处理改造工程	饮用水	纳滤	20	2022
烟台西解水厂深度处理项目	污废水	双膜	2.13	2022
雄安新区起步区1#供水厂工程	饮用水	超滤	15	2022
成都天府空港新城给水厂及输水干管工程	饮用水	超滤	20	2022
盐城市响水县饮水水质安全提升工程	饮用水	纳滤	5	2023
无锡锡山再生水项目	污废水	双膜	1.58	2022
济南高新再生水厂项目	污废水	双膜	1.5	2023
乌拉特后旗紫金矿业疏干水零排放项目	污废水	双膜	2	2023

金科开发并实施的唐山南堡污废水资源化项目在 2019 年 4 月英国伦敦举行的 GWI 第十三届全球水峰会入围“GWI 2019 全球水奖-年度最佳工业水处理项目”，是全球 4 个工业水入围项目中唯一的中国项目；金科开发并实施的张家港饮用水深度净化项目入围“GWI 2022 全球水奖-年度最佳市政供水项目”，并荣获金奖。

三、金科核心竞争力

金科由于涉及膜装备设计及制造和膜应用两个环节，核心技术涵盖了除膜材料研发生产以外的膜法水处理产业链的所有环节，因此属于产业链中的膜装备及应用商；与上游的膜厂家、膜制造商相比，金科拥有可实现通用互换的膜装备技术，对膜供应商和膜材料的依赖性小，并且具备更专业的水处理能力，能够融合膜应用和水处理工艺技术两方面的知识和经验，针对原水水质和用水目的，通过调节预处理、优化水力学设计、采用系统组合工艺等方式，提供更全面的专业服务；与下游的膜运营商相比，金科拥有膜装备设计及制造能力，因而能够提供更吻合客户需求的产品，为客户提供更稳定、可靠、高效的膜水厂；同时，金科充分发挥其在产业链中承上启下的优势，以技术保障为支撑，推动膜厂家产品采纳于大量实际工程项目中，并向膜运营商长期提供技术支持，高效串联整条产业链并推动其蓬勃发展。

近三年以来，金科的研发团队实现了跨越式发展，于 2021 年成功申报北京市企业技术中心，并负责国家级科研课题“污水资源化与新污染物风险控制技术”。借助产学研合作模式与清华大学、同济大学等高校维持长期合作关系，通过定期签订技术开发合作协议或技术服务合同，整合双方的人力资源、技术资源、设备资源以及场地资源，以需求为导向，以应用为主线，研究行业关键共性技术，并且汇聚行业人才，为国内污水处理的协同运行方案、优化策略、核心系统和关键工艺的研究、开发、试验和评估提供基础平台，提高协同开发能力；目前金科研发人员占总员工人数近 40%，每年的研发投入从金科的自有资金以及上市的募集资金中划拨，并持续稳定增长，确保为营业收入的 3%以上；金科主持的科研项目“基于通用平台的膜系统应用及运营优化技术开发与产业化”和“再生水处理高效能反渗透膜制备与工艺绿色化关键技术”于 2022 年分别荣获“中国膜工业协会科学技术奖一等奖”“环境保护科学技术奖一等奖”等国家级科技奖项。

截至目前，金科累计研发获得相关专利 80 项，其中包括 PCT 专利 7 项、中国发明专利 22 项、实用新型专利 51 项，以及软件著作权 3 项；累计参与 22 项水处理行业相关标准的制订，其中包括国际标准 1 项、国家标准 12 项、团体标准8 项、地方标准 1 项。2022—2023 年，金科公司获得授权的发明专利状况，见表 8－7。

表 8-7　金科部分环境专利授权情况（2022—2023 年）

专利名称	申请时间（年）	授权时间（年）	专利类别
一种集装式超滤净水装置	2017-7-20	2023-11-3	发明专利
一种反渗透膜主机破虹吸浓水排放装置	2017-7-26	2023-5-12	发明专利
一种超滤装置通用阀组	2017-8-4	2023-5-30	发明专利
一种反渗透测试液净化器	2017-8-21	2023-5-30	发明专利
一种黏胶废水资源化处理方法	2018-12-26	2023-5-19	发明专利
一种阻垢剂评价方法及装置	2021-6-8	2022-11-11	发明专利
一种纳滤膜或反渗透膜的清洗剂及清洗方法	2021-12-9	2022-2-25	发明专利
适用于饮用水处理的生物污染控制装置及控制方法	2021-12-10	2022-3-29	发明专利
一种具有高暂时性硬度的反渗透浓水的处理系统及方法	2022-7-8	2022-9-16	发明专利
一种印刷电路板废水的处理系统和方法	2022-7-15	2022-11-11	发明专利
低能耗臭氧氧化反渗透浓盐水系统及双氧水加药控制方法	2022-8-3	2022-11-11	发明专利
基于膜污染倾向控制的反渗透智能冲洗系统及控制方法	2022-9-30	2023-3-14	发明专利
中空纤维纳滤膜系统及其控制方法	2023-6-13	2023-10-20	发明专利

第五节　杭州求是膜技术有限公司

一、企业概况

杭州求是膜技术有限公司（以下简称“求是”）创建于 2003 年，是一家专业从事膜法水处理的高新技术企业。公司主营业务是以自主研发、生产的中空纤维超滤膜材料为核心组件，为客户提供膜组件、膜设备及膜系统综合应用解决方案。

求是自成立至今精耕细作二十载，是国内既具备独立研发、生产膜材料、膜组件的能力，同时兼具膜设备、膜综合应用解决方案、相关完整工艺储备、丰富项目执行及销售网络的企业之一。求是可为客户提供包括方案设计、产品制造、系统集成、安装调试、运营维护等服务，并配有完善的售后及技术咨询全产业链支撑体系。

2020 年求是膜在湖州长兴投资建设二期厂房扩建项目已落成，占地约 100 亩。新生产线实现了全自动化生产，年产能突破 1 000 万平方米，大幅度缩短供货周期。

二、发展状况

杭州求是膜技术有限公司的膜产能在 2011—2014 年之间持续保持平稳，年产能均在 100 万平方米；而在之后三年内的产能量持续上升，2017 年高达 400 万平方米，同比增长了 100%。2020 年求是膜在湖州长兴投资建设二期厂房扩建项目已落成，占地约 100 亩。新生产线实现了全自动化生产，年产能突破 1 000 万平方米，大幅度缩短供货周期。

三、公司专利

求是膜公司专利如表 8-8 所示。

表 8-8　求是膜公司专利

序号	专利名称	专利号
1	一种膜过滤单元及平板膜元件	ZL 2019 1 0966972.9
2	一种可拆卸组合式集成污水处理设备	ZL 2020 2 0149872.5
3	一种一体化污水处理设备的进水曝气调节系统	ZL 2020 2 0820072.1
4	一种用于水处理的无阀超滤净水系统	ZL 2020 2 2975644.6
5	冲刷式振动膜装置	ZL 2021 2 1611942.5
6	抗冲击节能型 MBR 污水处理系统	ZL 2022 2 1671348.X
7	适用于进水波动的小型一体化 MBR 污水处理装备	ZL 2022 2 2555451.4

四、工程业绩

求是膜工程应用案例如表 8-9 所示。

表 8-9　求是膜工程应用案例

地点	应用	工艺或形式	时间（年）	处理量（m^3/d）
南昌	化工	UF+RO	2018	10 000
四川绵阳	市政污水	MBR	2018	50 000
新疆	废水处理	UF+RO	2018	16 000
湖南	市政污水	MBR	2019	160 000
鄂尔多斯	中水再生	UF+RO	2019	30 000
杭州余杭	市政污水	MBR	2020	75 000
北京丰台	市政污水	MBR	2020	50 000
邵阳	生活污水	MBR	2021	80 000
庆阳	市政污水	MBR	2021	70 000
乌海	中水回用	UF	2020	10 000
辽宁	中水回用	UF+RO	2020	16 000

续表

地点	应用	工艺或形式	时间（年）	处理量（m^3/d）
武汉	地表水	UF+RO	2020	18 000
四川绵阳	工业园区	UF	2019	14 000
新疆	地下水	UF	2020	50 000
重庆	地表水	UF	2020	10 000
深圳	中水回用	UF+RO	2020	12 000
南京	市政污水	UF+RO	2021	20 000
上海	高品质饮用水	UF+NF	2020	20 000
湖南	工业园区污水	浸没式 UF	2021	14 000

五、发展历程和组织结构

（一）发展历程

杭州求是膜技术有限公司发展历程如图 8－6 所示。

图 8－6　杭州求是膜技术有限公司发展历程

（二）组织结构

杭州求是膜技术有限公司是浙江开创环保科技股份有限公司（以下简称开创环保）的全资子公司。开创环保是一家掌握膜核心技术，集膜材料研发、相关膜装备研制和提供膜应用综合解决方案的国家高新技术企业，业务覆盖饮用水深度净化、再生水处理、分布式水质净化和工业废水资源化等领域，获批第四批国家专精特新“小巨人”企业，设有省级院士工作站，浙江省分离膜材料与装备重点研究院，是国际排名前五、亚洲排名前二环保龙头企业北控水务集团、首创环保集团联合投资的膜科技产业化实体企业。

第六节　上海世浦泰新型膜材料股份有限公司

一、企业概况

上海世浦泰新型膜材料股份有限公司（简称世浦泰）成立于2009年。公司作为全球领先的高端水处理膜及节能曝气产品的制造企业，在中国、德国、加拿大和匈牙利均设有膜技术研发中心，在中国、德国和匈牙利均设有膜制造工厂。其中，世浦泰位于德国Simmern的膜制造工厂是按工业4.0标准打造的欧洲产能最大之一、制造工艺最先进之一的膜生产基地。

世浦泰先后控股或整合了有近50年历史的德国Supratec公司和国际知名膜组器制造商德国Newterra公司，并在海外设立膜技术研发中心，汇集了国际顶尖的膜研发和技术人才，通过持续研发投入和自主创新，实现了技术的重大创新突破，成为国际高端水处理膜及节能曝气等细分赛道的隐形冠军。

世浦泰公司业务范围包括适用于污水、再生水和饮用水处理领域的中空纤维超滤膜、平板超滤膜、中空纤维纳滤膜及曝气器产品的研发、制造、销售及配套工艺包的技术服务。

二、工程业绩

世浦泰及其控股子公司在中国及海外共计有1 000余项膜应用工程业绩，2020—2023年国内的典型工程案例详见表8-10。

表8-10　世浦泰典型工程案例（2020—2023年）

项目名称	应用领域	规模（m^3/d）	投运时间（年）
广东省汕头市潮阳区纺织印染环保综合处理中心污水处理厂工程	工业	75 000	2020
安徽省芜湖市朱家桥污水处理厂三期工程	市政	115 000	2020
广东省惠州市陈江街道办二号水质净化厂工程	市政	100 000	2021
甘肃省兰州市盐场水质净化厂扩建工程	市政	100 000	2021

续表

项目名称	应用领域	规模（m^3/d）	投运时间（年）
甘肃省天水成纪新城净水厂	市政	80 000	2021
重庆市花溪河流域治理水质净化工程	市政	95 000	2022
重庆市沙坪坝伍家河沟水质净化厂	市政	60 000	2022
上海市金山卫污水处理厂	工业	25 000	2023
重庆市綦江共同片区污水处理厂	市政	30 000	2023

截止到 2023 年，世浦泰在国内已实施的膜应用工程的累计设计规模约 200 万 m^3/d，累计规模化工程数量 300 余项。

三、经营情况

除 2022 年，世浦泰近年的营业收入和净利润均保持了稳健的增长，世浦泰膜业务国内市场部分的营业收入和净利润情况见图 8－7、图 8－8。

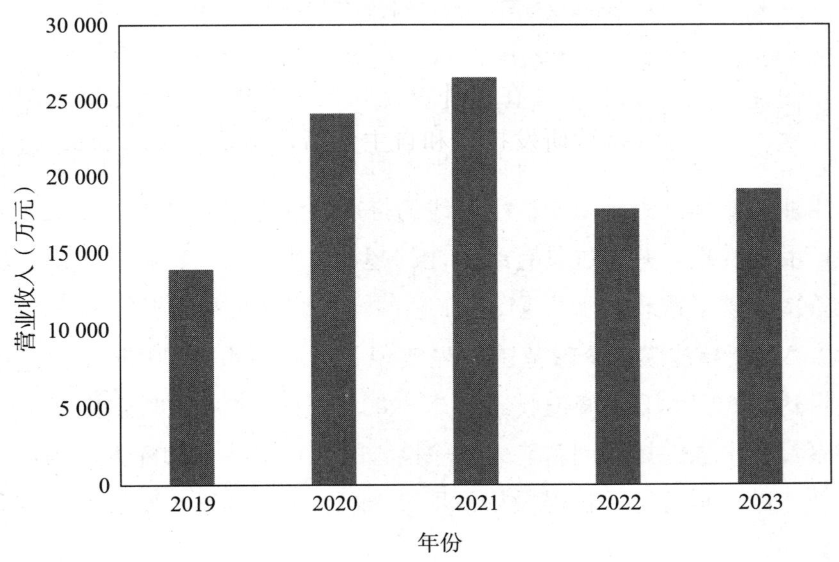

图 8－7　世浦泰膜业务国内市场营业收入年度变化（2019—2023 年）

四、核心竞争力分析

世浦泰作为国际高端水处理膜及节能曝气等细分赛道的隐形冠军，不同于国内其他膜制造企业由国内再到国外的发展路径，世浦泰在研发、生产和市场等方面采用的均是国外到国内的反向路径。

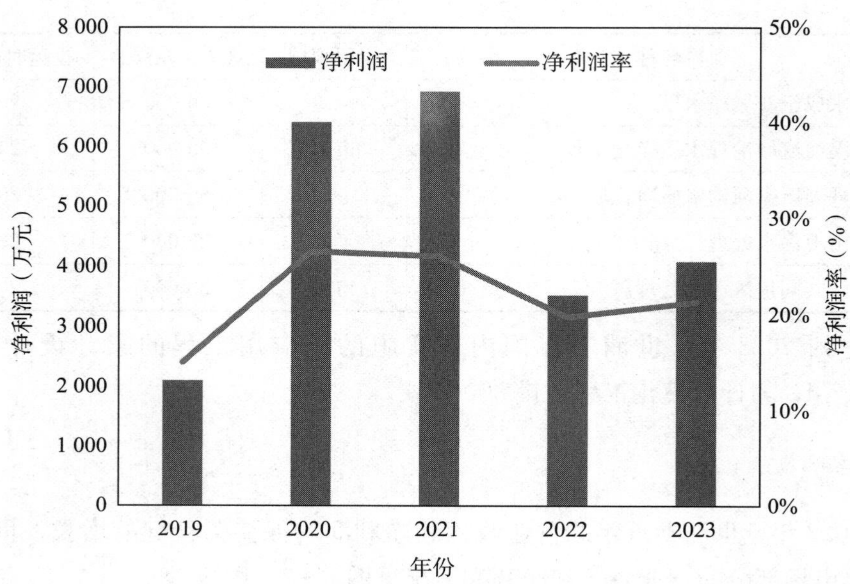

图 8-8　世浦泰膜业务国内市场净利润年度变化（2019—2023 年）

注：数据未包括世浦泰膜业务海外市场数据，也未包括世浦泰非膜业务数据。

世浦泰膜技术源自德国并布局在全球，整合了来自国内、北美、欧洲的高水平研发力量，汇集了百余名国际膜行业的顶尖研发工程师，通过长期的研发投入和耗资巨大的工业 4.0 标准先进膜制造生产线的打造，取得了膜技术的重大创新突破和高性能膜产品的实现，并通过具有颠覆性的超滤 MBR 工艺新膜法解决方案，在水处理领域首次实现了市政污水厂 MBR 工艺的吨水综合成本低于传统 A^2O 工艺。

世浦泰 MBR 超滤膜在全球范围率先实现了市政污水处理 MBR 工艺中可持续平均膜通量达到 30 LMH，峰值膜通量 55～60 LMH，膜吹扫气水比降至 3∶1。

世浦泰具有很强的技术创新能力，除核心的膜材料技术和配方作为商业秘密未申请专利外，世浦泰已先后获得授权发明专利 13 项、实用新型及外观专利 77 项。其中部分专利状况详见表 8-11。

表 8-11　专利状况

专利名称	申请时间	授权时间	专利类别
一种厌氧-缺氧-好氧-MBR 膜组件污水处理工艺	2015.6.11	2017.8.4	发明专利
一种脉冲曝气器和包括该脉冲曝气器的膜组器	2020.12.7	2021.3.26	发明专利
一种脉冲曝气器及其工作方法	2021.1.4	2021.3.26	发明专利
可拆卸的膜组件及其拆卸方法	2021.12.28	2022.4.8	发明专利

续表

专利名称	申请时间	授权时间	专利类别
一种一体成型的 MBR 膜单元及其成型方法	2021. 11. 15	2022. 4. 8	发明专利
一种反流式外置 MBR 反应器搅拌装置及其工作方法	2017. 5. 3	2022. 9. 23	发明专利
一种分离曝气式可提升膜组件	2017. 5. 3	2023. 4. 28	发明专利
FILTER INSERT AND METHOD FOR PRODUCING THE FILTER INSERT	2011. 3. 31	2013. 8. 27	德国发明专利
ANAEROBIC AMMONIA OXIDATION-BASED SEWAGE TREATMENT PROCESS USING MBR	2019. 1. 20	2023. 3. 15	欧盟发明专利
ANAEROBIC AMMONIA OXIDATION-BASED SEWAGE TREATMENT PROCESS USING MBR	2019. 1. 29	2022. 7. 6	印度发明专利

五、公司发展历程分析

1974 年，Supratec 公司在德国 Simmern/Hunsrueck 成立。

2003 年，Supratec 公司在中国成立合资公司。

2009 年，世浦泰成立，并参股德国 Supratec 公司。

2013 年，世浦泰全面整合德国 Supratec 膜公司，德国 Supratec Membrane Gmb 公司成为世浦泰全资子公司，后续世浦泰又投入巨资对德国膜工厂进行工业 4.0 标准的改造和扩大产能，将德国膜工厂建设成为全球自动化程度最高之一和制造工艺最先进之一的膜生产基地，具有 500 万平方米中空纤维膜和 500 万平方米平板膜的年产能。

2017 年，世浦泰入股中车环境科技有限公司，成为中车环境股东之一。

2020 年，三峡长江生态环保集团入股世浦泰，成为世浦泰第二大股东。

2021 年，世浦泰收购了国际知名膜组器制造商德国 Newterra 公司，将其 Microclear 膜品牌纳入世浦泰旗下。

第七节　浙江净源膜科技股份有限公司

一、企业概况

浙江净源膜科技股份有限公司（下文简称“净源科技”）位于浙江省宁波市，公司成立于 2007 年，是一家新三板（股票代码：836674）挂牌的国家高新技术企业。净源自主创新研发的复合型非均质 PTFE 中空纤维膜打破了日本公司在该领域近十年的垄断，使国内高性能PTFE有机超滤膜技术达到了国际领先水平，并突破性地实现了无废水排放的绿色制造工艺及废膜可资源化利用的低碳过程。净源PTFE-PPTA中空纤维复合膜产品三次入选国家工信部《重点新材料首批次应用示范指导目录》（2018、2019、2021版），净源科技先后荣获国家专精特新"小巨人"称号、中国膜工业协会的科学技术奖一等奖、中国膜工业协会专利金奖，并被授牌中国聚四氟乙烯中空纤维膜示范生产基地。同时产品突破性地获得"碳标签"认证及2023年第一批"低碳产品供应商"证书。

二、公司核心竞争力分析

膜材料的高性能化、绿色制造和可回收再利用低碳过程成为膜产业高质量创新发展的必由之路，也成为国内膜企业研发努力突破的方向。

聚四氟乙烯材质的中空纤维膜以优异的耐化性、抗污染性、高通量、高恢复性成为高性能膜的代表和行业佼佼者，为国内各高校研发机构和膜企业努力研发突破的方向。2003年以来，日本住友在这个细分领域处于高度垄断地位，也形成了国内代理寡头；高昂的价格使PTFE中空纤维膜成为工业领域高难废水膜法处理装备的奢侈品，高价高性能也成为PTFE中空纤维膜的标识。

净源膜科技公司自成立以来，累积授权专利35项。近三年专利申请情况，见表8-12。原创性的复合膜技术将"塑料王PTFE"与"纤维王PPTA"强强复合，将有机材料的性能发挥到极致：突破传统有机中空纤维膜物理性能的边界、化学性能的边界以及封装端脱丝的技术难题，实现废膜的PTFE、PPTA材料的回收再利用。

表8-12　净源科技专利授权状况

专利名称	申请时间	公开时间	专利类别
一种聚四氟乙烯非均相中空纤维膜的制备方法	2014.03.27	2016.04.13	发明专利
一种PTFE中空纤维膜的加工方法	2019.12.06	2021.08.06	发明专利
一种高浓度游离氨的处理方法	2014.08.25	2016.04.27	发明专利
一种超疏油疏水涂层及其加工方法	2014.08.25	2016.06.08	发明专利
一种柱式中空纤维膜单头双端出水结构	2015.04.21	2018.02.16	发明专利
一种中空纤维膜帘式膜的浇筑结构	2015.06.06	2017.10.10	发明专利
一种中空纤维膜柱式膜的浇筑结构	2015.06.06	2017.01.04	发明专利
一种钢铁废水的高效处理方法及其装置	2018.03.20	2019.10.08	发明专利
一种中空纤维膜用模架	2018.12.25	2019.04.29	发明专利

净源膜科技以国际上极少数以 PTFE 及高强纤维为原材料制造，并实现产业化的高性能中空纤维超滤膜，单丝断裂强力大于 1 000 N；实现了有机中空纤维膜生产无污水、无溶剂排放的绿色制造工艺以及废膜 90%回收资源化再利用的低碳过程。打破国际垄断，自主创新研发出了具有自主知识产权的原创性制膜技术，并且膜产品性能具有耐强酸强碱（pH：0～14）、耐强氧化性、耐有机溶剂等特性。新型四氟乙烯材质中空纤维膜具有以下性能优势：

- 膜丝强度高、抗剥离、单膜丝强度超过 1 000 N，组件根部抗脱丝强度 600 N。
- 膜表面无黏性、易清洗、能耗药耗低，耐强酸、强碱、耐强氧化性等清洗。
- 相较传统中空纤维膜，膜固有阻力更小，拥有更高的纯水通量。
- 为膜系统提供了更高的可靠度和抗冲击性，使用寿命高于 PVDF 中空纤维膜。
- 绿色制造，膜丝生产无溶剂无废水的排放，膜丝可回收再利用。

三、工程业绩

净源 PTFE-PPTA 中空纤维复合膜的工程累计处理规模将近 80 万 m^3/d，累计工程数量超过 1 000 个。在难降解工业废水、高浓度有机废水及市政给排水诸领域均得到规模化应用。其中，难降解、高浓度废水处理涉及冶金（钢铁）、印染、电镀、化工/煤化工、精细化工（化学制药）废水、屠宰废水、工业园区中水回用等领域，已在中国中化、万华化学、天脊煤化工、杭钢股份、新和成医药、揭阳中德金属生态城等国内行业龙头企业规模化应用。

同时随着市政领域客户对超滤膜性能提出更高要求，净源科技致力于 PTFE-PPTA 中空纤维复合膜上下游企业的协同，实现了制膜→应用→回收→二次利用的膜材料的绿色循环，使膜回收技术产业链形成闭环，并通过持续技术研发，开发了针对市政细分领域的 PTFE-PPTA 中空纤维复合膜产品。净源科技以高性能、高寿命、高通量及绿色可回收循环利用，全生命周期服务的特点，全面进军市政领域。表 8 - 13 为净源科技 2016—2022 年部分典型工程案例。

表 8 - 13　净源科技典型工程案例

项目名称	应用领域	规模（m^3/d）	投运时间（年）
中国中化年产 5 000 吨对位芳纶纤维废水综合处理项目	化工	5 000	2022
万华化学聚氨酯废水 MBR 处理项目	化工	2 000	2017
镇海炼化清净废水回用项目	石化	4 800	2022

续表

项目名称	应用领域	规模（m^3/d）	投运时间（年）
天脊煤化工股份有限公司焦化废水处理项目	焦化	7 200	2018
山东省新和成制药有限公司医药废水项目	制药	3 000	2019
浙江省宁波市逸盛石化 PTA 废水 MBR 项目	化工	14 000	2021
杭钢股份钢铁废水中水回用项目	钢铁	25 000	2016
河南省驻马店市中化集团昊华骏化 MBR 项目	化工	2 200	2021
中化集团鲁西化工锅炉补给水项目	化工	74 000	2022
香港天虹纺织（02678. HK）印染废水处理项目	印染	5 000	2013
广东揭阳中德金属表面处理工业园区电镀废水零排放项目	电镀	6 500	2016
山东阳谷污水处理厂养殖废水处理项目	养殖	20 000	2012
山东省威海市荣成一污生活污水中水回用项目	市政	15 000	2019
光大环保无锡锡东垃圾焚烧发电厂渗滤液项目	垃圾渗滤液	900	2017
广东韶关粤华电力锅炉补给水处理项目	工业超纯水	2 400	2016
宁波水务环境集团江东自来水厂	饮用水	10 000	2018

四、经营情况

2010 年以来，净源科技通过不懈努力创新，打破日本住友的垄断，实现了 PTFE 中空纤维超滤膜领域卡脖子技术 0 到 1 的突破，相信通过上下游产业协同、绿色制造、低碳循环的产业化推进，高性能 PTFE 中空纤维膜将不再是只应用于小众高难废水领域用户仰视的高价奢侈品。

随着净源科技 PTFE-PPTA 中空纤维复合膜产品性能在应用中得到不断的验证并获得用户青睐，公司品牌及产品的影响力逐渐扩大，目前已成为全球第二大 PTFE 中空纤维膜供应商。2022 年净源科技营业收入为 6 824 万元，较 2021 年同期增加 101.90%，2022 年度净利润为 848 万元，较 2021 年同期增加 6 724.56%。净源科技营业收入及净利润年度变化情况如图 8－9 所示。

近期，净源科技着力将产能由原来的 300 万 m^2/年扩张至 1 000 万 m^2/年。净源科技以推动高性能 PTFE-PPTA 中空纤维复合膜的产业化为使命，彻底改变传统中空纤维膜断丝、破皮、不耐油、不耐强酸强碱、不耐溶剂、抗冲击能力差、通量低、寿命短的现状。实现超滤膜的绿色制造和资源再利用可持续发展，引领中国膜产业走上高质量发展之路。

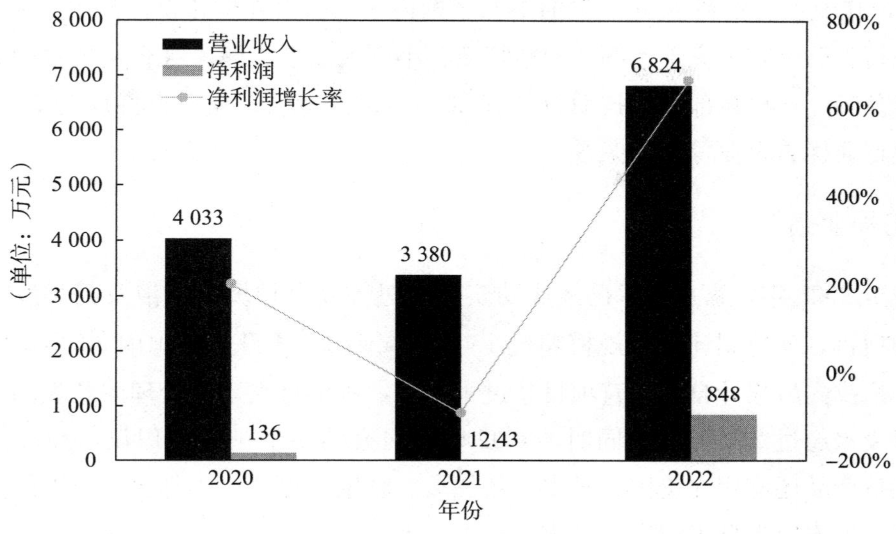

图 8－9 净源科技营业收入及净利润年度变化情况

第八节 厦门嘉戎技术股份有限公司

一、企业概况

厦门嘉戎技术股份有限公司（以下简称“嘉戎”）是一家专注于高难度污废水处理，为客户提供高端环保装备和运营服务的高新技术企业，创业板上市公司（股票代码：301148. SZ）。

嘉戎主要产品有 DT 高压膜和管式膜、耐酸碱膜、移动式渗滤液处理装备、中转站渗滤液处理装备、低温负压 I-FLASH 蒸发器和集装箱式高压膜装备等高端环保装备，主要服务于渗滤液全量化处理、高浓高盐污水应急减量和全量化处理、建设运营、托管运营、售后服务和大修升级以及无人化智能化运维等服务。

嘉戎目前拥有员工超过 700 人，总资产已达 20 亿元，拥有超过 3 万平方米的特种膜自动化生产线和各类高端环保装备标准化生产线。公司不断深耕全国市场布局并且积极开拓全球业务，在北京、南京、重庆、营口、齐齐哈尔、东莞、郑州、济南、南昌、杭州、成都等地设立分子公司或办事处，并且在德国、美国等设立子公司。

公司与厦门理工、深圳大学、中国石油大学等科研院校紧密合作，持续推进研发工作，承担过多次国家级、省级和市级重大科研项目。嘉戎现已拥有各项专利

134项，其中发明专利30项，同时参与了国内多项污水处理和膜行业相关标准的编制。公司先后荣获国家工信部“专精特新”小巨人企业、国家级企业技术中心、国家级绿色工厂、科技部“科技助力经济2020”重点专项、福建省科技进步三等奖、中国膜行业优秀企业等诸多荣誉。

二、工程业绩

截至2022年，嘉戎技术已经成功实践超过500个垃圾渗滤液及高难度工业废水处理项目，项目累计设计规模超过150 000 m^3/d，项目遍及国内30多个省市自治区。嘉戎先后累计自主运营项目超过100个，每年自主运营处理的垃圾渗滤液等高难度废水超过250万吨。同时，嘉戎响应国家“一带一路”倡议，积极走出国门，装备产品还应用在美国、日本、新加坡、越南、巴西、哥伦比亚、安哥拉等海外国家。近五年大型工程案例见表8-14。

表8-14　嘉戎典型工程案例

项目名称	应用领域	规模（m^3/d）	投运时间（年）
辽宁省沈阳市大辛垃圾填埋场渗滤液处理项目	市政	2 100（产水）	2018
贵州省贵阳市比例坝垃圾填埋场渗滤液混合废水	市政	2 000	2020
福建省龙岩市长汀中石油催化炼化废水处理项目	工业	3 000	2020
重庆南岸区长生桥垃圾填埋场渗滤液全量化项目	市政	1 000	2021
辽宁省辽阳市垃圾填埋场渗滤液全量化处理项目	市政	1 400	2022

三、经营情况

2019—2022年嘉戎技术主要经营数据持续增长，资产总额从6.8亿元增长到22.1亿元（见图8-10），2022年4月份实现创业板上市融资。2022年总资产较2021年翻了一番，公司利润总额从2018年0.98亿元增长到2021年1.72亿元，2022年利润总额有所下降，为0.8亿元。嘉戎技术专注高浓度污水处理，坚持打造精品理念，获得客户的信赖，各项经营数据保持稳步增长。

四、核心竞争力分析

（一）产品优势

拥有完整的膜技术产品体系：嘉戎专注于膜技术的研究与开发，经过多年的积累，已能提供膜组件、膜分离装备的研发、生产和销售，高浓度污废水处理服务等

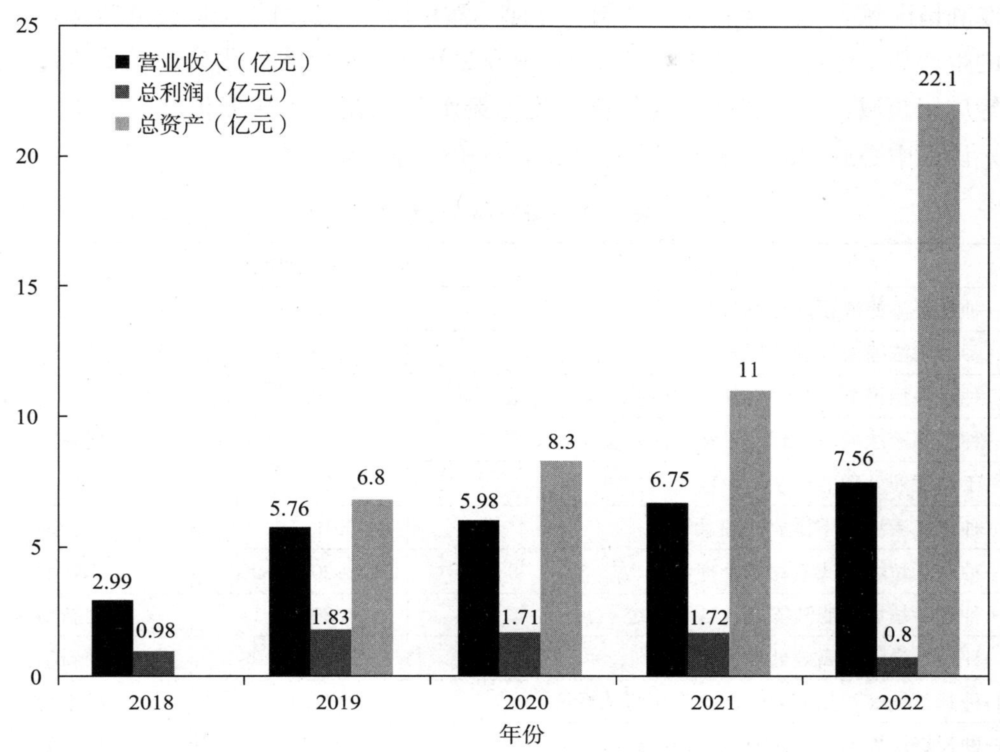

图 8－10　2018—2022 年厦门嘉戎财报变化

全领域的膜技术应用解决方案。在膜组件产品线方面，嘉戎拥有 DT、ST 和工业特种分离膜组件生产线，同时与国外优质供应商签订了独家代理协议，产品线涵盖包括 DT、ST 等多种构型，RO、NF、UF 等多种孔径的膜组件产品，可以满足各类高浓度污废水处理、工业过程分离的需求。

系列化的膜组件产品：针对客户的特定需求，通过对垃圾渗滤液、高浓度工业废水处理及过程分离液体特性进行研究，基于引进、吸收消化、再创新等手段，逐步形成了管式膜组件、碟管式膜组件、宽流道微管膜组件等在内的，有别于常规膜组件的高性能特种膜分离组件产品，分离的性能涵盖所有压力式驱动的液体分离膜的主要技术序列（微滤、超滤、纳滤和反渗透），实现了膜组件产品的系列化。

（二）服务优势

全流程服务能力：嘉戎膜技术应用解决方案以膜分离技术为基础，向客户提供包括技术与工艺方案设计、膜分离装备研发、生产及销售，运营技术支持以及高浓度污废水处理服务等在内的全流程服务。经过多年的持续投入和积累，在技术积累方面，嘉戎已构建以膜技术应用为核心的技术体系，已获授权专利 102 项（嘉戎部分专利情况见表8－15)；在生产制造方面，嘉戎拥有从膜组件到膜分离装备的、完整的生产加工体系；在服务范围方面，嘉戎聚焦于高浓度污废水处理、工业过程分离等应用领域，在垃圾渗滤液等高浓度污废水处理领域，嘉戎获得了中环协（北京）认证中心颁发的一级环境服务认证，竞争优势明显。

表8－15　嘉戎部分专利情况

专利名称	授权时间	专利类别
一种垃圾渗滤液预处理方法及装置	2019.09.10	发明
一种纳滤浓缩液处理装置及方法	2019.10.11	发明
一种增强型聚氯乙烯中空纤维超滤膜及制备方法	2019.04.29	发明
一种渗滤液浓缩液处理装置和可回收零排放系统	2019.08.08	实用新型
用于渗滤液处理的离子交换器	2019.09.17	实用新型
一种垃圾渗滤液零排放处理系统	2019.10.10	实用新型
一种用于垃圾渗滤液深度处理系统	2020.11.03	实用新型
一种老龄垃圾渗滤液零排放处理系统	2020.11.12	实用新型
一种垃圾渗滤液高效处理装置	2020.11.03	实用新型
一种基于气液两相流的膜污染强化清洗系统	2020.11.09	实用新型
一种焚烧垃圾场渗滤液应急处理系统	2020.11.10	实用新型
一种渗滤液DTRO膜产水再处理系统	2020.11.24	实用新型
一种中转站垃圾渗滤液预处理系统	2020.11.30	实用新型
一种中转站垃圾渗滤液零排放处理系统	2020.11.30	实用新型
一种采用玻璃钢与不锈钢结合的管式膜壳	2020.12.30	实用新型
一种用于DTRO组件膜片改性的循环系统	2021.06.24	实用新型
一种垃圾焚烧厂渗滤液处理系统	2021.05.25	实用新型
一种垃圾渗滤液阻垢剂的生产设备	2021.06.24	实用新型
一种垃圾渗滤液预处理装置	2021.08.23	实用新型

多样化可定制的服务能力：在获取客户需求至产品/服务交付的过程中，嘉戎坚持基于水质特性与客户展开合作，研发深度定制化的处理工艺与方案。销售、技术、工程、售后团队均从客户需求出发，提供高效、稳定、最优的解决方案。此外，嘉戎针对不同的客户需求，可以提供膜组件及耗材销售、膜分离装备销售及基于处理量收费的高浓度污废水处理服务。

快速响应的能力：模块化、标准化的设计大幅提高了产品的交付能力，使嘉戎在应急污水处理、环境突发事故的废水应急处理等领域，具有一定的优势。嘉戎针对集装箱式垃圾渗滤液处理装备采用了模块化生产方式（50 m^3/天、100 m^3/天、

200 m^3/天），对处理系统中需要焊接及机加工等前期工作的部件实现预生产。销售部门通过 SAP 系统下单，系统自动生成物料需求计划，生产人员根据计划领料，通过组装及少量的焊接即可完成生产，可缩短单个集装箱式垃圾渗滤液处理系统从订单签订、产线生产至产品交付时间。

经验及工业设计优势：由于垃圾渗滤液成分复杂，各项目间污染物种类、水质情况、场地地形差异大，因此根据不同项目的特征有针对性地选择工艺、设定参数将直接影响项目的经济性、稳定性、可行性，同时基于膜分离整体解决方案的工业化工艺路线设计，对于项目的顺利实施与否至关重要。公司在确定具体项目的工业化工艺路线时，具有严格的设计、评审与质控流程。嘉戎通过完成大量的实施项目，积累了众多的经验和数据，可为客户提供更加准确的维护保养建议，减少不必要的停机和运行成本消耗。沈阳大辛垃圾填埋场渗滤液处理服务等多个项目得到客户的赞誉，并成为业内示范性项目。

（三）技术优势

嘉戎专注于膜分离技术在环保领域的应用，在本领域积累了一定的技术和研发优势。公司针对国内垃圾处理及工业污染排放特点，量身定制了一系列适应我国国情的膜技术工艺、膜分离装备，推动膜技术在垃圾渗滤液处理、食品饮料、生物制药、热电、煤化工等领域的应用。

五、发展历程与发展战略

嘉戎现已掌握模块化膜分离装备制造技术、高性能膜组件制造技术、垃圾渗滤液膜处理技术、工业废水深度处理与趋零排放处理技术等核心技术。通过“模块化”的生产方式、“工程装备化”的交付方式与“高浓度污废水治理服务化”的服务方式，结合数据采集系统、远程控制系统、数据分析系统等数字化和信息化手段，开发出广泛应用于垃圾渗滤液处理、工业废水处理与回用、工业过程分离等领域的膜技术系列产品，以满足高浓度污废水稳定达标排放、无害化处理及工业过程高效分离日益增长的市场需求。

嘉戎立足于膜分离应用工艺及装备开发，深耕高性能膜组件及标准化膜分离装备的研发、制造和技术应用，并以点带面，向上游拓展，建立具有自主知识产权的膜组件研发、生产、制造工艺；向下游延伸，为客户提供具有高技术附加值的污废水治理服务。从而建立从膜材料制造至膜技术应用的膜技术全产业链，同时持续开发基于全量化处理工艺应用的高性能蒸发技术与设备，为环保工程商、投资运营商、公共事业管理单位及工业企业等客户，提供膜分离技术应用的综合解决方案，协助客户实现环境保护、资源节约、循环经济与可持续发展。

第九节　江苏诺莱智慧水务装备有限公司

一、企业概况

江苏诺莱智慧水务装备有限公司（简称“江苏诺莱”）成立于2018年，是专注于膜材料、膜组器及智能水务装备研发、生产和工程化应用的国家高新技术企业。拥有市级企业工程技术研究中心、企业技术中心等研发机构，荣获江苏省专精特新中小企业、江苏省民营科技型企业等荣誉。

江苏诺莱设有1个运营和管理中心（南通市）、2个生产基地（通州湾示范区和苏州市），其中，南通生产基地位于南黄海之滨的江苏省通州湾示范区，年产超滤膜300万平方米。生产基地通过了ISO9001质量管理体系、ISO45001职业健康安全管理体系、ISO14001环境管理体系、国家知识产权管理体系以及售后服务成熟度七星级认证。

江苏诺莱拥有国内高水平的市政膜法水处理技术研发团队，具有工程研发、工程设计及工程实施等工程项目全生命周期的技术服务能力，拥有以博士、硕士为核心的20余人研发团队，研发团队承担了省、市级科研项目10余项，主持或参编了极具影响力的国家和行业标准5项，拥有各类发明专利30余项、软件著作权5项，承担了数百个大中型膜法水处理工程的技术集成、工程建造与运行管理。

二、工程业绩

江苏诺莱产品广泛应用于市政自来水厂、农村饮水提质增效、小区二次供水、分质直饮水、市政污水处理、村镇污水处理、中水回用、工业废水、垃圾渗滤液等领域，目前在全国近2 000个水厂中已得到规模化应用，实际应用证明，相对于同类型膜产品，江苏诺莱所生产膜组器在膜通量、耐污染、化学清洗等方面表现突出，使用寿命可达10年。

江苏诺莱近五年大型工程案例如表8－16所示。

表8－16　江苏诺莱超滤膜近五年大型工程案例

序号	项目名称	项目规模	项目类型	处理工艺
1	福州市东南汽车城水厂	10万吨/天（远期20万吨/天）	新建水厂	水库水→絮凝→平流沉淀→浸没式超滤→清水池

续表

序号	项目名称	项目规模	项目类型	处理工艺
2	咸阳泾河新城自来水厂	2 万吨/天	新建水厂	地下水→超滤+反渗透（双膜法）→清水池
3	新疆乌鲁木齐水磨沟水厂	3.2 万吨/天	改建水厂	水库水→膜净水系统→清水池
4	宁晋县东汪地表水厂	5.7 万吨/天	新建水厂	水库水→絮凝沉淀砂滤→臭氧活性炭→浸没式超滤→清水池
5	宁晋县大杨庄地表水厂	2.4 万吨/天	新建水厂	水库水→絮凝沉淀砂滤→臭氧活性炭→浸没式超滤→清水池
6	西丰县净水厂	4 万吨/天	改建水厂	水库水→絮凝沉淀→V 型滤池→外压式超滤→清水池
7	保定市涞源自来水厂	2 万吨/天	新建水厂	水库水→网格絮凝→斜管沉淀→V型滤池→外压式超滤→清水池
8	福州市南屿镇自来水厂	1.25 万吨/天	新建水厂	水库水→网格絮凝→斜管沉淀→浸没式超滤→清水池
9	朝阳县柳城水厂	1 万吨/天	新建水厂	水库水→微絮凝→浸没式超滤→清水池
10	云南曲靖市宣威城乡供水一体化项目	1 万吨/天	新建水厂	水库水→絮凝→浸没式超滤→清水池

截止到 2023 年 6 月，江苏诺莱大中小型超滤水厂 2 500 余座，累计处理规模 100 万 m^3/d，在建中小型自来水厂 500 个，规模 30 万 m^3/d。

三、核心竞争力分析

江苏诺莱聚焦市政供水领域，膜产品生产与市场销售规模已稳居行业前列，与行业众多知名供水企业建立了长期的战略合作关系，技术产品出口多个国家，在市政高品质饮用水、农村安全饮水、市政污水、村镇污水、污水资源化利用、中水回用、工业废水、垃圾渗滤液等水处理领域得到广泛应用。

江苏诺莱知识产权状况如表 8 - 17 所示。

表 8 - 17　江苏诺莱专利状况（2020—2023 年）

专利名称	申请时间	授权时间	专利类别
一种气水混合中空纤维超滤膜组件	2020.6.1	2022.11.1	发明专利
一种超滤水处理装置监测数据管理系统	2023.5.5	2023.6.12	发明专利
一种超滤水装置曝气数据监测系统	2023.5.15	2023.6.25	发明专利

续表

专利名称	申请时间	授权时间	专利类别
一种低能耗浸没式超滤膜净水设备	2020.5.28	2020.7.17	实用新型
一种低能耗外压式超滤膜净水装置	2019.7.16	2020.6.5	实用新型
一种抗污染帘式中空纤维超滤膜结构	2019.7.16	2020.7.7	实用新型
一种抗污染外压式中空纤维超滤膜组件	2019.7.16	2020.7.7	实用新型
一种外压式中空纤维超滤膜纯水通量测试装置	2019.7.16	2020.7.7	实用新型
一种中空纤维超滤膜膜丝气检装置	2019.7.16	2020.7.7	实用新型
一种柱式中空纤维超滤膜组件封胶装置	2019.7.16	2020.7.7	实用新型
一种新型气水混合中空纤维超滤装置底部曝气连接端盖	2020.6.22	2021.7.23	实用新型
一种柱式中空纤维超滤膜组件	2020.6.22	2022.2.1	实用新型
一种适用于农村单户净水用超滤机	2020.9.25	2021.11.9	实用新型
基于 Eco-iGDM 技术的饮用水净化装置	2021.2.1	2021.9.28	实用新型
一种基于 Eco-iGDM 技术的紧凑型膜池结构	2021.1.15	2021.9.28	实用新型
一种基于 Eco-iGDM 技术的防积泥膜池结构	2021.1.15	2021.11.12	实用新型
一种基于 Eco-iGDM 技术的高效反洗装置	2021.1.21	2022.1.25	实用新型
一种基于 Eco-iGDM 技术的节能型产水装置	2021.1.21	2022.1.25	实用新型
一种基于 Eco-iGDM 技术的膜污染控制装置	2021.1.21	2021.11.9	实用新型
一种基于 Eco-iGDM 技术的高效化学清洗装置	2021.1.21	2021.11.30	实用新型
一种基于 Eco-iGDM 技术的微功耗太阳能供电装置	2021.1.28	2021.11.9	实用新型
一种基于 Eco-iGDM 技术的应急供电装置	2021.1.28	2022.5.6	实用新型
一种基于 Eco-iGDM 技术的管道排布结构	2021.2.1	2021.11.9	实用新型
一体式帘式膜元件集水槽	2022.5.24	2022.8.2	实用新型
一种帘式膜元件封装结构	2022.5.24	2022.8.23	实用新型
一种降低 MBR 膜组器运行能耗的装置	2022.5.24	2022.8.2	实用新型
一种提高 MBR 膜组器的膜污染控制装置	2022.5.24	2022.8.26	实用新型

四、发展历程分析

2018 年 6 月，江苏诺莱智慧水务装备有限公司成立，同年 10 月，膜及膜装备生产基地投入使用。

2019 年 6 月，涉及饮用水安全卫生许可批件获批，同年 8 月，生产管理系统投入使用，实现产品可追溯。

2020 年 4 月，南通运营管理中心正式运营，获得 ISO9001 质量管理体系等体系管理认证证书，同年 12 月，获批国家高新技术企业。

2021 年 10 月，荣获江苏省民营科技企业荣誉称号，同年 12 月，获批南通市企业工程技术研究中心。

2022 年 12 月，被认定为江苏省“专精特新”中小企业。

2023 年 4 月，获批南通市企业技术中心。

第十节　宁波水艺膜科技发展有限公司

一、企业概况

宁波水艺膜科技发展有限公司（简称“水艺”）是一家专注于膜法水处理的国家高新技术企业，国家专精特新“小巨人”企业，由沁园集团股份有限公司膜科技事业部发展而成，现隶属于水艺环保集团。水艺是业内极少数拥有全系列水处理分离膜材料和产品的厂家之一，包含基础分离膜：微滤膜 MF、超滤膜 UF，反渗透膜 RO 和特种膜：PTFE 膜、纳滤膜 NF，形成了常规水处理维度和物料分离等多种类多维度的液体处理工艺解决方案。产品广泛应用于市政自来水深度处理，污水提标排放及再生水回用，工业中水回用，高盐水零排、纯水制备，医药食品浓缩提纯、物料浓缩与分离等应用领域。

二、工程业绩

截止到 2022 年，水艺累计服务 1 000 多家客户，累计项目 2 000 多个。2020—2023 年大型工程案例见表 8 - 18。现有工程项目遍布全国各地，拥有经验丰富的服务工程师队伍，并在全国多个地区如杭州、广州、成都、天津、北京、西安等 15 个地市设立销售服务中心，为客户提供产品技术支持与问题解决方案。

表 8 - 18　水艺典型工程案例（2020—2023）

项目名称	应用领域	规模（m^3/d）	投运时间（年）
浙江宁波某自来水厂超滤项目	市政自来水	200 000	2020
浙江宁波某污水处理厂提标项目	污水提标	80 000	2021
陕西榆林某净水厂升级改造项目	市政自来水	75 000	2022
浙江宁波某市政再生水项目	市政再生水	60 000	2021

续表

项目名称	应用领域	规模（m^3/d）	投运时间（年）
安徽亳州某市政再生水项目	市政再生水	60 000	2022
安徽合肥某污水厂提标项目	污水提标	40 000	2021
陕西延安某石油能源回用水项目	石化废水	25 000	2022
河南某化工集团锅炉补给水项目	锅炉补给水	18 000	2021
浙江嘉兴某造纸企业废水回用项目	造纸废水	17 000	2021
河南洛阳某新材料化工中水回用零排项目	石化回用	15 000	2022
浙江杭州某印染企业中水回用项目	印染废水	10 000	2020
浙江宁波某纺织企业中水回用项目	印染废水	18 000	2022
江西某化工纳滤脱硝项目	物料分离	1 440	2020
江苏扬州某太阳能电池片纯水系统项目	新能源纯水	13 600	2023
光伏巨头泰国某超纯水项目	光伏超纯水	11 000	2023

三、经营情况

水艺近年的营业收入/利润率基本状况见图 8－11、图 8－12。

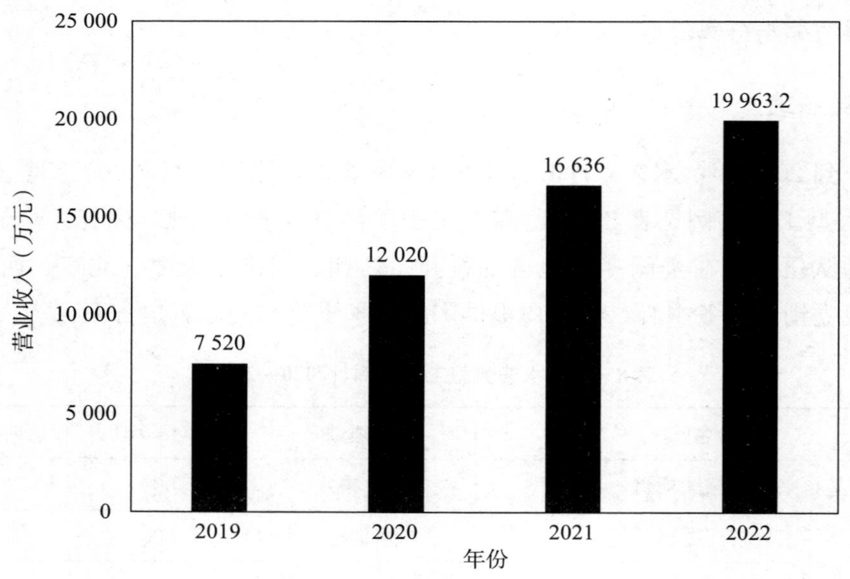

图 8－11　水艺膜营业收入年度变化（截止到 2022 年）

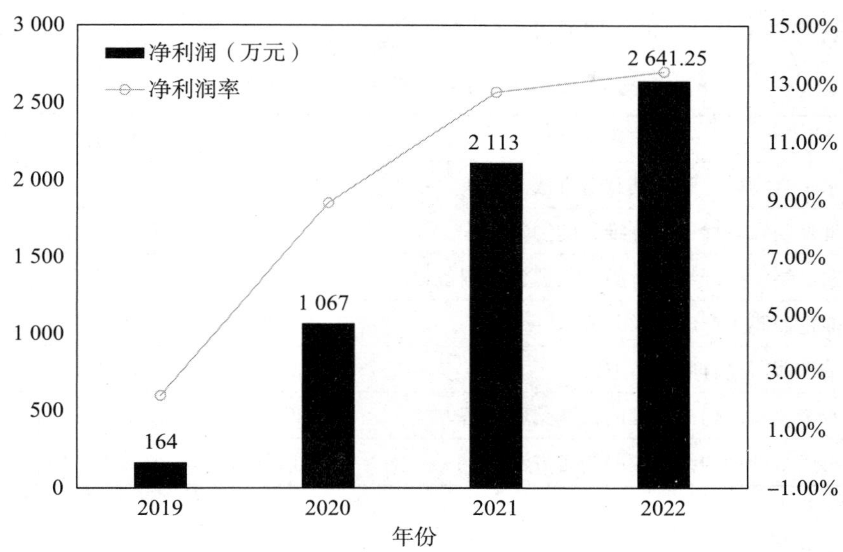

图 8-12　水艺膜净利润及其所占营业额比值变化（截止到 2022 年）

四、核心竞争力分析

水艺具备 1 000 万平方米/年膜产品生产能力，坚持膜材料及产品的研发创新，以保证企业膜产品的竞争力及持续发展。公司建有浙江省液体分离膜研发中心，持续进行膜产品的技术开发投入，拥有研发仪器设备资产超千万元，拥有全面的膜材料开发及试验设备，配备压力式超滤、浸没式超滤、膜生物反应器、纳滤/反渗透等膜产品小试、中试及应用评价测试平台，并有种类齐全的膜产品检测仪器和设备。

水艺重视产学研合作，以促进企业的产品技术进步。公司积极开展与浙江大学、中科院宁波材料所等科研机构的产学研合作，相继参与了“十三五”及“十四五”国家重点研发计划项目 2 项，浙江省重点研发计划项目 2 项，主持宁波市科技创新重大专项项目 2 项。

水艺目前已获专利授权数为 42 件，其中发明专利 19 件，实用新型专利 18 项，外观专利 5 项。水艺是国家知识产权优势企业、浙江省知识产权示范企业。2022 年，水艺的发明专利“一种聚合物分离膜的亲水改性方法”（ZL 201610936257.7）获得第一届宁波市专利创新大赛优秀奖。2020—2023 年水艺的专利情况见表 8-19。

基于水艺在膜产品及应用方面的研发投入，相关膜产品及应用技术曾获中国商业联合会科技进步二等奖（2020 年）、宁波市科学技术进步一等奖（2020 年）、中国产学研合作创新成果二等奖（2019 年）。同时，水艺参与编写了 5 项膜材料相关国家标准，2项团体标准，得到了行业认可。

表8-19　水艺专利状况（2020—2022年）

专利名称	申请时间	授权时间	专利类别
一种超亲水聚合物微孔膜及其制造方法	2016/5/10	2020/6/23	发明专利
高粘结强度聚四氟乙烯中空纤维膜的制备方法	2018/11/5	2021/8/17	发明专利
一种聚四氟乙烯中空纤维复合膜及低温包缠制备方法	2018/12/13	2021/12/28	发明专利
一种多功能过滤膜生产工艺及装置	2019/9/25	2021/11/9	发明专利
一种真空辅助薄层复合膜制备方法	2020/4/16	2022/2/22	发明专利
一种超亲水聚偏氟乙烯微孔膜的快速交联制备方法	2020/3/11	2022/2/18	发明专利
一种用于再生水处理的纳滤膜的制备方法	2019/8/20	2022/2/18	发明专利

五、公司发展历程

● 1998年：水基因植入——创立沁园集团股份有限公司。

● 2002年：加载工业基因——建立研发基地，和国际著名企业合作，在超亲水性过滤膜方面进行开发和研究。

● 2008年：夯实水基因——获得了国家科学技术进步二等奖。同年，开始从实验室到工业化的生产转型。

● 2011年：衍化工业水细胞——成立宁波水艺膜科技发展有限公司，加快加大超亲水性超滤膜的工业化生产，拥有超滤膜领域全覆盖产品的生产线。

● 2013年：成立水艺控股集团——与沁园集团分立，成立水艺控股集团股份有限公司，正式向工业和市政等水处理及水务投资领域进军。

● 2018年：进一步走向坚定——通过国家高新技术企业认定，膜法水处理应用于50万吨级饮用水项目。

● 2019年：全系列分离膜厂家——干式纳滤反渗透膜投产，特种分离PTFE中空纤维膜材料投产，成为业内极少数拥有全系列分离膜研发生产技术的厂家之一。

● 2021年：步入里程碑式发展——获评浙江省服务型示范制造企业，水艺已形成“制造＋服务”双循环的产业形态，为客户提供更优质的产品和服务。

● 2022年：跨越式发展——获评国家专精特新“小巨人”企业，卫生级分离膜为生物医药行业注入新动力。

第九章　纳滤/反渗透膜市场竞争主体

第一节　沃顿科技股份有限公司

一、企业概况

沃顿科技股份有限公司是中国中车集团旗下上市公司。公司注册于贵阳国家高新技术产业开发区，属中央在黔大型企业，中车产业投资有限公司为公司第一大股东。公司是一家以分离膜及相关材料研发、制造和销售业务为主，植物纤维综合利用、膜分离以及股权投资运营为辅的上市公司。公司膜生产基地位于贵阳国家高新技术产业开发区，占地 300 亩，建筑面积 6.8 万平方米。

作为反渗透膜国家相关标准制定单位，公司致力于反渗透、纳滤、超滤膜片及膜元件的研发、制造和服务，拥有膜片制造的核心技术和强大的系统设计能力，年产能 3 000 万平方米，产品遍布 130 多个国家与地区。公司已规模化生产包括海水淡化膜、抗污染膜、抗氧化膜、纳滤膜、物料分离膜和家用膜等 20 多个系列 200 多个规格的膜产品，是目前国内品类最全的反渗透干式膜元件生产制造商与服务商。产品广泛应用于包装水、市政饮用水、工业纯水、电子超纯水、海水淡化、苦咸水淡化、废水回用、高盐水分盐与近零排放、食品饮料、医疗制药、物料分离与浓缩提纯等用途。

二、公司发展历程

2000 年，沃顿前身“汇通源泉环境科技有限公司”成立。

2001 年，公司从美国全套引进复合膜生产线以及工业化工艺技术，实现了高性能复合渗透膜片、膜组件以及生产装备的国产化。

2006 年，株洲电力机车研究所加盟，公司名称由“汇通源泉环境科技有限公司”更名为“贵阳时代汇通膜科技有限公司”，同年被认定为高新技术企业。

2007 年，为充分利用北京和贵阳两地的资源优势，成立了北京时代沃顿科技有限公司。

2010 年，公司名称由“贵阳时代汇通膜科技有限公司”变更为“贵阳时代沃顿科技有限公司”。

2021 年，正式更名沃顿科技有限公司。

三、业务业绩

目前，公司主营三大业务：膜业务、植物纤维业务和膜分离业务，与膜工艺有关的是：

膜业务：公司为国内反渗透膜龙头。公司拥有自主知识产权的核心技术，具备膜片和膜元件规模化生产能力，主要产品按孔径主要分为复合反渗透膜、纳滤膜、超滤膜，按使用场景主要分为家用膜和工业膜，广泛应用在饮用纯水、食品饮料、医疗制药、市政供水处理、工业用高纯水、锅炉补给水、海水淡化、电子行业超纯水、废水处理与回用及物料浓缩提纯等行业，2022 年相关收入占比 56.30％。

膜分离业务：中车绿色获国家重点“专精特新”小巨人认定，同时设立膜分离事业部。公司参股公司绿色环保为客户提供膜法工业水处理整体解决方案。公司通过发挥分离膜材料的核心优势，完善水处理工艺包及工程技术应用，通过样板工程加快市场推广，驱动公司业绩增长。同时公司设立膜分离事业部、技术中心和天津分公司，主要从事中水回用、水处理技术服务、再生水资源化利用业务。2021 年相关收入占比 7.10％。

2017—2018 年，受海外市场经济复苏缓慢及国内市场家用膜增幅趋缓和市场无序竞争影响，公司膜及膜相关业务增速较缓，自 2019 年开始公司抓住工业膜国产替代和家用大通量膜市场扩大趋势，膜及膜相关业务开始逐步上涨，2021 年公司膜产品收入同比增长 18.80％。毛利率方面，受 2019 年公司二期项目新生产线投产初期，设备联调联试及产能爬坡等因素影响，当期毛利率较低，随后逐步恢复正常，同时工业膜销售占比提升，公司整体毛利率自 2019 年的 32.59％提升至 2022 年的 38.25％。根据公司 2022 年年报披露的营业情况，其中膜产品占据约 60％的份额。

（一）产品介绍

目前沃顿拥有21个系列，80多个规格品种的复合反渗透膜、纳滤膜和超滤产品。从沃顿科技的反渗透膜相关产品来看，其反渗透膜类型丰富、应用广泛，包括工业反渗透膜、家用反渗透膜多种类型，产品系列丰富多元，可用于脱盐处理、海水淡化、中水回用、零排放及垃圾渗透液、锅炉补给水、食品加工和药品制造行业等多个领域。

2021推出的VHD热消毒膜，采用卫生型组件结构，既满足巴氏消毒要求，又符合食品卫生安全要求。4040工业膜方面，ULP4040-PRO、ULP31-4040、ULP21-4040、LP21-4040、XP11-4040五大型号脱盐率最高可达99.7%。工业膜累计销量超2 000 000支。家用膜元件方面，公司为普通消费者提供保证安全饮水的RO膜产品以及保证健康饮水的纳滤膜产品，匹配不同群体和使用场景净水需求。新推出的ULP3113-1000、ULP3113-800的大通量膜元件，满足客户对净水通量的新需求。

沃顿旗下的VONTRON反渗透膜产品已通过美国NSF/ANSI58和NSF/ANSI61以及美国水质协会（WQA）金印认证（Gold Seal），远销美国、印度、意大利等全球130多个国家和地区，在海外设有多个销售中心和服务站点，与国内外知名企业均建立了长期良好的合作关系，在印染、造纸、钢铁、电力、化工、市政供水等行业拥有上千个应用案例。

（二）典型工程案例

近五年，沃顿大于1万m^3/d的工程案例情况见表9-1。

表9-1　近年沃顿典型工程案例（>1万m^3/d）

行业	客户名称	源水	用途	规模（m^3/d）	投运时间（年）
化工	南通某水务	中水	工艺用水	40 000	2020
	陕西石油集团	地下水	锅炉补给水	20 000	2020
	山东某制药集团	发酵污水	工艺用水	10 000	2019
	嘉兴某印染有限公司	印染废水	中水回用	10 000	2020
	攀钢集团	地表水	工艺用水	28 800	2017
电子	富士康工业园	市政自来水	工艺用水	35 000	2018
	比亚迪电子	市政自来水	工艺用水	15 000	2019
饮用水	台湾某自来水厂	地表水	市政供水	300 000	2018

续表

行业	客户名称	源水	用途	规模（m^3/d）	投运时间（年）
特种分离	中海油集团	地下卤水	卤水脱硝	20 000	2017
	中海油某海上油田	海水	油田回注水	10 000	2020

四、经营情况

2018—2023年，沃顿科技均以反渗透膜等膜产品业务为核心。据已经披露的2023年年报，沃顿科技膜产品/膜分离业务的营业收入占比从2022年的63.40%上升到67.69%，植物纤维制品业务的营业收入占比从2022年的29.44%下降到26.00%；中水回用和其他业务营业收入占比分别为3.35%和2.96%。2023年的营业收入构成见图9－1。

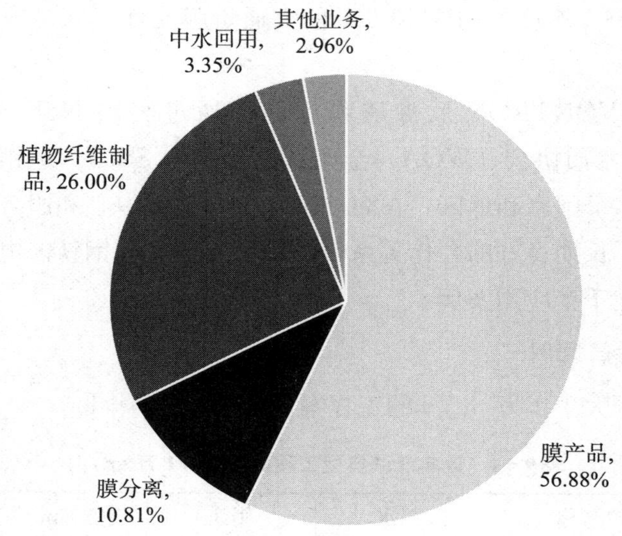

图9－1　2023年沃顿公司营业收入构成情况

沃顿科技近年营收稳步提升，见图9－2。2023年实现营业总收入17.05亿元，较同期增加了16.70%，公司在新能源、化工废水零排放、酸碱特种分离等市场积极拓展膜分离业务，收获多个项目订单销售情况和利润水平均保持稳定。2023年归母净利同比增长13.10%。得益于膜业务的稳健运营，2020—2023年公司营收从12.54亿增长至17.05亿，增长35.96%；归母净利润从1.06亿增长为1.64亿，增长54.72%。

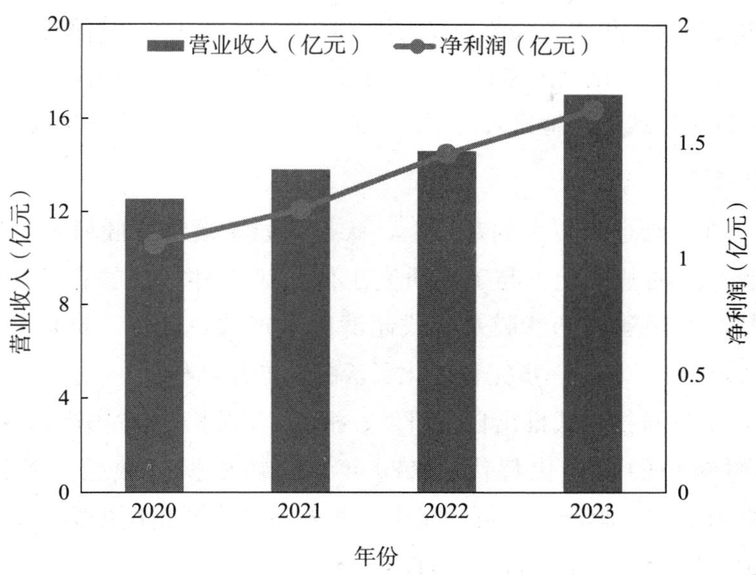

图 9-2　沃顿公司营业收入年度变化（2020—2023）

五、核心竞争力分析

沃顿拥有一支多年从事膜材料基础工艺过程研究、水处理系统方案设计并在水处理行业具有丰富经验的专家队伍，拥有行业领先的全自动化一体式复合反渗透膜生产线及国内一流的膜和膜过程分析研究实验室，建立了“原材料检验＋材料结构表征＋膜性能测试＋水质全分析”的全过程检测平台。

截至目前公司共申报专利 191 项，先后授权 143 件，其中发明专利 86 件，实用新型 47 件，外观专利 10 件。作为“分离膜材料及应用技术国家地方联合工程研究中心”研发与应用平台，自 2004 年起，沃顿牵头或参与制定国家及行业标准 12 项，其中《卷式聚酰胺复合反渗透膜元件》（GB/T 34241—2017）、《反渗透膜测试方法》（GB/T 32373—2015）、《纳滤膜测试方法》（GB/T 34242—2017）三项国家标准已经实施。2022 年，沃顿科技与清华大学等单位联合完成的“再生水处理高效能反渗透膜制备与工艺绿色化关键技术”项目荣获环境保护科学技术奖一等奖。

（一）反渗透膜

沃顿科技目前拥有年产 2 330 万 m^2 膜产品的能力，巨大的规模效应使得沃顿产品成本竞争优势明显。沃顿反渗透膜产量由 2018 年的 1 551 万平方米增加至 2022 年的 2 330 万平方米，产能利用率由 77.55%增加至 97.58%。

目前在建的贵阳高新沙文工业园三期项目总投资 25 000 万，2024 年建成后，将拥有4条反渗透膜自动化生产线及相关组件生产设备，形成年产聚酰胺复合反渗透膜材料480万 m^2、海水淡化反渗透膜组件4万支、大通量反渗透膜组件145万支的生产能力。随着三期生产线逐步地投入使用，未来产能将得到进一步的释放。

（二）纳滤膜

2011年，在反渗透膜技术的基础上，沃顿开始主攻纳滤膜研发生产。2014年完成了纳滤膜产品的基础配方与工艺研究工作。2019年，沃顿在贵阳国家高新区沙文生态科技产业园建成纳滤膜及板式超滤膜生产线，其年产纳滤膜480万 m^2，板式超滤膜100万 m^2，进一步完善优化了沃顿的产品结构。

2019年，沃顿科技正式推出自主研发、批量生产的8英寸国产耐碱膜产品，成功实现进口耐碱膜的国产化替代。2020年，沃顿根据市政给水处理需求推出Tapurim系列市政纳滤膜产品，可满足南、北方各种水质情况的需要，全系列获得涉及饮用水卫生安全产品卫生许可批件。

此外，沃顿积极开拓新能源提锂业务，布局盐湖提锂、锂黏土提锂等新兴膜物料分离领域，2019年4月与启迪清源达成合作，为“青海盐湖2万吨/年碳酸锂膜法分离浓缩精制BOT项目”提供膜元件压力容器，并于2020年开始陆续在青海的部分盐湖项目中实现了膜元件的进口替代。目前，沃顿已成为膜法盐湖提锂纳膜材料核心供应商。

六、公司未来发展布局

“十四五”期间，沃顿深入研发膜与膜过程制备和系统集成技术，构建不同器件形式的大规模制备平台，完成全过程分离膜材料产品链。提升沃顿在分离膜材料领域的市场地位，依托上市公司平合融资优势和所有产业技术优势，打造强势企业强势品牌。实现从反渗透和纳滤膜专业制造公司向全球领先的分离膜及功能膜提供商和服务商的转变；充分发挥各业务单元之间的协同效应，实现既有业务做优、做强、做大；坚持外延并购与内生增长有机结合，做好产业链延伸发展和多元化发展。

第二节　湖南澳维科技股份有限公司

一、企业概况

湖南澳维科技股份有限公司位于湖南省株洲市，成立于2014年2月，注册资本1.288 8亿元人民币，是专业的反渗透膜、纳滤膜和超滤膜材料供应商，致力于水处理膜和特种分离膜的研发、生产、销售和服务，拥有膜片制造的核心技术和规模化生产能力，是拥有强大技术支持的系统设计与应用服务的提供商。产品广泛应用于海水淡化、纯水/超纯水制备、污水处理、中水回用、特种分离等领域。澳维设有栗雨、攸县两大产业园，目前拥有年产 2 100 万平方米复合反渗透膜和纳滤膜的生产能力，2021 年复合反渗透膜和纳滤膜等产、销量达到 960 万平方米，销量达到国内第二、全球第六。

经过多年的发展，澳维科技建立了完善的质量保证体系，已通过 ISO9001 质量管理体系认证、ISO14001 环境管理体系认证、ISO45001 职业健康安全管理体系认证；旗下的反渗透膜产品通过 WQA（美国水质协会）、NSF-58 和 NSF-61 认证（美国国家卫生基金会），远销欧洲、俄罗斯、印度、越南、印度尼西亚等国家和地区，并在世界范围内地拥有完整的销售网络和固定客户群。

二、工程业绩

近五年膜产品在典型工程中的应用案例情况见表 9－2。截止到 2023 年 3 月，澳维膜产品在典型工程项目的应用中累计规模超 45 万 m^3/d，累计工程数量 30 余个。

表 9－2　澳维科技典型工程案例（2019—2023 年）

项目名称	应用领域	处理规模（m^3/d）	投运时间（年）
内蒙古海拉尔金新化工项目	化工	10 000	2019
江西上饶晶科能源	光伏	40 000	2019
山东鲁西化工	化工	10 000	2019
陕西化工	化工	20 000	2019
山西太原钢铁	钢铁	40 000	2019
山东滨州魏桥铝电	电厂	30 000	2019
陕西榆林中煤	化工	35 000	2020
山西平朔中煤	化工	10 000	2020
安徽马鞍山钢铁	钢铁	30 000	2021
榆林中煤脱盐水	化工	30 000	2021
内蒙古中天合创	化工	35 000	2021
江苏江阴污水厂	印染	30 000	2022
安徽中安联合	化工	20 000	2022
内蒙古鄂尔多斯西北能源化工	化工	12 000	2023
陕西榆林延长能源化工	化工	15 000	2023

三、经营情况

近三年，澳维营业收入呈稳步增长态势，2020 年实现营业收入 2.30 亿元，实现净利润 0.34 亿元；2023 年，公司实现主营业务收入约 3.83 亿元，净利润约 0.70 亿元，与 2022 年相比，澳维科技实现主营业务收入和净利润双双快速增长，均保持了 25%左右的增长率。大致情况见图 9-3。

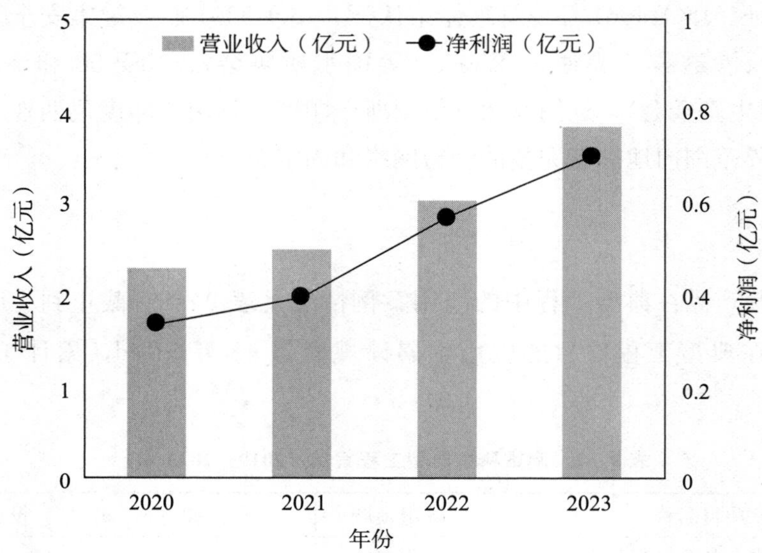

图 9-3　澳维科技营业收入与净利润年度变化（2020—2023 年）

四、公司核心竞争力分析

澳维科技是国家“专精特新”小巨人企业，膜分离技术湖南省工程研究中心、湖南省液体分离膜材料工程技术研究中心、湖南澳维科技股份有限公司技术中心（湖南省企业技术中心）的依托单位。澳维依托科研创新平台，承担了多项国家及省部级科研项目，荣获了湖南省科技进步三等奖、湖南省专利奖三等奖、中国膜工业协会科学技术奖。经过多年技术积累，自主研发的 40 余种反渗透膜产品已取得业内的广泛认可，完成低压和极低压反渗透膜片研发，突破美国杜邦、美国海德能、法国苏伊士、日本东丽等发达国家的技术垄断，产品经客户试用，性能达到国际先进水平，成为全球少数几家掌握该型高分子膜材料制备技术及国内领先的海水淡化膜材料与膜元件研制和生产的公司。截至目前，澳维已获得授权专利 33 项，其中中国发明专利 12 项、中国实用新型专利 20 项、美国发明专利 1 项，参与编制反渗透海水淡化设备技术条件、中空纤维帘式膜组件等国家、行业标准 12 项，引领行业高质量发展。2018 年以来的主要专利情况见表 9－3。

表 9－3　澳维科技专利情况（2018—2023 年）

专利名称	申请时间	授权时间	专利类别
HIGH-FLUX POLYAMIDE COMPOSITE MEMBRANE	/	2019.04.16	美国发明专利
一种亲水性抗污染聚酰胺复合反渗透膜及其制备方法	2017.9.5	2021.4.19	发明
一种聚酰胺复合反渗透膜及其制备方法	2019.10.12	2021.09.22	发明
一种卷式膜元件的卷制方法	2020.6.10	2022.7.22	发明
一种聚酰胺反渗透膜及其制备方法	2020.09.04	2023.1.24	发明
一种双功能层复合反渗透膜及其制备方法	2020.10.28	2022.10.11	发明
一种耐污染聚酰胺复合膜及其制备方法	2020.12.25	2022.05.20	发明
一种聚酰胺复合膜及其制备方法、膜元件	2020.12.25	2022.04.15	发明
一种聚酰胺复合膜及其制备方法	2017.12.29	2020.05.19	发明
一种高脱盐兼具抗污染的反渗透膜及其制备方法	2020.12.25	2022.12.27	发明
一种聚酰胺反渗透膜及其制备方法发明专利	2020.9.4	2023.01.24	发明
一种卷式反渗透膜元件	2018.4.25	2018.12.03	实用新型
一种抗结垢反渗透膜元件	2018.4.25	2018.12.03	实用新型
一种耐高压的卷式膜元件	2020.6.10	2021.04.29	实用新型
一种直流道卷式膜元件	2020.7.6	2021.02.01	实用新型
一种膜组件拆卸装置	2020.7.20	2021.1.29	实用新型
一种污水资源利用设备	2020.10.10	2021.1.08	实用新型
一种反渗透膜壳	2020.10.20	2021.05.24	实用新型
一种膜片的分切装置	2020.10.28	2021.05.24	实用新型
一种膜片的缠胶装置	2020.10.30	2021.05.21	实用新型
一种膜元件的切边装置	2020.11.5	2021.05.27	实用新型
一种膜元件	2020.11.5	2021.08.04	实用新型
一种反渗透膜元件卷制用张力装置	2020.11.5	2021.5.25	实用新型
一种升流式过滤器	2020.11.12	2021.7.9	实用新型
膜元件用端盖及含此端盖的膜组件	2020.11.12	2021.06.25	实用新型
一种刀具冷却装置	2020.11.12	2021.06.03	实用新型

续表

专利名称	申请时间	授权时间	专利类别
一种涂覆装置	2021.3.3	2021.10.15	实用新型
一种退膜装置	2021.7.12	2021.11.30	实用新型
一种卷式膜元件用产水导流网	2021.11.12	2022.03.11	实用新型
一种水效检测装置	2022.8.4	2022.10.29	实用新型
一种涂覆装置和包含此装置的涂覆单元	2020.11.23	2021.7.2	实用新型
一种固体水处理药剂投放装置	2022.11.30	在审	实用新型

五、公司发展历程分析

2014 年底，澳维初创团队组建完成，在株洲天元区完成工商登记注册。初创公司员工 15 人，其中研究生学历以上 10 人。

2015 年，澳维完成土地购置、厂房规划、报批报建、关键设备采购等，并实现攸县基地和栗雨基地的建设。

2016 年，澳维完成关键生产设备的安装和工艺调试、组建生产班底，完成产品的国际认证和涉水卫生许可，实现批量生产，当年实现销售收入 1 000 多万元。

2017 年，澳维完成多个关键产品的技术攻关，产品性能得到显著突破，行业口碑逐渐确立，当年实现销售收入 4 000 多万元。

2018 年，澳维进行管理和流程优化，同时完成第 2 条生产线的建设和投产。公司销售渠道初具规模，产品远销海内外，当年实现销售收入 8 000 多万元。

2019 年，澳维确立了多组织业务独立核算的发展思路，并完成了产品序列扩充，SHF 等多款明星产品面世，与多个行业头部企业达成战略合作。当年销售收入首次破亿。

2020 年，实现第 3 条生产线的投产，实现销售收入 2.4 亿元。

2021 年，完成股份制改造，同时新增土地近 5 万平方米，确立新的研发中心实验室和办公区。

2022 年，销售收入突破 3 亿元，筹备二期项目建设。

2023 年，上市辅导进行中，同时二期项目动工建设。

第三节　高压分离膜新秀企业

高压分离膜新秀企业通过不断创新和技术突破，以其创新的解决方案和卓越的技术能力正引起越来越多的关注。这些企业专注于开发和生产高压分离膜，为各行各业提供高效、可持续的分离过程，积极推动可持续发展目标的实现。同时，这些企业注重研发和改进分离膜的材料、结构和性能，以满足不同行业和应用领域的需求。它们将高压分离膜应用于石油和天然气工业、化工生产、环境保护和生物医药等领域，为客户提供定制化的解决方案。

本节将探讨部分高压分离膜新秀企业的发展情况、工程案例和创新优势。通过深入了解这些企业的研发成果和应用案例，我们可以更好地了解高压分离膜技术与工程应用的前沿进展，并意识到它在实现资源高效利用和环境保护方面的重要作用。这些新秀企业的努力不仅将推动膜分离技术的革新，也为未来可持续发展带来希望。

一、苏州苏瑞膜纳米科技有限公司

（一）企业概况

苏州苏瑞膜纳米科技有限公司成立于 2016 年，主要从事属于国家战略新兴产业的水分离核心材料“复合反渗透与纳滤膜”的研发、生产、销售与服务。苏瑞产品范围涵盖反渗透/纳滤膜片、反渗透/纳滤膜元件、反渗透/纳滤膜组件（碟管式）、气体分离膜。苏瑞在苏州总部设有研发和生产基地，现有员工 300 余人，其中本科以上人员占比超 50%，年产能达 2 000 万 m^2 复合反渗透膜及 500 万 m^2 纳滤膜。

（二）工程业绩

苏瑞膜使用自主研发的设备生产反渗透膜和纳滤膜，拥有自主知识产权，生产的 SURO®反渗透与纳滤膜产品在直饮水、工业纯水、海水淡化、电子级超纯水、污水处理与回用，以及物料浓缩提纯、药物分子脱盐、甲醇纯化等特种分离行业均有广泛的应用。

苏瑞膜产品在电子半导体、面板制造、煤化工等领域的反渗透膜国产替代走在前列，已经开始大批量应用，日处理规模在 50 000 m^3/d 以上。截至 2023 年，公司工程的累计设计规模约 10 万 m^3/d，累计工程数量为 50 个。2022—2023 年的大型工程案例如表 9－4 所示。

表 9－4　苏瑞膜典型工程案例（2022—2023 年）

项目名称	应用领域	规模（m^3/d）	投运时间（年）
陕西省榆林市零排放项目	煤化工	10 000	2023
江苏省盐城市超纯水项目	光伏	5 000	2022

续表

项目名称	应用领域	规模（m^3/d）	投运时间（年）
上海市超纯水项目	芯片	1 000	2022
安徽省合肥市中水回用项目	芯片	3 000	2022
山东省寿光市中水回用项目	生物制造	3 000	2022
山西省阳泉市纳滤项目	市政用水	2 000	2022
江苏省苏州市脱盐水项目	电力	2 000	2022
四川省成都市超纯水项目	芯片	1 500	2022

（三）经营情况

苏瑞膜自2020年起产品批量上市，实现销售额每年倍数级增长，见图9-4。

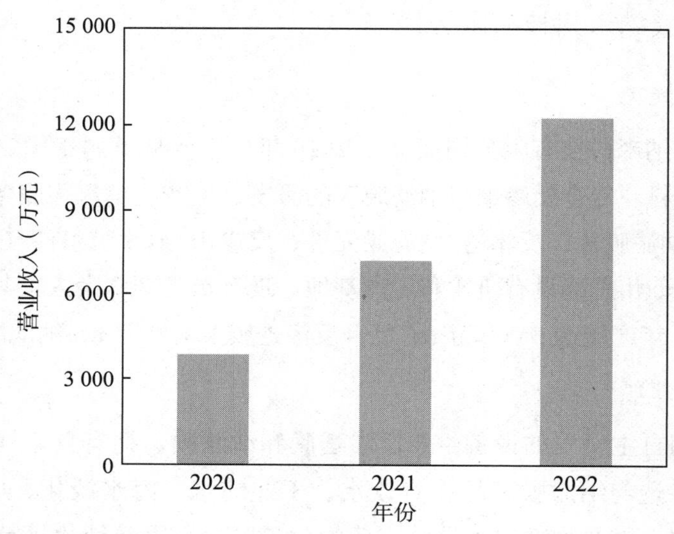

图9-4　澳维科技营业收入与净利润年度变化（2020—2022年）

（四）核心竞争力分析

苏瑞膜依托设备、工艺、配方“三位一体”整合开发形成的通用膜法技术平台，反渗透膜产线长达数百米，工艺控制点多达1 200多个，设备、工艺和配方密接关联。以标准化膜法平台能力生产定制化特种分离膜，在存量反渗透膜市场外开拓增量特种分离市场，目前已储备拓展杂盐提纯、盐湖提锂、生物医药、特种气体分离等多个增量场景。

公司致力于产品研发技术创新，截至2022年12月31日，公司共申请发明专利20项，其中2项已获授权，18项实质审查中；实用新型专利已授权23项；外观设计专利已授权2项。具体见表9－5。

表9－5　苏瑞膜部分专利状况

专利名称	申请时间	授权时间	专利类别
反渗透膜在线染色检测装置及反渗透膜加工设备	2018.12.20	2019.11.01	实用新型
一种平板膜料液挤出在线清洗系统	2020.07.31	2021.04.02	实用新型
一种具有分离功能的复合膜及其气相沉积制备方法	2019.04.22	2022.09.23	发明专利
一种无损耐用反渗透膜元件	2022.09.14	2023.02.03	实用新型
反渗透膜包装防护装置	2022.07.13	2023.03.07	外观设计
一种高性能聚酰胺复合反渗透膜的制备方法	2022.08.17	实质审查中	发明专利
一种抗菌反渗透复合膜及其制备方法	2021.10.09	实质审查中	发明专利
一种反渗透膜组件用浓水网及其制备方法与应用	2021.05.27	实质审查中	发明专利
一种高通量反渗透膜及其制备方法与应用	2021.02.04	实质审查中	发明专利

（五）公司发展历程分析

苏瑞膜已具备全系列工业级反渗透膜片及膜元件生产制造能力，产品性能日益完善，产能逐步增长，纳滤膜、反渗透膜、海水淡化膜、特种分离膜、耐溶剂RO/NF膜逐步上市，产品在国内外获得一致好评。

孵化阶段（2013—2015年）：2013年孵化于中科院苏州纳米技术与纳米仿生研究所，该阶段处于技术积累与验证阶段。

成立初期（2016—2020年）：2016年公司正式成立，自主开发设备＋工艺＋配方，开始中试线验证。2017年纳滤膜产品上市；2019年反渗透膜上市，新建20 000 m^2研发与生产中心，获得江苏省高新技术企业荣誉。2020年膜片产能450万m^2/年，获得苏州独角兽培育企业荣誉。

稳步发展阶段（2021年至今）：2021年海水淡化膜与特种分离膜上市，产品批量出口海外市场，获得江苏省潜在独角兽企业荣誉。2022年，膜片产能反渗透膜2 000万m^2/年，纳滤膜500万m^2/年，耐溶剂RO/NF膜上市。

二、宁波日新恒力科技有限公司

（一）企业概况

宁波日新恒力科技有限公司成立于2016年，公司占地面积83亩，建筑面积6万m^2，坐落在宁波慈溪高新开发区，毗邻杭州湾跨海大桥，是一家由“国家千人计划”特聘专家创立的高新技术企业。日新恒力旗下设立品牌 RTL，公司经营范围包括：微滤膜、超滤膜、纳滤膜、反渗透膜、中空纤维膜等膜分离材料及膜元件、膜组件的研发设计、制造加工和销售；饮用水、纯净水、海水和苦咸水处理淡化装置、工业用水、污水处理设备的研发设计、制造加工和销售；高性能特种纤维研发设计、制造加工和销售；水处理工程的技术咨询服务等。

通过持续的自主创新研发投入，日新恒力掌握了高端反渗透膜的核心制造技术和规模化生产能力，目前已建立五条全自动反渗透膜连续化生产线（产能 2 000 万 m^2）、500 万 m^2 纳滤膜定制化生产线、150 万 m^2 中空纤维膜生产线以及 10 万支/年的工业膜元件产线及 600 万支家用膜生产线。

（二）公司核心竞争力分析

截至 2023 年 5 月 31 日，公司共申请发明专利 45 项，其中 18 项已获授权，27 项实质审查中；实用新型专利已授权 19 项，详见表 9－6。

表 9－6　日新恒力专利情况

专利名称	申请时间	授权时间	专利类别
抗菌水通道蛋白囊泡及其制备方法和应用	2017.06.28	2020.07.10	发明专利
利用二次界面聚合法制备含水通道蛋白反渗透膜的方法	2017.07.31	2019.11.26	发明专利
一种纤维素与聚芳酯纤维基电池隔膜的制备方法	2017.11.14	2021.02.09	发明专利
一种氧化石墨烯/聚乙烯醇涂层改性的反渗透膜制备方法	2017.11.05	2019.11.22	发明专利
一种含有聚乙二醇环氧化物涂层的高脱盐反渗透膜的制备	2019.12.31	2022.05.13	发明专利
一种用于处理电镀废水的聚电解质涂层纳滤复合膜的制备方法及其应用	2019.12.31	2022.04.05	发明专利
一种含有聚乙二醇环氧化物涂层的高脱盐反渗透膜	2019.12.31	2022.05.13	发明专利
一种用于处理中高温废水的超滤复合膜及其制备方法、应用	2019.12.31	2022.04.05	发明专利
一种用于处理电镀废水的聚电解质涂层纳滤复合膜及其应用	2019.12.31	2022.04.05	发明专利
一种用于水处理反渗透膜支撑体基材的湿法无纺布及制备方法	2020.12.16	2022.08.09	发明专利
一种半透膜支撑体	2020.12.14	2022.10.18	发明专利
一种半透膜支撑体及其制备方法	2020.12.16	2023.04.07	发明专利
一种半透膜支撑体的制备方法	2020.12.14	2022.06.10	发明专利
一种孔隙均匀的半透膜支撑体	2020.12.21	2022.06.10	发明专利

续表

专利名称	申请时间	授权时间	专利类别
一种孔隙均匀的半透膜支撑体制备方法	2020.12.21	2022.04.26	发明专利
一种聚酰胺修饰层包覆分子筛掺杂的聚酰胺反渗透膜	2021.10.26	2023.04.18	发明专利

（三）公司发展概况

宁波日新恒力科技有限公司是国家高新技术企业，国家科技型中小企业、浙江省高成长科技型中小企业、建有浙江省博士后工作站。公司累计申请专利50多项，授权20余项核心发明专利，是一家具备完全自主知识产权的全产业链膜技术（微滤、超滤、纳滤、反渗透）、产品生产与工艺应用，集全系列膜材料研发、膜与设备制造、膜工艺应用于一体的企业。

公司下属设立有全资子公司——浙江广君建设有限公司，利用日新恒力的产品优势从事工业及市政水处理业务，包括纯水、超纯水、废水处理、中水回用、零排放、VOC治理等相关工程设计、施工及运维。

第四节　膜服务商

膜服务商为膜工程提供专业的维护服务，确保膜系统的高效运行和持久性能。运营维护涵盖系统运行的监测和优化、定期检查和维修，以及客户操作人员的培训等方面，旨在确保膜系统始终处于最佳状态。通过有效的运营维护，膜企业帮助客户降低运营成本、延长膜系统寿命，并提高生产效率和产品质量。作为专业企业，提供膜产品、运营维护和废旧膜循环再利用服务的膜企业在推动环保、资源高效利用和行业创新方面扮演着关键角色。

此外，废旧膜循环再利用是膜企业在可持续发展方面采取的重要举措。这些企业采用先进的回收、再生和重新利用技术，将废旧膜转化为有价值的资源。这一举措不仅减少了资源浪费，还降低了环境污染的风险。废旧膜循环再利用为企业提供了可持续发展的机会，促进了经济、环境和社会的可持续性。

综上所述，膜服务商在推动可持续发展、资源高效利用和环境保护方面发挥着关键作用。通过提供创新的膜技术、运营维护服务以及废旧膜循环再利用方案，它们不仅满足了各行业的需求，同时也为实现可持续发展目标做出了积极贡献。

一、河北奥丰环境工程有限公司

（一）企业概况

河北奥丰环境工程有限公司（下文简称“奥丰”）起源20世纪90年代初期南开大学支援农村工业的基层公私合营离子交换树脂厂。奥丰公司于2008年8月8日借百年奥运之势改制成立。在原有业务基础上，学习优化国外先进技术提供MFUFNFROEDEDI系列膜法水处理的设备，并配套解决污废水达标处理、中水回用、高纯水制备等整套水处理解决方案；生产膜法、循环水处理药剂；技术服务、保障运行，专业大团队做超滤反渗透在线、离线清洗；并提供保温施工与水处理工程安装业务。

在膜元件制造领域，研发制造了PVC、PVDF、PTFE、陶瓷、碳化硅等材质的各种精度、用途的超滤膜；苦咸水膜、抗污染膜、低压/超低压膜、海水淡化膜、STRO/DTRO高压膜等反渗透膜；高脱盐纳滤膜/低压纳滤、高温膜和物料分离膜等多种系列高性能膜，公司提供包括膜设计选型、检测评价、技术分析、清洗运维、优化改造等技术服务。

奥丰深耕膜工业二十余年，服务近千家工业膜法水处理用户，药剂产品对标或优于进口产品，对膜法水处理设备高效、经济运行具有丰富的技术经验。有机废弃反渗透膜循环再利用达到3～5万支次/年。

（二）工程业绩

奥丰2021年至2023年6个项目的应用，经济效果明显、运行稳定，符合低碳减排的国家政策，详见表9-7。

表9-7　奥丰典型工程案例

项目名称	应用领域	规模（m^3/h）	运行时间（年）
保定某热电公司双膜法废水发电项目	电力	UF300＋RO220	2021
山东寿光某纸业中水回用项目	造纸	RO20＊150	2021
陕西榆林某化学煤化工项目深度水处理	煤化工	三级RO4550	2022
浙江绍兴某控股集团印染项目	印染	UF450＋RO315	2022
内蒙古乌海某焦化中水回用项目	焦化	RO3＊110	2023
河北唐山某钢铁集团中水回用项目	钢铁	UF480＋RO300	2023

（三）经营情况

奥丰公司成立至2024年的16年里，已生产反渗透药剂35万吨，清洗8英寸膜元件 20～30 万支次，加工再利用有机废弃纳滤、反渗透膜原件 10 万支，综合产值 4 500 万元。公司营业收入年度变化如图 9－5 所示。

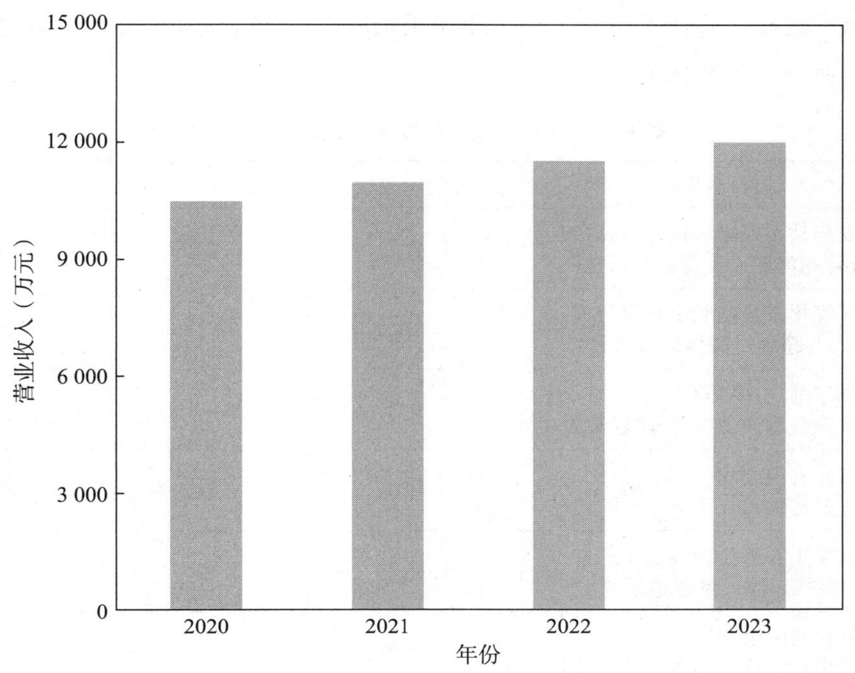

图 9－5　河北奥丰营业收入年度变化

二、河南一膜环保技术有限公司

（一）企业概况

河南一膜环保技术有限公司（下文简称“一膜”）隶属大数据环保服务集团。公司自 2020 年 10 月成立，主要从事有机废弃膜循环利用及固废资源化技术的开发及应用。目前已完成有机废弃反渗透膜制成超滤膜、纳滤膜并工程化应用于工业水处理系统。废弃反渗透膜终端资源化应用进入应用放大阶段。

一膜自有的有机废弃膜固废资源化利用技术，不仅为国家有效解决该类环境污染困扰的问题提供了良好的技术实施方案，具有极大的开创示范价值；同时，也为工业用户降本增效开辟了新路径，实现了经济及环保双效益的巨大跨越。此外，公司开发的膜前精准去氧化、污水处理厂末端应急排放等技术产品业已导入工业应用过程，并取得了良好的社会效益。上述多项技术获得不同荣誉，废弃膜循环利用技术填补了国内膜产业循环利用的空白。

（二）工程业绩

公司近三年项目的成果应用达到了工业应用的预期目标，为后续项目研发提供有效的运行数据，验证了该技术在工业应用领域的成效，为推广应用奠定了良好基础。一膜典型工程案例见表 9－8。

表 9－8　一膜典型工程案例（2020—2023 年）

项目名称	应用领域	规模（m^3/d）	投运时间（年）
河南省安阳某木糖醇科技有限公司 52 m^3/h“超滤膜＋反渗透全膜法”	食品	1 248	2020
山西省某煤化工集团股份有限公司 4＊72 m^3/h 超级过滤器装置项目	煤化工	6 912	2021
湖北省荆门某气体有限公司 外排污水预处理改造项目-除硬装置	化工	12 000	2021
甘肃某焦化有限公司 全厂废水改造项目	焦化	9 360	2022
内蒙古某化工有限公司 67 m^3/h 微孔超滤＋反渗透系统	化工	2 280	2022
河南某股份有限公司 多介质＋微孔超滤＋反渗透装置项目	化工	148	2023

（三）经营情况

一膜公司投产至今，已生产有机废弃反渗透转型超滤膜组件 7 500 只，超滤装置 12 套，综合产值 40 250 万元；2023 年销售收入超过 8 500 万元。

（四）公司核心竞争力分析

一膜拥有独立的创新研发团队并取得多项专利。“有机废弃膜循环利用及固废资源化工程技术中心”为国内首家有机废弃反渗透膜循环再利用及固废资源化技术研发及工业应用推广单位。近年专利申请与授权情况见表 9－9。

表 9－9　一膜专利申请与授权状况（2020—2023 年）

专利名称	申请时间	授权时间	专利类别
用废弃有机反渗透膜或纳滤膜再造超滤膜的膜组件	2020	2020.12	实用新型
用有机反渗透膜或有机纳滤膜再造超滤膜的水处理设备	2020	2020.12	实用新型
基于物联网的具有再造超滤膜的水处理设备	2020	2020.12	实用新型
基于物联网的污水处理末端排放集成化应急处理方法	2021	2021.04	发明专利

第十章　无机/平板膜市场竞争主体

第一节　江苏久吾高科技股份有限公司

一、公司概况

江苏久吾高科技股份有限公司（股票代码 300631）成立于 1997 年，注册资本 12 264.202 4 万元，专注从事陶瓷膜、有机膜、锂吸附剂等分离材料和分离技术的研发与应用，并以此为基础面向下游客户提供系统化的膜集成技术整体解决方案、材料及配件。拥有陶瓷膜领域仅有的 5 项国家级科技奖项，包括 4 项国家科技进步奖和 1 项国家技术发明奖。具有年产 30 万支陶瓷膜管及 800 套/年膜分离成套设备的生产能力，是目前国内最大、综合实力最强的陶瓷膜及成套设备工业龙头企业，成为国内该行业最早上市企业。公司是国家首批专精特新“小巨人”企业、第六批制造业单项冠军（产品）企业、中国膜行业陶瓷膜领域龙头企业和工业及园区水处理领域领先企业。公司业务近年总收入与净利润变化如图 10－1 所示。

公司主营业务收入按产品类别及应用领域的构成，分为膜集成技术整体解决方案及其成套设备与材料及配件两大类，同时公司利用陶瓷膜、有机膜、锂吸附剂等分离材料的优势，专注于过程分离与环保水处理两个领域的膜集成技术整体解决方案。如图 10－2 所示，多年来，公司以过程分离与环保水处理为主的膜集成技术整体解决方案及成套设备营业收入构成占比未出现明显的变化，2017 年与 2023 年的膜集成技术整体解决方案及成套设备营业收入占比皆高达 80%以上。生物与医药、

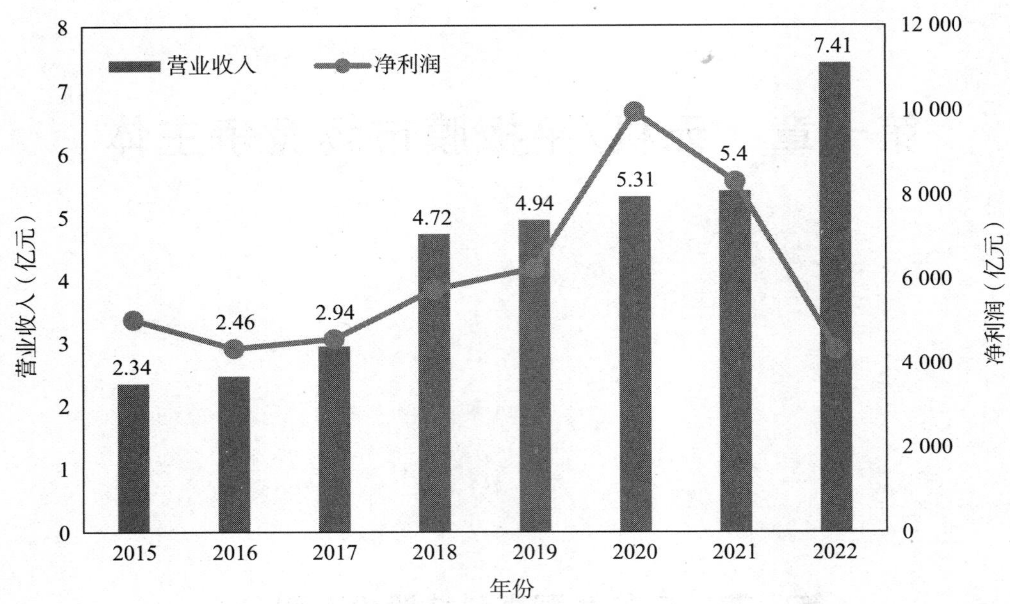

图 10－1　业务收入与净利润年度变化图（2015—2023 年）

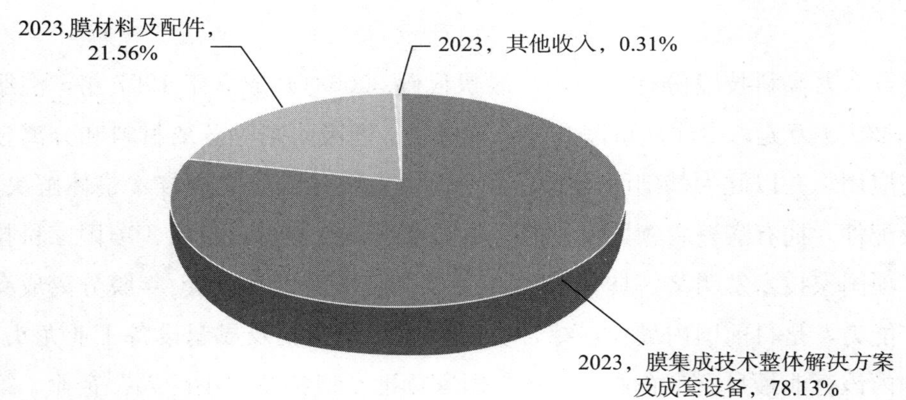

图 10－2　营业收入构成类别图（2023 年）

化工、食品饮料分离传统业务领域等过程分离行业作为公司一直以来的优势领域，但是受到工程处理规模小等因素使其竞争力逐渐减弱；环保水处理方面，公司聚焦以膜集成技术为核心的中水回用、零排放、废盐资源化等领域，逐步扩大影响力，2017 年环保水处理领域业务收入占比达到 30%以上。由于过程分离领域和水处理行业竞争加剧，公司部分产品的盈利空间受到影响。因此，公司持续进行研发投入，加强市场拓展力度，一方面保持过程分离领域优势拓展业务至新能源领域；另一方面继续大力发展环保水处理行业。2017—2023 年，环保水处理领域业务营业收入整体呈上升趋势。

二、发展状况

（一）主要业务

公司专注从事陶瓷膜、有机膜、锂吸附剂等分离材料和分离技术的研发与应用，并以此为基础面向工业过程分离与环保水处理领域提供系统化的膜集成技术整体解决方案、材料及配件，包括研发和生产陶瓷膜、有机膜、锂吸附剂等分离材料及膜成套设备，根据客户需求设计技术方案、实施膜系统集成，以及提供运营技术支持与运营服务等。公司主要采用整体解决方案的形式为客户提供相关产品和服务。公司的膜集成技术整体解决方案主要应用在新能源、化工、生物医药等工业过程分离领域及工业污水、市政污水、水环境治理等环保水处理领域。

（二）经营模式

公司面向工业过程分离和环保水处理领域客户设计技术方案、研发、生产分离材料及膜成套设备，实施膜系统集成，并为客户提供技术支持与运营服务。在该业务模式下，公司通过为客户提供系统化的膜集成技术整体解决方案、材料及配件来获得收入与利润。除膜集成技术整体解决方案及其成套设备外，公司还向客户销售替换所需的材料或其他配件。着力通过技术创新开拓下游应用领域与客户，并致力于通过一揽子的解决方案和全过程服务满足客户需求，从而提升公司产品的整体价值。在发展初期，公司膜分离技术的优势应用领域主要为生物与医药、化工等过程分离行业，此后，随着公司技术水平的发展和市场开拓力度的加大，在保持原有优势应用领域的基础上，公司膜分离技术在食品饮料等其他过程分离行业以及工业废水处理等特种水处理行业得到了良好应用。2018 年以来，公司谋求发展再突破，将业务领域拓展至新能源领域，市场快速发展。公司的主营产品为以陶瓷膜、有机膜、锂吸附剂等分离材料为核心的膜集成技术整体解决方案。由图 10－3 可知，公司主营业务收入主要来自膜集成技术整体解决方案及成套设备的销售。

（三）工程业绩

久吾高科用户遍布全国 32 个省市，产品出口到美国、德国、加拿大、阿根廷和泰国等 40 多个国家和地区，装置销售总数约 1 000 余套，典型案例见表 10－1。

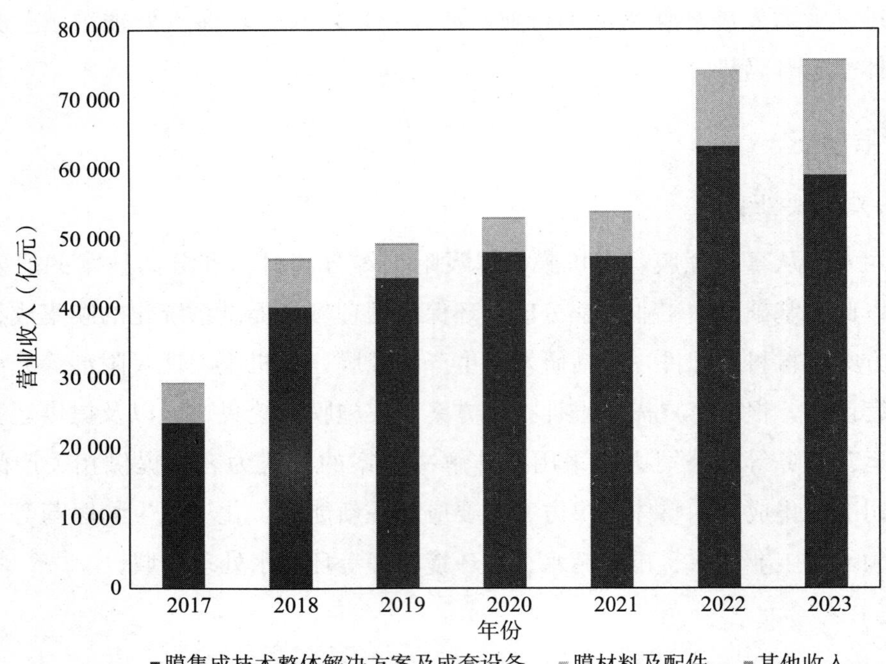

图 10-3　久吾高科 2017—2023 年主营业务收入占比

表 10-1　久吾高科主要工程业绩

项目名称	应用领域	规模（m^3/d）	投运时间（年）
南通经济技术开发区中水回用示范工程技改及扩建项目	水处理	10 000	2021
燃料乙醇项目	生物化工行业	45 000	2021
连云港徐圩石化园区再生水项目	水处理	100 000	2021
瑞盛新材料科技有限公司中水回用项目	水处理	10 000	2021
离子膜烧碱一次盐水精制系统	氯碱行业	300 000	2022

三、企业核心竞争力

公司拥有完整的陶瓷膜材料和膜分离技术研发体系，包括膜材料制备、膜组件与成套设备开发、多领域的膜分离技术应用工艺。依托完整的膜分离技术体系，公司能够面向不同应用领域及不同应用工艺的需求提供系统化的膜集成技术整体解决方案，并在膜分离成套设备的基础上进行系统集成，形成针对性的膜集成技术整体解决方案。

（一）高度重视研发平台建设和研发资金投入

公司建设有无机膜国家-地方联合工程研究中心、江苏省膜分离环境工程技术研究中心、江苏省盐水精制工程研究中心、江苏省企业技术中心等 9 个科研平台，是国家“863”计划“高性能陶瓷纳滤膜规模制备技术及膜反应器”项目的课题依托单位。公司积极鼓励技术创新，研发资金投入持续保持较高水平。2017—2018 年，公司直接投入的研发支出分别为 1 707.23 万元和 1 763.25 万元，占当年营业收入的比例分别为 5.81%和 3.74%。2019 年和 2020 年，公司直接投入的研发支出分别为 2 366.79 万元、2 892.69 万元，占营业收入的比例分别为 4.79%、5.45%。为了积极鼓励技术创新，2021 年和 2022 年，公司直接投入的研发支出为 4 293.52 万元和 4 216.34 万元，占营业收入的比例为 5.69%，大量的研发投入有效保障了公司技术研发能力及产品开发水平的持续提升。

截至 2022 年 12 月 31 日，公司已申请的专利数为 312 件，已公告的专利数 198 件，授权数量占比 63%。已获得陶瓷膜、有机膜、锂吸附剂等分离材料和分离技术相关发明专利 72 项、实用新型专利 121 项及外观设计专利 5 项，其中 36.4%为国家发明专利，外观专利仅占 2.5%（见图 10－4），并有 113 项专利申请已获得受理，说明该公司比较注重技术开发和新产品研制，从专利申请量来看取得了较为重大的成果，公司整体技术水平较高。

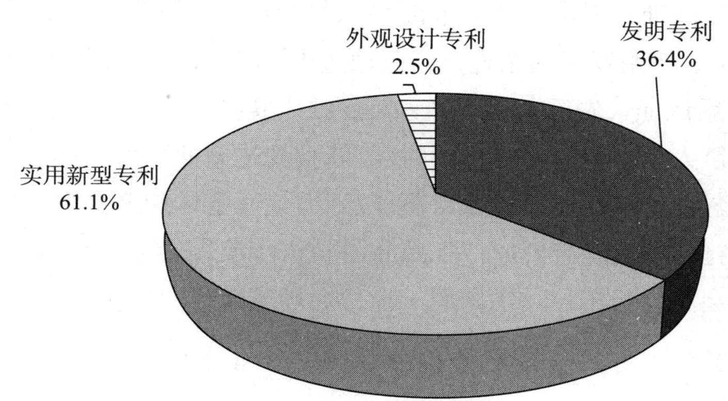

图 10－4　久吾高科授权专利类别比例图

公司先后主持起草了国家海洋局发布的“管式陶瓷微孔滤膜元件”（HY/T063—2002）、“管式陶瓷微孔滤膜测试方法”（HY/T064—2002）、“陶瓷微孔滤膜组件”（HY/T104—2008）以及工信部发布的“全自动连续微/超滤净水装置”（HG/T4111—2009）等相关行业标准。主持了 1 项国家标准“陶瓷滤膜装置”（GB/T 37795—2019）和 1 项团体标准“领跑者”标准评价要求陶瓷膜元件（T/ZGM 008—2021 T/CSTE 0056—2021）的编制，并参与了 11 项国家标准和 3 项团体标准的制定。

（二）自主研发锂吸附剂材料制备工艺并建立完善的研发体系

公司依托多年分离材料技术研发经验，经过数年的研发投入与试验，成功自主研发了钛系、铝系的锂吸附剂材料制备技术。同时凭借完善的研发体系，公司不断优化提升锂吸附剂溶损率、吸附效率等关键指标性能，并与公司膜集成技术耦合，开发出“吸附+膜法”的盐湖提锂工艺，可应用于国内外不同类型卤水的盐湖锂资源开发利用场景，公司已成为国内少数同时掌握盐湖提锂的关键材料及工艺，并具有持续研发创新能力的企业。

第二节　江西博鑫环保科技股份有限公司

一、企业概况

江西博鑫环保科技股份有限公司成立于2007年，坐落于“中国工业陶瓷之乡”萍乡市，工厂占地130余亩，是一家运用高新纳米陶瓷技术进行科技创新并应用于环境保护行业的国家高新科技企业。公司秉承“创新、诚信、品质、专业”理念，专注于工业废气治理、废水治理等节能环保领域，产品远销美国、欧盟、日本、韩国、南美、澳洲、东南亚等国家地区。已通过ISO9001、ISO14001、OHSAS18001、IS037001等体系认证，先后获得“国家高新技术企业”“国家专精特新小巨人”“江西省专业化小巨人”“中国陶瓷行业科技创新型先进企业”“江西省专精特新中小企业”“江西省瞪羚企业”“江西省重点新产品”“江西省名牌产品”“江西省自主创新产品”“江西省优秀科技新产品”“江西省科技进步奖”等荣誉称号，是中国膜工业协会无机膜分会副会长单位、中国膜工业协会理事单位。

二、经营情况

（一）纳米板式陶瓷膜

陶瓷膜是以氧化铝、氧化锆、氧化硅等原料经一系列工艺精制而成的具有多孔结构的液固分离材料。公司于2010年正式在市场上推出蜂窝中空板式陶瓷膜产品，是国内第一家研发成功并推向市场的厂家，产能400 000 m^2/年。

（二）蜂窝立体陶瓷膜

蜂窝立体陶瓷膜是针对冶金、火力发电、水泥玻璃、垃圾焚烧、燃料化工等行业的高温烟气粉尘治理而开发了一种蜂窝状多孔道高温烟气尘硝一体处理的高效膜材料。该产品可适用于200～900 ℃的高温烟气除尘；具有超高过滤性能；可涂覆脱硝催化剂，实现除尘脱硝一体并且可实现热能回收，减少使用厂家的投资和使用成本。

三、工程业绩

近五年大型工程案例见表 10－2。

表 10－2　典型工程案例

项目名称	应用领域	规模	投运时间（年）
北京市某河道黑臭水体治理项目	黑臭水体	30 000 m^3/d	2019
郑州某大型企业生产生活废水处理工程	综合废水	8 000 m^3/d	2016
山西晋城某大型集团生活废水处理项目	综合废水	3 000 m^3/d	2017
新疆某油田压裂液油泥处理工程	石化	2 000 m^3/d	2019
江西某工业园第二污水处理厂	园区综合废水	2 000 m^3/d	2019
浙江某食品加工工业园污水处理厂	食品废水	3 000 m^3/d	2019
江西某工业园 30 家企业一体化废水处理项目	园区综合废水	2 500 m^3/d	2020
广东某集团公司熔块窑炉废气处理项目	窑炉尾气除尘	22 000 Nm^3/h	2018
广东某铝箔窑炉废气处理项目	窑炉尾气除尘	25 000 Nm^3/h	2019
安徽某玻璃生产厂泡花碱炉尾气治理项目	窑炉尾气除尘	100 000 Nm^3/h	2020
山西某工厂金属钙处理车间尾气治理项目	车间废气除金属钙	30 000 Nm^3/h	2021
江西某企业隧道窑炉尾气治理项目	窑炉尾气除尘	20 000 Nm^3/h	2021
江西某企业切割含尘气体治理项目	车间除尘	20 000 Nm^3/h	2021

四、公司核心竞争力分析

公司十分重视研发投入，凭借在研发、生产、销售和管理等方面的技术和经验的积累，不断进行工艺创新，形成了具有较强市场竞争力的核心技术和自主知识产权。企业现有已授权知识产权 65 项，其中发明专利 10 项，外观专利 1 项。研发中心分别获得江西省陶瓷膜工程研究中心、江西省陶瓷复合膜工程技术研究中心以及萍乡市蜂窝复合型膜材料工程技术研究中心称号。研发中心自成立以来，不断对产品、技术进行完善和创新，先后承担了国家级科技成果产业化项目 1 项，国家科技部创新基金项目 1 项，省级科技成果产业化项目 3 项以及其他省市级重点项目 20 余项。参与编制 3 项行业标准，其中 1 项已颁布的行业标准《建筑用发泡陶瓷保温板》（JG/T 511—2017）；1 项受邀参与编制中药澄清用陶瓷膜技术相关行业标准研究及制定工作；1 项团体标准《蜂窝中空板式陶瓷膜》（T/CCIA 0003—2018）。

公司广泛与科研院校展开合作，整合各方优势资源，形成产学研优势，自主研发能力和技术实力逐步增强。先后与景德镇陶瓷大学、湖南科技大学、北京工业大学、井冈山大学等高校开展了产学研合作，合作开展联合攻关 17 项，开展成果转化 10 余项。2018 年与湖南科技大学，共同开展 50 m^3/d 纳米板式陶瓷膜污水处理项目，该项目被评定为江西省重点环境保护实用技术示范工程。

五、公司发展历程分析

2007 年，江西博鑫环保科技股份有限公司正式成立，开展多孔材料的研究、开发，2009 年公司批量生产大规格蜂窝蓄换热陶瓷，同年开始研发超薄型纳米中空板式陶瓷膜产品并于 2010 年推出，是国内首家纳米板式陶瓷膜公司，公司成功研发了“泡沫陶瓷保温新材料”并通过省级鉴定。2011—2015 年，公司获得“萍乡市蜂窝复合型膜材料工程技术研究中心”荣誉称号。2016 年，公司年产值已超过一亿元，公司开发蜂窝立体陶瓷膜，获得“江西省陶瓷膜工程研究中心”荣誉称号。2017 年公司参与起草行业标准《建筑用发泡陶瓷保温板》（JG/T 511—2017），2018 年主导制定团体标准《蜂窝中空板式陶瓷膜》（T/CCIA 0003—2018）。2020 年，公司获得江西省“瞪羚企业”称号。公司完成生产自动化升级改造，进一步提高生产效率，2021 年年产值已超过 2.5 亿元，并获得国家工信部颁发的专精特新“小巨人”荣誉称号。2022 年，公司获得“江西省专业化小巨人企业”称号，同时继续增建生产线。

第三节　山东工业陶瓷研究设计院有限公司

一、企业概况

山东工业陶瓷研究设计院有限公司（简称“工陶院”）隶属于中国建材集团。历史可追溯至 1950 年成立的新中国第一个建材科研机构——华北窑业公司研究所，即后来逐渐形成的建筑材料科学研究院。

1970 年 9 月经国家建设委员会批准，建筑材料科学研究院陶瓷一室、陶瓷原料室和热工室的部分人员组建“陶瓷一队”迁往山东淄博，1971 年 10 月成立山东工业陶瓷研究所。1985 年 8 月 12 日经国家建材局批准所改院。1999 年 7 月 1 日，工陶院由科研事业单位转制为企业，整体进入中国非金属矿工业（集团）总公司。2004 年工陶院与中非人工晶体研究院以山东中博先进材料股份有限公司为平台实施战略性资产重组，更名为中材高新材料股份有限公司。2010 年 9 月因改制更名为山东工业陶瓷研究设计院有限公司。工陶院是国家工业陶瓷工程技术研究中心批建单位、国际精细陶瓷技术委员会（ISO/TC 206）国内技术归口单位、全国工业陶瓷标准化技术委员会（SAC/TC 194）依托单位、国家建筑材料工业陶瓷产品质量监督检验测试中心挂靠单位，拥有建筑材料行业高温陶瓷膜材料重点实验室和山东省透波功能陶瓷材料重点实验室，是山东省先进陶瓷创新创业共同体的建设主体单位，是国内重要的军工配套单位。

二、发展状况

山东工陶院已形成以国家工业陶瓷工程技术研究中心为核心，建立了以军工前沿应用牵引为主，军民两用，以陶瓷透波材料、陶瓷防隔热材料、功能陶瓷材料、特种陶瓷纤维、陶瓷膜及其装备和陶瓷 3D 打印研究所为主要组成部分的国内一流的技术创新平台。主要产品如下。

（一）陶瓷平板膜及组件

该型膜元件可以为客户提供过滤、分离、提纯的流体解决方案，产品涵盖高温气体（烟尘）净化和水处理等。2013 年，为满足膜生物反应器（MBR）水处理的迫切需求，通过科技攻关，成功研制开发了大尺寸薄壁中空平板陶瓷膜组件，成为目前国内首家可以提供 MBR 用平板陶瓷膜组件制备技术及产品的单位，已建设成为具有国际先进水平的年产 10 万平方米陶瓷平板膜生产线。

该平板陶瓷膜采用高压挤出，以氧化铝为基板的主要原料并经覆膜在高温条件下烧结制得。产品能够适应较为苛刻的酸碱水环境的过滤工况。该技术成果获得了 12 项国家发明专利和 7 项实用新型专利。膜生物反应器用平板陶瓷膜的研究开发获得“中国膜工业协会科学技术二等奖”；大尺寸薄壁中空平板陶瓷膜的制备方法获得中国专利优秀奖。

（二）脱硝除尘一体化陶瓷膜及装备

该型膜元件以陶瓷纤维复合膜材料为支撑体，通过负载环境友好型稀土金属氧化物体系的纳米脱硝催化剂，而制备的具有脱硝除尘一体化功能的过滤元件。纤维膜材料具有高粉尘过滤效率，粉尘排放可控制到 10 mg/m^3 以下，在 200～450 ℃温度下氮氧化物去除率可达 95%以上，纤维过滤管坚固、耐温、不燃烧，可在钢铁、焦化、玻璃、建材、化工、冶金及垃圾焚烧等领域应用，以满足国家大气污染物综合排放标准中对粉尘、氮氧化物、硫化物的排放要求。该技术成果共申请专利

19 项，其中申请发明专利 8 项；获得授权专利 11 项，其中授权发明专利 5 项。

（三）高温陶瓷膜及装备

高温陶瓷膜材料是一种具有较高的机械强度、优良的热性能和耐化学腐蚀性能、极佳的微孔过滤性能的微孔陶瓷过滤材料，是由高强陶瓷支撑体和高效膜分离层构成。相对于陶瓷过滤材料，高温陶瓷膜材料具有更高的过滤效率、再生效率、使用寿命和更广的使用范围。工陶院于 2010 年建立 3 万平方米高性能陶瓷膜材料生产线；2013 年形成 10 万平方米高性能陶瓷膜生产能力。

三、工程业绩

工业废水、园区废水处理以及市政污水处理作为山东工陶院陶瓷平板膜传统优势项目，每年在全国各地都有较大的工程项目承接，出水水质可达一级 A 标准或城市污水再生利用标准。除此之外，山东工陶院还承接煤化工、石油化工、有色冶炼等工业烟气处置工程，为磁县鑫盛煤化工有限公司设计建造的煤化工烟气清洁提标增效示范项目处理规模达到 380 000 m^3/h。工陶院近年的典型工程见表 10－3。

表 10－3　工陶院典型工程

项目名称	膜面积（m^2）	处理对象	处理规模
九江琵琶湖水质净化工程	19 040	黑臭水体治理	15 000 m^3/d
轮台县城市应急备用水厂	10 000	给水处理工程	20 000 m^3/d
磁县鑫盛煤化工烟气清洁提标增效示范项目	6 314＋7 040	烟气治理	38 万 Nm^3/h
山东某焚烧炉烟气净化项目	1 096	烟气净化	42 000 m^3/h

四、企业创新竞争力

工陶院先后获得国家级奖励 9 项，拥有专利 185 项，制修订国际、国家及行业标准 195 项。研制开发的近百种新产品中，有 20 余种被列为国家级新产品，为国防军工、航空航天及高端装备、新材料、新能源、节能环保等战略性新兴产业做出了重大贡献。

截至 2023 年 6 月，山东工业陶瓷研究设计院有限公司共获得专利授权 232 项，内容涵盖陶瓷膜及其组件的制备、封装等多个方面。其中，发明专利获授权 143 项，占比 62%；获实用新型专利授权 78 项，占比 33%，外观设计专利仅获授权 11 项，占比 5%。山东工业陶瓷研究设计院有限公司所获专利中发明专利数量较多且占绝大多数，说明经过多年发展，山东工业陶瓷研究设计院在陶瓷膜领域具有强大的研发能力，其产品在陶瓷膜市场具有较强的竞争力，是目前国内微孔陶瓷过滤材料领域最大的研发与生产基地。工陶院专利类别具体见图 10－5。

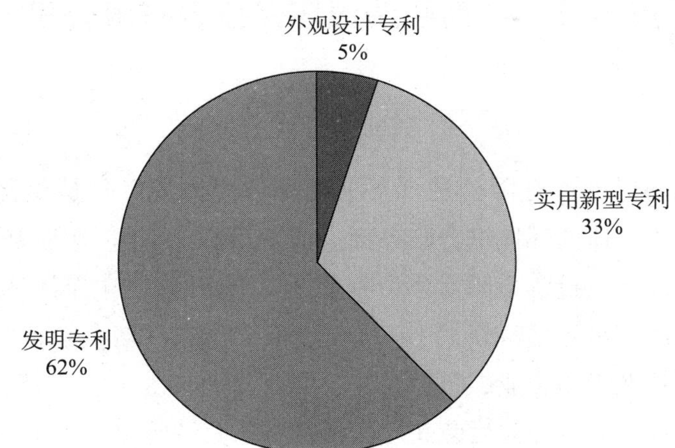

图 10－5　工陶院专利类别比例图

2005 年起，山东工业陶瓷研究设计院几乎每年都有新获专利授权，并且在 2011 年之后获得专利授权速度呈加速趋势，近五年获得数量屡创新高。2019 年公司新获 30 项专利授权，2020 年新获 22 项专利授权，2021 年新获 30 项专利授权，2022 年新获 36 项专利授权，2023 年仅半年新获授权数量达到 25 项。图 10－6 为山东工业陶瓷研究设计院有限公司随年份累积专利数量图（截至 2023 年 6 月）。可以预测未来山东工业陶瓷研究设计院公司在陶瓷膜领域将会飞速发展，加快创新研发速度，新获专利速度也会随之增长。

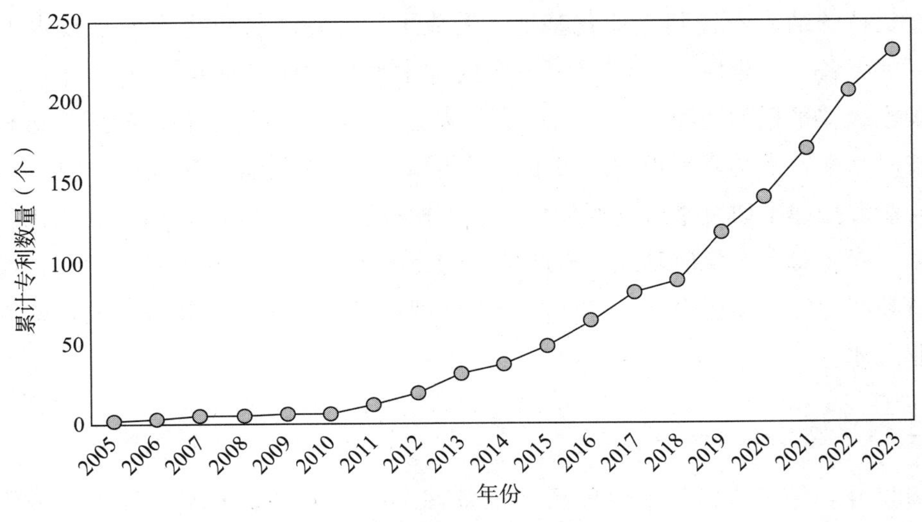

图 10－6　工陶院专利数量随年份变化图

第四节　广西碧清源环保投资有限公司

一、企业概况

广西碧清源环保投资有限公司（下文简称“碧清源”）是集科研、投资、建设、运营、智造于一体的环境综合服务商。成立于2013年，注册资本5 219万元，广西投资集团和北部湾投资集团为公司股东之一。公司位于广西梧州市粤桂合作特别试验区内，是国家级专精特新“小巨人”企业、国家高新技术企业、国家知识产权优势企业、科技型中小企业、瞪羚企业、广西首批制造业单项冠军示范企业和独角兽培育入库企业。碧清源先后荣获广西科技进步奖一等奖、中国膜工业协会科学技术二等奖、第六届自治区主席质量奖提名奖和第五届梧州市市长质量奖。

碧清源研发生产分离精度好、纯水通量大、机械强度高、化学稳定性强、耐酸碱、耐高温、可再生恢复的纳米平板陶瓷膜，以克服传统有机膜易堵塞、易老化、使用寿命短、不适合处理高难度复杂污水等弊端。公司致力于环保项目建设、运营及环保水处理装备的开发应用与销售，涉及市政、工业、医疗、村镇、含油、屠宰、垃圾渗滤液、餐厨废水等污水处理和供水领域，在国内外拥有两百多项环境工程项目，填补了纳米陶瓷膜在国内万吨级工业污水应用的技术空白，工程项目获住建部评为“市政公用科技示范工程”。

碧清源参与制定出台国家标准《水处理用陶瓷平板膜》，建成获国家发改委专项资金支持的纳米陶瓷膜产业化基地，完成了“陶瓷膜材料生产＋水技术工艺研发＋环保装备＋工程应用＋综合服务”的技术型环保全产业链。2022年，碧清源荣获国家级“平板陶瓷膜产业示范基地”认定，各项质量管理和生产工艺达到国际先进技术水平，为纳米平板陶瓷膜生产工艺和应用趋势开辟了新发展方向。

碧清源搭建了研发平台支撑创新生态，拥有城镇污水深度处理与资源化利用技术国家工程实验室产学研基地、广西纳米陶瓷膜水处理工程技术研究中心，优化研发创新和产业发展顶层设计，开展前沿水处理技术和环保高端装备研发，培养高质量行业人才。

二、工程业绩

2022年，纳米陶瓷膜水处理高端设备首次出口到东盟国家，融入双循环发展格局，为高质量“一带一路”共建添砖加瓦。截至2022年，公司累计工程设计规模约 30 万 m^3/d，累计工程数量 260 多个，在建项目 4 个，规模 48 500 m^3/d。2020—2022 年大型工程案例见表 10－4。

表 10－4　广西碧清源环保工程部分典型案例（2020—2022 年）

项目名称	规模（m^3/d）	投运时间（年）
广西梧州市某医院医疗污水处理项目	2 000	2020
广西玉林市某医院污水处理项目	2 000	2020
广西贺州市某医院污水处理项目	1 000	2021
广西岑溪市某污水处理厂	30 000	2021
广西梧州市某内陆岛污水处理项目	6 000	2021
广西梧州市某商业中心污水处理项目	2 000	2022
越南某企业高难度含油废水一期项目	1 000	2022
广西某垃圾渗滤液应急处理项目	500	2022
广西某市医院医疗污水处理项目	2 500	在建
广西贺州市某城区医院医疗污水处理项目	1 000	在建
广西梧州市某工业小镇工业污水处理厂及配套管网工程	5 000	在建
广西梧州市某经济园区污水处理厂	40 000	在建

三、经营情况

碧清源营业收入和利润总额持续增长，近五年营收复合增长率达 56.15%。2017—2022 年营业收入与利润总额情况见图 10－7。

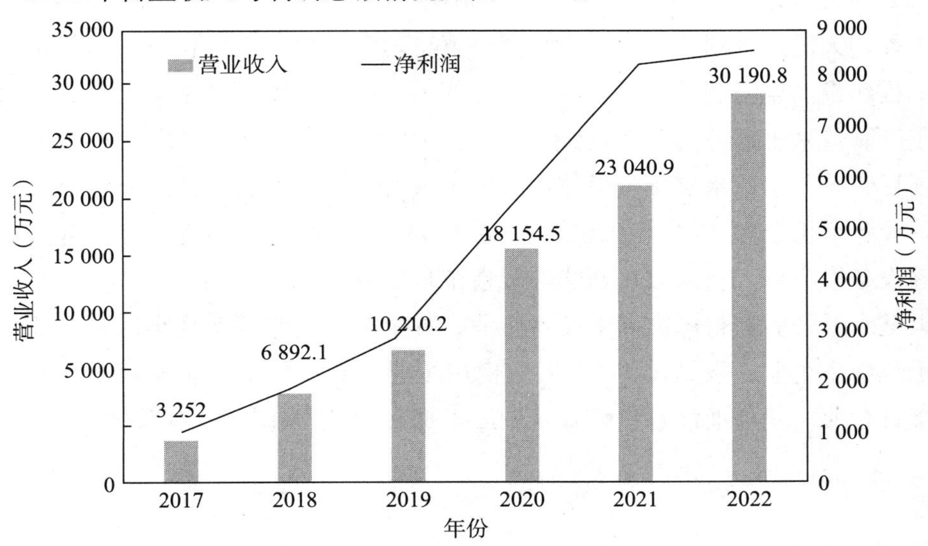

图 10－7　碧清源公司营业收入与利润总额年度变化情况

四、公司核心竞争力分析

碧清源获授权专利28项，其中发明专利12项，均为陶瓷膜核心技术。获得科技成果登记证书23项、环境工程项目运维方面软件著作权授权7项。2021至2022年授权专利情况见表10－5。

表10－5　碧清源授权专利（2021—2022年）

专利名称	申请时间	授权时间	专利类别
一种电热陶瓷过滤膜及其制备方法	2021.01.30	2021.09.28	发明专利
一种免烧结无机膜及其制备方法和应用	2021.03.08	2021.12.03	发明专利
一种陶瓷过滤膜的制备方法	2021.1.29	2022.7.1	发明专利
一种具有电解功能的陶瓷膜及过滤系统	2021.7.23	2022.12.2	发明专利
一种餐厨垃圾滤液处理系统及处理方法	2020.4.24	2022.6.24	发明专利
一种陶瓷膜超滤供水系统	2020.06.09	2021.03.02	实用新型

第五节　浙江天行健水务有限公司

一、企业概况

始创于2003年的浙江天行健水务有限公司（简称天健水务）是一家致力于现代化水处理设备与系统研发、生产及工程应用的国家高新技术企业。以天健智造、天健工程、天健运维的“一站式全流程”解决理念服务于水务行业，提供水处理领域的工程建设、设备制造、仪表配套、药剂供应和运行维护等全系列服务。由天健水务生产制造施工服务的EPC总承包全球最大市政纳滤膜嘉兴现状水厂工艺提升改造项目荣获“全球水奖年度最佳市政供水项目”。企业已建成投产86亩天健智造基地，业务覆盖全国20多个省份，浙江省内市场基本实现全覆盖，是全国知名的水处理设备供应商、自来水厂新建与改造工程服务商。

天健水务先后获得国家高新技术企业、首批国家级专精特新小巨人企业、省创新型示范中小企业、省AAA守合同重信用企业、省科技中小企业、浙江省级隐形冠军培育企业、获评浙江省研究开发中心，拥有80余项国家专利及软著。

二、工程业绩

天健水务追求减人减药、短流程、高品质、无人值守的现代化饮用水工艺处理目标，聚焦于高品质饮用水的处理，重点着力“气浮＋超滤陶瓷膜”工艺及技术研发和应用，已拥有陶瓷膜生产、膜组件与成套设备制造、膜集成技术整体解决方案在内的完整膜产业业务体系。

在饮用水深度处理领域，嘉兴市区石臼洋水厂和贯径港水厂工艺提升改造项目由上海市政总院 EPC 总承包，天健水务生产制造施工服务，设计规模 55 万 m^3/d，是目前全球最大规模市政饮用水纳滤工程，采用微滤＋纳滤处理工艺对现状水厂进行升级改造，项目一期 30 万 m^3/d 已投产运行。该项目作为超大型纳滤技术改造项目，在中国乃至世界范围内树立了采用纳滤先进技术对现状水厂进行升级改造的应用典范，荣获 GWI“全球水奖年度最佳市政供水项目”、膜产业示范工程项目等多项殊荣。

天健水务近年典型工程案例见表 10－6。

表 10－6　天健水务近年典型工程案例

项目名称	工艺	规模（m^3/d）	投运时间
嘉兴市区现状水厂	微滤＋纳滤	300 000	2022 年 12 月
上海城投罗泾水厂	超滤膜	50 000	2022 年 6 月
海宁尖山中水回用项目	超滤＋反渗透	20 000	2015 年 12 月
嘉兴贯泾港水厂	罐式陶瓷超滤膜	5 000	2023 年 2 月
丹东太平湾自来水厂	柱式陶瓷超滤膜	3 600	2020 年 10 月

天健水务以标准化、设备化、模块化、自动化为指导理念，集中优势资源全力推进水处理关键核心技术攻关，在全国率先将陶瓷膜水处理设备和工艺应用于市政供水、农村供水、二次供水和农村污水处理，已在浙江、福建、湖北、湖南、辽宁等地推广应用，深受当地群众和政府部门的好评。尤其是在浙江农村城乡供水一体化建设和农村饮用水达标提标过程中，发挥了重要作用，为真正实现老百姓从“有水喝”到“喝好水”、城乡“同城同质、统建统管”的供水目标贡献绵薄之力。

天健水务 2020—2023 年部分授权专利情况见表 10－7。

表 10－7　天健水务部分授权专利（2020—2023 年）

序号	专利名称	申请时间	授权时间	专利类型
1	一种动态除垢的电絮凝工艺	2020.10.29	2022.10.04	发明
2	一种次氯酸钠的发生工艺	2022.05.31	2023.03.14	发明
3	一种絮体沉降速率检测方法、系统、电子设备及介质	2023.03.15	2023.06.09	发明

续表

序号	专利名称	申请时间	授权时间	专利类型
4	一种混凝剂的自动投加方法	2022.05.31	2023.03.10	发明
5	一种陶瓷膜净水器	2020.04.01	2020.12.22	实用新型
6	一种垃圾渗透液的深度处理装置	2020.08.11	2021.06.08	实用新型
7	一种紫外消毒陶瓷膜净水装置	2020.09.17	2021.07.30	实用新型
8	一种刮片除垢的电絮凝装置	2020.10.29	2021.08.17	实用新型
9	一种极板除垢的电絮凝装置	2020.10.29	2021.07.30	实用新型
10	一种电絮凝装置	2020.10.29	2021.07.30	实用新型
11	一种陶瓷膜过滤器热水清洗装置	2020.10.29	2021.07.30	实用新型
12	一种陶瓷膜化学清洗废液处理装置	2020.11.12	2021.09.10	实用新型
13	一种陶瓷膜过滤系统	2021.01.11	2022.02.08	实用新型
14	一种陶瓷膜臭氧反洗装置	2021.07.05	2021.12.07	实用新型
15	一种臭氧气浮装置	2021.07.05	2021.12.07	实用新型
16	一种纳滤废水用于超滤膜反洗装置	2021.07.05	2021.12.07	实用新型
17	一种改进型气浮陶瓷膜过滤装置	2021.07.21	2021.12.07	实用新型
18	一种中空式陶瓷膜及其组件	2021.07.21	2022.06.03	实用新型
19	一种气浮臭氧陶瓷膜组合水处理系统	2021.08.06	2022.02.08	实用新型
20	一种有机膜膜组	2022.01.26	2022.07.05	实用新型

三、经营情况

浙江天行健水务有限公司以天健智造、天健工程、天健运维的“一站式全流程”解决理念服务于水务行业，2022 年销售额达到 5 亿元，比 2021 年增长近 30%。公司 2020—2022 年的销售额见图 10－8。2023 年，天健水务智造基地二期项目顺利开工，将建成以研发中心、行政中心、智造中心、生活中心为一体的天健园区。目前公司管式超滤陶瓷膜的产能经过 3 轮扩产较过去已经增加了 40 倍，一期项目达到了 20 万平方膜面积。根据规划，公司将进一步有序平稳提升研发水平和能力，在此基础上扩大生产规模，提升产能产量。依照公司目前的项目储备为基础制定的生产预测来看，2025 年天健水务陶瓷膜预计产量为 1 000 000 m^2，以当前的产能情况，预计到 2030 年，陶瓷膜实际营收将占公司总体销售额的 80%以上。

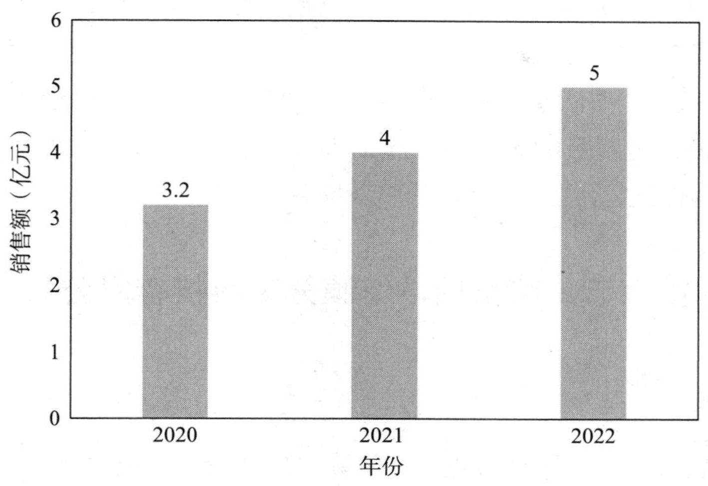

图 10－8　浙江天行健水务有限公司年度销售额（2020—2022 年）

四、公司核心竞争力分析

鲜明的产业选择性是基于天健水务二十年来在水处理领域深耕探索的总结。将技术创新与科技成果转化作为基地建设的关键内容，通过有效整合资源，不断提高基地的自主创新能力和综合竞争力，着力突破陶瓷膜产业的共性关键技术，实现国产替代，促进产业向价值链高端跃升。

公司利用陶瓷膜使用寿命长，废膜可循环的优势，促进水处理领域绿色低碳发展，能效对标达标，不断追求节能节水节地的共性关键指标的提升。公司探索并研究水厂污泥处理的新路子，将污泥用于陶瓷膜的生产，打造全产业链绿色循环经济体。

五、公司发展历程分析

2003 年，企业成立；

2008 年，获“浙江省优秀创新型单位”，在浙江省水务行业奠定了良好的发展基础，被誉为“水保姆”；

2012 年，率先首推水处理石灰投加工艺，提出了标准化设计、设备化供货、模块化安装、自动化控制的“四化”工程理念，企业向着规模化及规范化发展；

2015 年，自主研发并投产次氯酸钠发生器，创新性提出“水务机器人”、虚拟水司等发展理念，全面巩固了企业全国发展的战略布局；

2018 年，获评国家高新技术企业；

2021 年，天健水务智造基地落成投产，确立以天健工程、天健智造、天健运维三驾马车并驾齐驱的发展新模式；

2022 年，获评“浙江省研究开发中心”，顺利完成全球最大纳滤膜嘉兴市区现状水厂工艺提升改造项目的生产制造施工服务，荣获 GWI“全球水奖年度最佳市政供水项目”、膜产业示范工程项目等多项殊荣。

第六节　南京瑞洁特膜分离科技有限公司

一、企业概况

南京瑞洁特膜分离科技有限公司（简称“瑞洁特”）成立于 2010 年，是一家集膜材料、膜产品、膜法水处理装备、膜法行业污水处理解决方案、膜法中水资源化研究、设计、咨询与工程施工、净化站及污水处理厂运营管理和水环境全过程服务为一体的板式有机膜及系统集成水处理综合服务商。

瑞洁特位于江宁滨江开发区，拥有产学研基地 46 亩，依托中科院和上海大学技术力量，通过 MBR 系列产品和成熟污水处理技术为环保工程公司和业主单位提供科学的膜法水处理解决方案。公司产品获得国家高新技术产品认证，荣获江苏省科技进步二等奖、中国膜工业协会技术创新一等奖等奖项，牵头参与制定“绿色设计产品评价技术规范-浸没式膜生物反应器”“平板膜生物反应器组器节能产品认证技术要求”等团体标准。

至 2022 年底，公司平板膜产品市场占有率达到 17.5%，居行业前列，瑞洁特在市政＋水环境治理、垃圾中转站渗滤液、医院医药废水、工业水处理、养殖屠宰废水等多个领域为客户提供系统环保解决方案及工程服务，项目分布在全国 34 个省（区、市）及海外多个国家，覆盖行业 20＋，服务客户 5 000＋，拥有成功案例 2 000＋；截至 2022 年底，瑞洁特 MBR 污水总处理量累计突破 1 亿吨。

二、工程业绩

瑞洁特 2010 年首创的双叠式平板膜处于国际领先水平，同时开发了多通道和高密度平板膜，特别是 2018 年投入开发的 MBR 膜罐，引领一体化、集成环保设备向标准化转型。在全国多个地区拥有约 2 000 个成功的项目案例，覆盖屠宰废水、养殖废水、黑臭河道污水、城镇污水处理厂提标改造、高浓度难降解工业废水、垃圾填埋渗滤液、微污染水体等 20 多个行业，其中在江苏省内有 400 余项。

瑞洁特近年大型工程案例见表 10－8。

表 10－8　瑞洁特近年大型工程案例列表（2020—2023 年）

废水类型	时间（年）	客户名称/项目名称	类别	污水处理（m³/d）	项目地点
市政/生活污水	2023	江苏省环保集团连云港 6 套 300 吨应急租赁	一体化	1 800 m³/d	连云港
市政/生活污水	2022	连云港瀛洲水务 4 套 300 T 一体化设备	一体化	1 200 m³/d	连云港
	2022	四川同晟市政污水提标改造项目	MBR 平板膜及服务	1 200 m³/d	四川
	2021	山西壶关市政污水提标改造项目	MBR 平板膜及服务	7 500 m³/d	山西
	2021	陕西众兴宏业建设工程有限公司	一体化	3 000 m³/d	陕西
	2021	南京绿立方环境科技有限公司	一体化	1 000 m³/d	徐州
	2020	江苏科创科教设备有限公司	一体化	1 500 m³/d	广西
	2019	陕西环保集团神木 5 万吨	MBR 平板膜及服务	50 000 m³/d	陕西
河道水质提升	2022	中电环保股份有限公司	MBR 平板膜及服务	3 套 3 000 m³/d	南京
	2022	南京六合新城建设桥西泵站	MBR 平板膜及服务	2 套 1 000 m³/d	南京
	2021	中冶华天工程技术有限公司	一体化	1 500 m³/d	南京
垃圾渗滤液	2021	深圳广洁明垃圾渗滤液	MBR 平板膜及服务	400 m³/d	深圳
养殖废水	2020	吉林中润膜组件	MBR 平板膜及服务	300 m³/d	吉林
屠宰废水	2021	雨润集团山西寿阳项目	一体化	2 000 m³/d	山西
	2021	雨润集团海南儋州项目	一体化	2 500 m³/d	海南
	2020	雨润集团天津项目	一体化	2 000 m³/d	天津
	2022	广东湛江雷州牧原农牧有限公司	MBR 平板膜及服务	700 m³/d	广东
医疗废水	2023	天津中瑞	MBR 平板膜及服务	150 m³/d	天津
	2022	南京新禾	一体化	150 m³/d	江苏
	2022	贵州东森	MBR 平板膜及服务	500 m³/d	贵州
	2022	南京鼓楼医院	MBR 平板膜及服务	1 800 m³/d	江苏
	2022	江北高新医院	一体化	120 m³/d	江苏
	2022	南京公共医疗卫生中心	MBR 平板膜及服务	1 000 m³/d	江苏
	2021	北京盛合正泰	MBR 平板膜及服务	600 m³/d	河北
	2021	宜兴博辉	改造项目	500 m³/d	江苏

续表

废水类型	时间（年）	客户名称/项目名称	类别	污水处理（m^3/d）	项目地点
制药废水	2023	苏州敬业	MBR平板膜及服务	500 m^3/d	江苏
	2022	南京乐翼环境	MBR平板膜及服务	900 m^3/d	江苏
	2021	山东国邦药业有限公司	MBR平板膜及服务	1 500 m^3/d	山东
	2020	河北沧州化工废水	MBR平板膜及服务	900 m^3/d	河北
	2020	浙江上虞制药废水	MBR平板膜及服务	500 m^3/d	浙江
电镀废水	2021	江苏康爱特电镀废水项目	MBR平板膜及服务	360 m^3/d	江苏
	2020	广州中绿电镀废水项目	MBR平板膜及服务	400 m^3/d	广州
工业/化学/食品废水	2022	聚能硅业多晶硅切片废水项目	MBR平板膜及服务	500 m^3/d	江苏
	2021	浙江竟成制革废水	MBR平板膜及服务	800 m^3/d	浙江
	2020	贵州兴发二甲基亚砜废水项目	MBR平板膜及服务	220 m^3/d	贵州
	2020	山东民和生物科技废水项目	MBR平板膜及服务	2 000 m^3/d	山东

三、公司核心竞争力分析

（一）产品主要性能指标与国际国内先进水平对比情况

目前，国内外一体化膜生物反应器主要以集装箱式为主，装配式设备虽然能对黑臭河水体进行有效处理，但实际应用中仍受限于占地面积大，工程环境适应力差的特点，进一步制约着其广泛推广。公司研发的产品集成程度高、占地面积小，平均占地面积降低≥50%，节能降耗，平均运行能耗降低≥15%，平均通量高达220～450 $L/m^2 \cdot d$，最高可达到500 $L/m^2 \cdot d$，利用高效膜分离技术与活性污泥法相结合的新型污水处理技术，实现水体深层净化，出水水质达到准Ⅳ标准。

（二）知识产权及标准制定情况

瑞洁特基于膜罐装备的研究开发，深耕于污染水体治理市场，目前拥有已授权自主知识产权34项，其中，已授权发明专利2项，实用新型专利29项，外观专利3项，已受理发明专利6项。公司于2019年制定并起草了两项企业标准，分别为《MBR专用平板膜元件》《MBR专用平板膜组件》，2020年制定并起草了一项企业标准《MBR膜罐一体化设备》。部分专利情况见表10-9。

表 10-9 瑞洁特部分授权专利（2020—2023 年）

序号	名称	专利号/申请号	授权日期	备注
1	一种气升式膜生物反应系统	ZL201920005644.8	2020.02.14	实用新型
2	一种 MBR 系统微动力搅拌装置	ZL201922443505.6	2020.10.2	实用新型
3	一种膜组件检测装置	ZL201922454683.9	2020.10.2	实用新型
4	一种高密度膜生物反应器	ZL202021115981.1	2021.4.20	实用新型
5	一种折叠式平板膜元件	ZL202021344576.7	2021.1.26	实用新型
6	一种集装箱式中水回用超滤反渗透耦合装置	ZL2021214735437	2022.3.2	实用新型
7	一种带应急膜箱的平板膜组件结构	ZL2021217270554	2022.3.11	实用新型
8	一种车载式污水处理装置	ZL202122075776.8	2022.3.11	实用新型
9	一种车载式污泥脱水装置	ZL202122075715.1	2022.3.11	实用新型
10	一种垃圾中转站渗滤液处理系统	ZL202122395978.0	2022.2.23	实用新型

四、公司发展历程分析

瑞洁特于 2015 年建成南京江宁区工程技术研究中心“有机膜分离工程技术中心”，2019 年升级成“南京市板式膜及其装备工程研究中心”，有着完善的供电、给排水系统，生产、生活条件完善，为工程研究中心的建立和运行提供了良好的条件。公司拥有生产设备 37 台套，各类研发设备仪器 11 台套，仪器装备原值 310 万元，很好地满足了平板膜材料、膜组件和一体化装备的研发需要。

公司通过与东南大学、南京工业大学、南京工程学院等高校开展产学研合作，加快科研成果的转化，提升企业的软实力。公司研发中心实行开放、流动的用人机制，其人员由固定人员和外聘人员构成，固定人员是工程技术研究中心的主体。公司总经理周保昌为技术负责人，同时，中心聘请南京工业大学专家团队以加强企业工程化开发实力。

参考文献

[1] 赵辉. 气体分离膜技术及其在石油化工领域的应用. 石油化工，2023，52（3）：412－417.

[2] 易砖，朱国栋，刘洋等. 膜分离在石油化工领域中的应用：现状、挑战及机遇. 水处理技术，2022，48（8）：7－13.

[3] 张艳红，杨静，韩雅芳. 我国燃料电池汽车用质子交换膜产业发展分析. 中外能源，2023，28（4）：23－28.

[4] 徐南平，赵静，刘公平. "双碳"目标下膜技术发展的思考. 化工进展，2022，41（3）：1091－1096.

[5] Hongyu W，Qinghua L，Menglong S，et al. Membrane technology for CO_2 capture：From pilot-scale investigation of two-stage plant to actual system design [J]. Journal of Membrane Science，2021，624.

[6] 李昆，王健行，魏源送. 纳滤在水处理与回用中的应用现状与展望. 环境科学学报，2016. 36（8）：2714－2729.

[7] 高雪，陈才高，刘海燕，等. 国内代表性纳滤水厂评估指标体系与运行效果分析. 净水技术，2022，41（1）：53－57，94.

[8] 张平允，殷一辰，周文琪，等. 纳滤膜技术在饮用水深度处理中的应用现状. 净水技术，2017，36（10）：23－34.

[9] 李艾铧，朱云杰，朱昊辰，等. 纳滤技术在饮用水处理中的应用. 净水技术，2019，38（6）：51－56.

[10] 刘牡，王少华，王同春，等. 微滤-纳滤组合工艺在饮用水深度处理中的大型工程应用. 环境工程，2021，39（7）：151－155.

［11］于水利. 基于纳滤膜分离的健康饮用水处理工艺. 给水排水，2019，45（4）：12－14，23.

［12］王少华，施卫娟，贺鑫，施立宪，高健，唐玉霖. 纳滤深度处理在饮用水厂的应用与实践. 给水排水，2021，47（10）：13－19.

［13］段冬，张增荣，芮旻，许龙. 纳滤在国内市政给水领域大规模应用前景分析. 给水排水，2022，48（3）：1－5.

［14］He，Z. M.；Lyu，Z. Y.；Gu，Q. L.；Zhang，L.；Wang，J.，Ceramic-based membranes for water and wastewater treatment. Colloids Surf.，A 2019，578，123513.

［15］Dong，Y.；Wu，H.；Yang，F.；Gray，S.，Cost and efficiency perspectives of ceramic membranes for water treatment. Water Res. 2022，220，118629.

［16］邢卫红，范益群，仲兆祥，徐南平. 面向过程工业的陶瓷膜制备与应用进展. 化工学报，2009，60（11），2679－2688.

［17］范益群，漆虹，徐南平. 多孔陶瓷膜制备技术研究进展. 化工学报，2013，64（1），107－115.

［18］Wu，H.；Sun，C. Y.；Huang，Y. Z.；Zheng，X. Y.；Zhao，M.；Gray，S.；Dong，Y. C.，Treatment of oily wastewaters by highly porous whisker-constructed ceramic membranes：Separation performance and fouling models. Water Res. 2022，211，118042.

［19］Chen，M. L.；Zhu，L.；Chen，J. W.；Yang，F. L.；Tang，C. Y.；Guiver，M. D.；Dong，Y. C.，Spinel-based ceramic membranes coupling solid sludge recycling with oily wastewater treatment. Water Res. 2020，169，115180.

［20］Goh，P. S.；Ismail，A. F.，A review on inorganic membranes for desalination and wastewater treatment. Desalination 2018，434，60－80.

［21］Wang，X.；Sun，K.；Zhang，G.；Yang，F.；Lin，S.；Dong，Y.，Robust zirconia ceramic membrane with exceptional performance for purifying nano-emulsion oily wastewater. Water Res. 2022，208，117859.

［22］Wang，X.；Lyu，Q.；Tong，T.；Sun，K.；Lin，L. C.；Tang，C. Y.；Yang，F.；Guiver，M. D.；Quan，X.；Dong，Y.，Robust ultrathin nanoporous MOF membrane with intra-crystalline defects for fast water transport. Nat. Commun. 2022，13（1），266.

［23］Li，H. T.；Fu，M.；Wang，S. Q.；Zheng，X. Y.；Zhao，M.；

Yang，F. L.；Tang，C. Y.；Dong，Y. C.，Stable Zr-based metal-organic framework nanoporous membrane for efficient desalination of hypersaline water. Environ. Sci. Technol. 2021，55（21），14917－14927.

[24] Park，H. M.；Lee，J. Y.；Jee，K. Y.；Nakao，S.-i.；Lee，Y. T.，Hydrocarbon separation properties of a CVD-deposited ceramic membrane under single gases and binary mixed gas. Sep. Purif. Technol. 2021，254，117642.

[25] Zuo，M.；Zhuang，S.；Tan，X.；Meng，B.；Yang，N.；Liu，S.，Ionic conducting ceramic-carbonate dual phase hollow fibre membranes for high temperature carbon dioxide separation. J. Membr. Sci. 2014，458，58－65.

[26] Yoon，M.-Y.；Kim，E.-Y.；Kim，Y.-H.；Whang，C.-M.，Gas Permeation of SiC Membrane Coated on Multilayer γ-Al_2O_3 with a Graded Structure for H2 Separation. Korean J. Mater. Res. 2010，20（9），451－456.

[27] Shao，X.；Wang，Z.；Xu，S.；Xie，K.；Hu，X.；Dong，D.；Parkinson，G.；Li，C.-Z.，Microchannel structure of ceramic membranes for oxygen separation. J. Eur. Ceram. Soc. 2016，36（13），3193－3199.

[28] Bhattacharya，P.；Mukherjee，D.；Dey，S.；Ghosh，S.；Banerjee，S.，Development and performance evaluation of a novel CuO/TiO_2 ceramic ultrafiltration membrane for ciprofloxacin removal. Mater. Chem. Phys. 2019，229，106－116.

[29] Fan，Y.；Zhou，Y.；Feng，Y.；Wang，P.；Li，X.；Shih，K.，Fabrication of reactive flat-sheet ceramic membranes for oxidative degradation of ofloxacin by peroxymonosulfate. J. Membr. Sci. 2020，611，118302.

[30] Rashad，D.；Amin，S. K.；Mansour，M. S.；Abdallah，H.，Fabrication of low-cost antibacterial microfiltration tubular ceramic membranes. Ceram. Int. 2022，48（8），11489－11501.

[31] Kumar，C. M.；Roshni，M.；Vasanth，D.，Treatment of aqueous bacterial solution using ceramic membrane prepared from cheaper clays：A detailed investigation of fouling and cleaning. Journal of Water Process Engineering 2019，29，100797.

[32] 郭立玮，朱华旭. 基于膜过程的中药制药分离技术：基础与应用. 北京：科学出版社，2019.

[33] 谷浮. 2022 新蛋白发酵行业报告. 膜分离技术在我国酱油、食醋、料酒、

味精等传统发酵调味品生产工艺中的应用.

［34］郭立玮. 中药分离原理与技术. 北京：人民卫生出版社，2010.

［35］陈翠仙，郭红霞，秦培勇等. 膜分离. 北京：化学工业出版社，2017.

［36］封雪，惠香，吕晓超. 膜分离技术在食品发酵工业中的应用研究. 食品科技，食品安全导刊，2022（4）.

［37］邱晓曼，张耀，陈程鹏，等. 膜分离技术及其在发酵调味品行业的应用. 中国调味品，2021，46（3）：166－170.

［38］郑领英，王学松. 膜技术. 北京：化学工业出版社，2001.

［39］郭立玮，刘菊妍，钟文蔚. 中药制药分离过程：工程原理与技术应用. 北京：科学出版社，2023.

［40］李津，俞咏霆，董德祥. 生物制药设备和分离纯化技术. 北京：化学工业出版社，2003.

［41］李爽，张凤宝，张国亮. 膜法分离手性异构体研究的进展. 膜科学与技术，2005，25（2）：85－90.

［42］彭寒雨，汪伟，褚良银. 基于智能高分子材料的灵敏检测技术研究进展. 过程工程学报，2019，19（5）：872－879.

［43］Xia Huang，Kang Xiao，Yuexiao Shen. Recent advances in membrane bioreactor technology for wastewater treatment in China. Frontiers of Environmental Science & Engineering in China，2010，4（3）：245－271.

［44］Xia Huang，Fangang Meng，Kang Xiao，Hector A. Garcia，Jiao Zhang. Biological Wastewater Treatment-Principles，Modelling and Design（2nd Edition）：Chapter 13 Membrane bioreactors，IWA publishing，2020.

［45］Kang Xiao，Ying Xu，Shuai Liang，Ting Lei，Jianyu Sun，Xianghua Wen，Hongxun Zhang，Chunsheng Chen，Xia Huang. Engineering application of membrane bioreactor for wastewater treatment in China：current state and future prospect. Frontiers of Environmental Science & Engineering，2014，8（6）：805－819.

［46］Kang Xiao，Shuai Liang，Xiaomao Wang，Chunsheng Chen，Xia Huang. Current state and challenges of full-scale membrane bioreactor applications：A critical review. Bioresource Technology，2019，271：473－481.

［47］Jiao Zhang，Kang Xiao，Xia Huang. Full-scale MBR applications for leachate treatment in China：Practical，technical，and economic features. Journal of

Hazardous Materials，2020，389：122138.

[48] Jiao Zhang，Kang Xiao，Ziwei Liu，Tingwei Gao，Shuai Liang，Xia Huang. Large-ScaleMembrane Bioreactors for IndustrialWastewater Treatment in China：Technical and Economic Features，Driving Forces，and Perspectives. Engineering，2021，7：868－880.

[49] Tingwei Gao，Kang Xiao，Jiao Zhang，Xiaoping Zhang，Xiaomao Wang，Shuai Liang，Jianyu Sun，Fangang Meng，Xia Huang. Cost-benefit analysis and technical efficiency evaluation of full-scale membrane bioreactors for wastewater treatment using economic approaches. Journal of Cleaner Production，2021，301：126984.

[50] Tingwei Gao，Kang Xiao，Jiao Zhang，Wenchao Xue，Chunhai Wei，Xiaoping Zhang，Shuai Liang，Xiaomao Wang，Xia Huang. Techno-economic characteristics of wastewater treatment plants retrofitted from the conventional activated sludge process to the membrane bioreactor process. Frontiers of Environmental Science & Engineering. 2022，16（4）：49.

[51] 陈斌，马雪林，陈龙. 农产品加工工业园区污水处理工程设计应用. 中国资源综合利用，2018，36（7）：41－44.

[52] 郭宇彬. AO-MBR-RO 工艺用于液晶平板显示工业废水回用. 中国给水排水，2018，34（18）：78－81.

[53] 侯文勋，张贡意，钟统贤. 强化脱氮除磷 MBR 工艺在市政水工程中的应用. 城镇供水，2011，16（S1）：152－155.

[54] 靳云辉，秦川，郝静，戴红. 中温厌氧-MBR-NF/RO 工艺处理垃圾渗滤液设计. 给水排水，2018，54（9）：46－48.

[55] 李志华. 预处理/厌氧/MBR/NF/RO 工艺处理垃圾焚烧渗滤液. 中国给水排水，2016，32（8）：92－94.

[56] 王少军，农成彪. 新疆生产建设兵团某工业园区废水处理厂设计. 给水排水，2018，54（6）：61－65.

[57] 吴念鹏，孔祥雨，方莎，王淑莹. MBR 工艺在微污染地表水资源化中的应用研究. 膜科学与技术，2016，36（3）：103－108＋114.

[58] 夏雯菁. IC＋好氧 MBR＋BAF 组合工艺处理中药废水的应用. 广东化工，2015，42（10）：128－129.

[59] 徐中华. 膜生物反应器技术在综合污水处理中的应用. 石油规划设计.

2009，20（3）：36－37＋41＋49.

［60］杨昊，杭世珺，钱明达.无锡市梅村污水处理厂 MBR 工艺优化运行研究.给水排水，2010，46（12）：32－35.

［61］俞开昌，黄霞.再生水回用工程 MBR 工艺设计及运行.有色冶金设计与研究，2008，29（6）：4－8.

［62］张姣，肖康，梁帅，黄霞.膜技术在中国市政污水处理与再生中的应用现状与未来挑战. 环境工程，2022，40（3）：1－6，153.

［63］张严严，郭玉梅，刘波，郭昉，张亚宁，张艳芳，陈永明.3AMBR 工艺在昆明第四污水处理厂的应用.环境工程学报，2013，7（9）：3409－3414.

图书在版编目（CIP）数据

中国水处理行业可持续发展战略研究报告.膜工业卷
.Ⅳ/郑祥等主编.--北京：中国人
民大学出版社，2024.4
（中国人民大学研究报告系列）
ISBN 978-7-300-32635-1

Ⅰ.①中…　Ⅱ.①郑…　Ⅲ.①水处理
-化学工业-可持续发展战略-研究报告-中国②水处理
-膜材料-可持续发展战略-研究报告-中国　Ⅳ.
①X703

中国国家版本馆 CIP 数据核字（2024）第 056132 号

中国人民大学研究报告系列
中国水处理行业可持续发展战略研究报告（膜工业卷Ⅳ）
主　编　郑　祥　魏源送　王志伟　程　荣
副主编　郑利兵　徐慧芳　肖　康　赵长伟　董春松　齐　飞
Zhongguo Shuichuli Hangye Kechixu Fazhan Zhanlüe Yanjiu Baogao（Mogongyejuan Ⅳ）

出版发行	中国人民大学出版社		
社　　址	北京中关村大街 31 号	邮政编码	100080
电　　话	010－62511242（总编室）		010－62511770（质管部）
	010－82501766（邮购部）		010－62514148（门市部）
	010－62515195（发行公司）		010－62515275（盗版举报）
网　　址	http://www.crup.com.cn		
经　　销	新华书店		
印　　刷	唐山玺诚印务有限公司		
开　　本	787 mm×1092 mm　1/16	版　　次	2024 年 4 月第 1 版
印　　张	15.25 插页 1	印　　次	2024 年 4 月第 1 次印刷
字　　数	273 000	定　　价	88.00 元